Oracle 数据库原理与实践

主编　董　琳

西北工業大學出版社

西　安

【内容简介】 本书分为三篇。第一、二篇介绍数据库系统的基本概念、基本原理和实践应用，第三篇介绍信息管理和信息系统的设计、开发、应用和管理方面的知识。全书通过大量案例来介绍数据库的原理及应用技术，通俗易懂。

本书可作为高等学校数据存储、数据安全等专业课程教材，也可供相关领域工程技术人员参考使用。

图书在版编目(CIP)数据

Oracle数据库原理与实践 / 董琳主编. — 西安 ：西北工业大学出版社，2024. 8. — ISBN 978-7-5612-9413-0

Ⅰ. TP311.132.3

中国国家版本馆CIP数据核字第2024VL8922号

Oracle SHUJUKU YUANLI YU SHIJIAN

Oracle数据库原理与实践

主编　董琳

责任编辑：朱晓娟　董珊珊　　**策划编辑**：杨　军

责任校对：张　潼　　**装帧设计**：高永斌　李　飞

出版发行：西北工业大学出版社

通信地址：西安市友谊西路127号　　邮编：710072

电　　话：(029)88491757，88493844

网　　址：www.nwpup.com

印 刷 者：兴平市博闻印务有限公司

开　　本：787 mm×1 092 mm　　1/16

印　　张：15.125

字　　数：378千字

版　　次：2024年8月第1版　　2024年8月第1次印刷

书　　号：ISBN 978-7-5612-9413-0

定　　价：66.00元

《Oracle 数据库原理与实践》编写组

主　编:董　琳

副主编:芦鸿雁　沈　瑜　朱彦飞

编　者:董　琳　芦鸿雁　沈　瑜　朱彦飞

前　言

数据库技术和网络技术是信息技术中最重要的两大支柱。数据库相关课程不仅是相关专业学生需要重点学习并掌握的核心课程，也是其他专业重要的选修课程。目前我军各种软、硬件正处于向国产化的过渡过程中，但诸多软件依然主要基于 Oracle 环境，而当前 Oracle 的相关教材多侧重于数据库管理员（DBA）的应用管理，缺少数据库原理方面基础知识的讲解，并不能很好地满足课程需求。

为适应信息化作战需要，规范“Oracle 应用实践”课程教学内容，立足实战化教学，结合当前部队岗位任职需求，笔者编写了本书。本书涵盖数据库基本原理与 Oracle 具体实践知识，采用理论与实践相结合的方式，一方面详细阐述数据库的基本原理，另一方面注重数据库的实际开发与应用。

本书共分为三篇：第一、二篇旨在使学生在理论层面充分掌握数据库系统的基本概念和基本原理，在实践层面熟练掌握数据库系统语言；第三篇重在培养学生在信息管理和信息系统方面的设计、开发、应用和管理能力，使学生掌握数据存储、事务处理、安全保护等技术，进一步提升学生操纵数据库的能力。

本书通过大量案例来解释数据库的原理及应用技术，通俗易懂。每一篇的引言部分概述了本部分的内容和目标，正文结合所讲述的关键技术和难点，穿插了大量示例，并辅以运行的屏幕画面，易于阅读和理解。每一章末尾均附有习题，部分章节末尾附有上机实验，习题有助于学生巩固所学的基本概念，上机实验有助于培养学生实际动手能力，增强学生对基本概念的理解和实际应用能力。

本书由董琳担任主编。具体编写分工如下：朱彦飞编写第 1、2 章，芦鸿雁编写第 3～6 章，董琳编写第 7、8 章，沈瑜编写第 9、10 章。全书由董琳统稿。

在编写本书的过程中，曾参阅了相关文献资料，在此谨向其作者表示感谢。

由于笔者水平所限，书中不足之处在所难免，敬请读者批评指正。

编　者

2024 年 4 月

目　　录

第一篇　基础知识与关系模型

第二篇　数据库语言

第一篇　基础知识与关系模型

信息技术是知识经济最重要的支撑技术之一，其核心内容是数据库技术、网络技术和程序设计技术。随着计算机技术与网络通信技术的发展，数据库技术已成为现代信息科学与技术的重要组成部分，是计算机数据处理与信息管理系统的核心。本篇由数据库的应用实例引出数据库的概念，围绕数据库系统，介绍其基本概念和基础知识，是后续章节的基础。

学习目标

(1)掌握数据库系统的基本概念；
(2)理解数据库系统体系结构；
(3)理解数据库系统的数据模型；
(4)了解数据库系统的发展；
(5)掌握关系数据库基础理论。

第1章　初步认识数据库系统

在信息技术飞速发展的今天，随着大数据、人工智能、云计算、物联网等新技术的出现和快速发展，传统产业数字化的转型，数据体量呈现几何式增长。据预测，2025年全球数据总量可能达到500 ZB（其中1 ZB＝2^{10} EB＝2^{20} PB＝2^{30} TB＝2^{40} GB＝2^{50} MB ＝2^{60} KB＝2^{70} B），中国数据总量可能达到135 ZB，占全球总数据量的27％，人们愈发意识到数据信息资源已成为各个行业最重要的资源，拥有了数据即代表拥有了财富。同理，在军事战争中，作战双方获取大量作战数据，通过数据形成战场态势图，依靠数据进行精准指挥，谁拥有的数据多谁就拥有了战争先导权，因此军事数据采集、存储、管理与处理技术已然成为世界各国研究的对象。而数据库作为计算机技术的重要分支，是数据管理的有效技术，采用数据库技术来处理和存储信息资源已然成为各行业处理数据资源的必要技术，无论在人们的工作还是生活中都是不可或缺的部分。因此，数据库相关课程是计算机专业、作战数据保障专业、指挥信息系统等专业学生重点学习掌握的必修课程，也是其他专业重要的选修课程。

本章将从数据库系统的基本概念出发，对数据库系统的结构、数据模型以及数据库系统的几个发展阶段进行介绍，为后续章节知识点奠定基础。

1.1　基本概念

1.1.1　数据

数据（Data）是数据库中存储的基本对象。在日常工作及生活中，一提到数据，相信人们都不陌生，首先想到的就是各种数字。其实数字只是数据其中一种表现形式，数据的表现形式有很多，例如文字、图像、视频、影片、图片、学生的学籍信息记录、图书借阅记录、弹药库存情况以及武器保养记录等都属于数据。

从上述例子中可以看出，数据的表现形式多种多样，是对某个事物的描述，因此对数据做如下定义：数据是描述事物的符号记录，是信息的载体。描述事物的符号可以是数字，也可以是图片、视频等其他表现形式，因此也可以将其总结为：数据就是事物的量化描述和非量化描述构成。例如，武器的有效攻击距离使用具体数字进行描述，武器的种类如步枪、手枪、坦克、步兵战车、装甲车等则需使用文字或者图形符号进行描述，如数字100既可以是武器的攻击距离，也可以是武器装备数或参战人员集结数。最终将其数据处理后，都可以存入计算机进行下一步的数据处理。

1.1.2 信息

信息(Information)是数据的内在含义,是数据的语义解释。它是对现实世界中各种事物的存在方式、运动状态或事物间联系形式的综合反映。信息可以被感知、存储、加工、传递和再生。

1.1.3 数据处理

数据处理(Data Processing)是将数据转换成信息的过程,包括对数据进行收集、存储、分类、加工、检索、维护等一系列活动,其目的是从大量的原始数据中抽取和推导出有价值的信息。

1.1.4 数据库

数据库(Database,DB),顾名思义,是存放数据的仓库,只不过这个仓库是在计算机存储设备上,按一定的格式存放数据。通常这些数据面向一个组织、企业或部门。例如,学生信息管理系统中,学生的基本信息、军事训练信息、室外课和室内课课程成绩都是来自学生信息管理系统数据库。

过去人们常常把数据借助存储设备存放在文件柜内,随着计算机技术的快速发展,数据量越来越大,因此必须借助计算机和数据库技术科学地保存和管理大量复杂的数据,以便能方便而充分地利用这些宝贵的资源。数据是自然界事物特征的符号描述,而且能够被计算机处理。随着大数据、人工智能、云计算、物联网等技术在军事领域方面的应用,数据基数越大,处理得到有用信息的可能性越大,因此必须借助计算机和数据库技术科学管理数据,提取有用信息,最后在战场中才能实现依靠数据精准指挥、精准作战,为战所用。

因此,数据库是指长期存储在计算机内、有组织的、可共享的大量数据的集合。数据库中的数据按照一定的数据模型组织、描述和存储,具有较小的冗余度,较高的数据独立性,较强的易扩展性。

1.1.5 数据库管理系统

数据库管理系统(Database Management System,DBMS)是一个复杂的基础性计算机软件,主要包括以下功能。

1. 数据定义功能

数据库管理系统提供数据定义语言(Data Definition Language,DDL),用户通过它可以方便地对数据库中的数据对象的组成与结构进行定义。

2. 数据组织、存储与管理功能

数据库管理系统要分类组织、存储和管理各种数据,包括数据字典、用户数据、数据的存取路径等。要确定以何种文件结构和存取方式在存储器上组织这些数据,如何实现数据之间的联系。数据组织和存储的基本目标是提高存储空间利用率和方便存取，提供多种存取算法（如索引查找、哈希查找、顺序查找等）来提高存取效率。

3. 数据操纵功能

数据库管理系统还提供数据操纵语言（Data Manipulation Language，DML），用户可以使用它操纵数据，实现对数据库的基本操作，如查询、插入、删除、修改等。

4. 数据库的事务管理和运行管理功能

数据库在建立、运行和维护时由数据库管理系统统一管理和控制，以保证事务的正确运行，保证数据的安全性、完整性、多用户对事务的并发访问及若发生故障后的数据恢复。

5. 数据库的建立和维护功能

数据库的建立和维护功能包括数据库初始数据的输入、转换功能，数据库的转储、恢复功能，数据库的重组织功能和性能监视、分析功能等。这些功能通常是由一些实用程序或管理工具实现。

6. 其他功能

其他功能包括数据库管理系统与网络中其他软件系统的通信功能，一个数据库管理系统与另一个数据库管理系统或文件系统的数据转换功能，异构数据库之间的互访和互操作功能。

1.1.6　数据库系统

数据库系统（Database System，DBS）如图1-1所示。其中数据库提供数据的存储功能，数据库管理系统提供数据的组织、存取、管理和维护等基础功能，数据库应用系统根据应用需求使用数据库，数据库管理员全面管理、运维数据库。

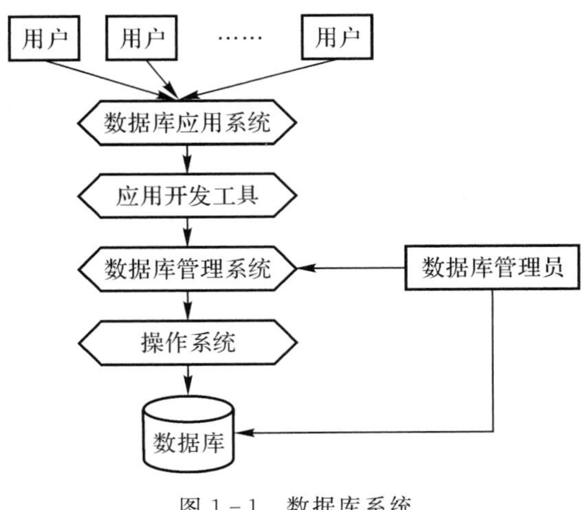

图1-1　数据库系统

1.2 数据库系统的结构

数据库系统由数据库、操作系统、数据库管理系统、应用程序及用户 5 部分构成，因此从不同的层次、不同的角度分析数据库系统结构得到不同的结果。从数据库开发人员或数据库系统的角度分析，数据库系统采用的是三级模式结构，这是数据库系统的内部体系结构。从数据库使用者角度看，数据库系统的结构分为单用户结构、客户端/服务器（Client/Server，C/S）结构、浏览器/服务器（Browser/Server，B/S）结构、主从式结构、分布式结构等，这是数据库系统外部的体系结构。本节将围绕数据库系统的结构进行分析。

1.2.1 数据库系统模式概念

在数据模型中有“型”（Type）和“值”（Value）的概念。型是对某一类数据的结构和属性的说明，值是对型的一个具体赋值。例如，学生信息管理系统中的学生记录定义为（学号，姓名，性别，出生日期，籍贯，部职别，专业），这样的记录格式称为记录型，而（9103918172552，李明，男，2000－06－08，北京，五大队 13 队，作战数据保障）则是该记录型的一个值。

模式（Schema）是数据库中全体数据的逻辑结构和特征的描述，它仅仅是对型进行描述，不涉及值。模式的一个具体值称为模式的一个实例（Instance）。同一个模式可以有很多实例。因此，模式是相对稳定的，反映的是数据库中数据的结构及其联系，而实例是不断变化的，反映的是数据库中的某一个时刻的状态。

例如，在学生选课数据库模式中包含学生记录、课程记录和学生选课记录，现有一个具体的学生选课数据库实例，该实例包含 2019 年学校中所有学生的记录（若有 2 000 个学生，则有 2 000 个学生记录）、学校开设的所有课程的记录和所有学生选课的记录。2019 年度学生选课数据库模式对应的实例与 2020 年度学生选课数据库模式对应的实例是不同的。实际上 2019 年度学生选课数据库的实例也会随时间变化，因为在该年度有的学生可能留级，如果是选修课，那么有的学生可能未选修本门课程。各个时刻学生选课数据库的实例是不同的、在变化的，不变的是学生选课的数据库模式。

因此模式是相对稳定的，而实例是相对变化的，因为数据库中的数据是在不断更新的。模式反映的是数据的结构及其联系，而实例反映的是数据库某一时刻的状态。

虽然实际的数据库管理系统产品种类很多，它们支持不同的数据模型，使用不同的数据库语言，建立在不同的操作系统之上，数据的存储结构也各不相同，但它们在体系结构上通常都具有相同的特征，即采用三级模式结构，并提供二级映像功能。

1.2.2 数据库系统的三级模式结构

通常数据库系统在逻辑层次上划分为三级，即模式、外模式和内模式，三级模式结构如图 1－2 所示。

1. 模式

模式（Schema）也称概念模型或逻辑模式，是数据库中全体数据的逻辑结构和特征的描述，是所有用户公共数据的概念视图，处于三级模式结构的中间层，既不涉及数据的物理存储细节和硬件环境，又与具体的应用程序、所使用的应用开发工具或高级程序设计语言无关。视图可以理解为一组记录的值，用户或程序员看到或使用的数据库内容。

模式是整个数据库实际存储数据的抽象表示，也是对现实世界数据的一种抽象。一个数据库只有一个模式，数据库模式以某一种数据模型为基础，统一考虑了所有用户的需求，并将这些需求有机地结合成一个逻辑整体。定义模式时不仅要定义数据的逻辑结构，例如数据记录由哪些数据项构成，数据项的名称、类型、取值范围等，而且要定义数据之间的联系，定义与数据有关的安全性、完整性要求。数据库管理系统提供模式数据定义语言(DDL)来严格地定义模式。

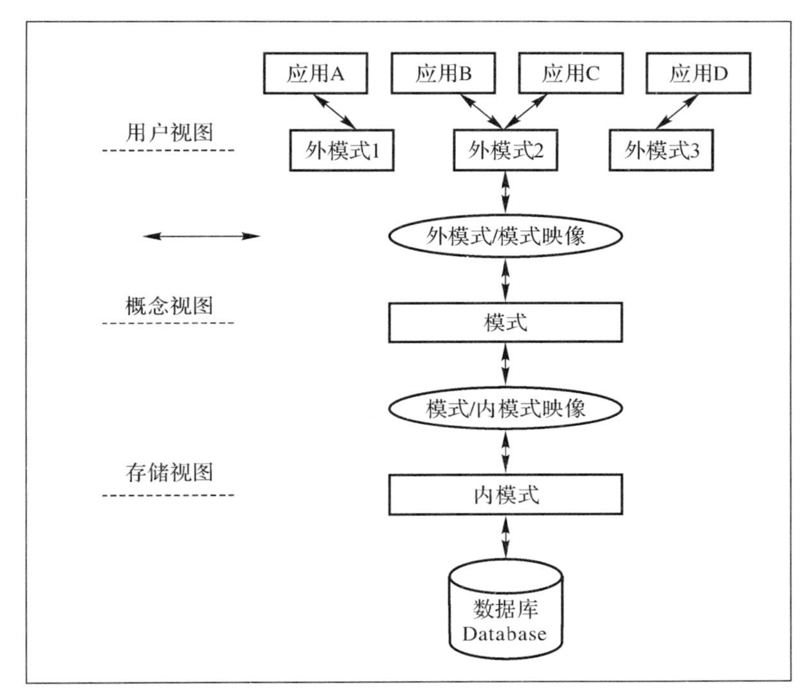

图1-2　数据库系统的三级模式结构

2. 外模式

外模式(External Schema)也称子模式(Sub Schema)或用户模式，是数据库系统三级模式结构的最外层，也是最靠近用户的一层，反映的是数据库用户看待数据库的方式，它是数据库用户(包括程序开发人员和最终使用者)能够看见和使用的局部数据的逻辑结构和特征描述，是数据库用户的数据视图，是与某一应用有关的数据逻辑表示。

外模式通常是子模式的子集，一个数据库拥有多个外模式。由于是各个用户的数据视图，所以若不同用户对于应用需求、看待数据的方式、对数据的安全保密性等的要求存在差异，则其对应的外模式描述就是不同的。一方面，即使对模式中的同一种数据，在外模式中的结构、长度、保密级别、类型等也可以不同；另一方面，同一外模式也可以被多个用户或多个应用程序调用，但每个用户只能调用上述的外模式所涉及的数据，其余的数据是无法访问的，同理应用程序也只能使用一个外模式。

外模式下每个用户或者应用程序只能看见和访问对应自己的一个模式所涉及的数据，这是数据库安全性的重要保障。数据库管理系统提供了外模式定义语言来严格定义外模式。

3. 内模式

内模式(Internal Schema)也称存储模式或物理模式，是三级模式结构中的最内层，是最靠近物理存储的一层，但不关心具体的数据存放位置。一个数据库只有一个内模式。它是对数据物理结构和存储方式的描述，是数据在数据库内部的组织方式，例如：记录的存储方式是堆存储还是按照某个(些)属性值的升(降)序存储，或按照属性值聚簇(Duster)存储；索引按照什么方式组织，是树索引还是散列(Hash)索引；数据是否压缩存储，是否加密；数据的存储记录结构有何规定，如定长结构或变长结构，一个记录不能跨物理页存储；等等。

1.2.3 数据库系统的二级映像

数据库系统的三级模式是对数据的三个抽象级别，它使用户能抽象地处理数据，而不必关心数据在计算机内部的存储方式，把数据的具体组织交给数据库管理系统(DBMS)管理。为了能够在内部实现这三个抽象层次的联系和转换，DBMS 在三级模式之间提供了二级映像(外模式/模式映像和模式/内模式映像)功能，使数据库系统中的数据具有较高的逻辑独立性和物理独立性。

1. 外模式/模式映像

外模式描述的是数据的局部逻辑结构，而模式描述的是数据的全局逻辑结构。数据库中的同一模式可以有任意多个外模式，对于每一个外模式，都存在一个外模式/模式映像。它确定了数据的局部逻辑结构与全局逻辑结构之间的对应关系。例如，在原有的记录类型之间增加新的联系，或在某些记录类型中增加新的数据项时，使数据的总体逻辑结构改变，外模式/模式映像也发生相应的变化。

这一映像功能保证了数据的局部逻辑结构不变，由于应用程序是依据数据的局部逻辑结构编写的，所以应用程序无须修改，从而保证了数据与程序间的逻辑独立性。

2. 模式/内模式映像

数据库中的模式和内模式都只有一个，因此模式/内模式映像是唯一的。它确定了数据的全局逻辑结与存储结构之间的对应关系。例如，存储结构变化时，模式/内模式映像也应有相应的变化，使其概念模式仍保持不变，即把存储结构的变化影响限制在概念模式之下，这使数据的存储结构和存储方法较高地独立于应用程序，通过映像功能保证数据存储结构的变化不影响数据的全局逻辑结构的改变，从而不必修改应用程序，即确保了数据的物理独立性。

综上所述，数据库系统的三级模式结构和二级映像使得数据库系统具有较高的数据独立性。将外模式和模式分开，保证了数据的逻辑独立性；将模式和内模式分开，保证了数据的物理独立性。在不同的外模式下可有多个用户共享系统中的数据，减少了数据冗余。按照外模式编写应用程序或输入命令，而不需要了解数据库内部的存储结构，方便用户使用系统，简化了用户接口。

1.3　数据模型

模型是现实世界特征的模拟与抽象，在日常生活中随处可见，如人们看到的地图、飞机模型、汽车模型等都是对于现实世界中具体的某个事物特征的模拟和抽象表示。而数据库中的数据是有结构的，这种结构反映了事物之间的相互联系。在数据库中，用数据模型来抽象表示和处理现实世界的数据和信息。

数据库是一组相关数据的集合，其存储的数据来源于现实世界，而计算机系统不能直接处理现实世界的事物，只有将其数据化后，才能由计算机系统来处理。把现实世界的具体事物及事物之间的联系转换成计算机能够处理的数据，必须用某种模型来抽象和描述这些数据。在数据处理过程中，数据描述涉及3个不同的领域，即现实世界、信息世界和机器世界，数据处理过程就是逐渐抽象的过程，如图1-3所示。

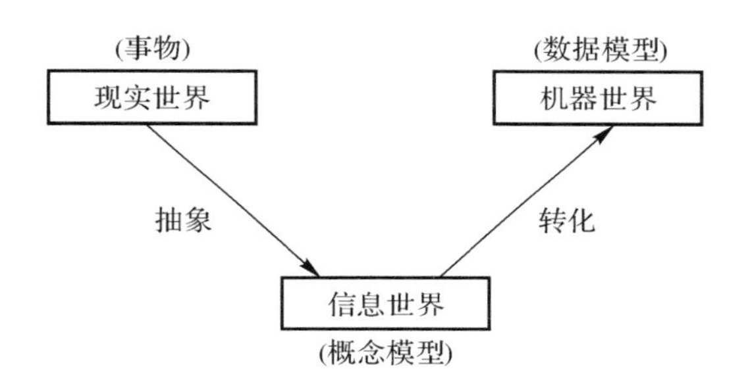

图1-3　现实世界到机器世界的抽象过程

由图1-3可知，根据模型应用目的的不同，可以将模型划分为两类，分别属于两个不同的层次。第一类模型是概念模型，对应于信息世界，也称为信息模型，它是一种独立于计算机系统的数据模型，完全不涉及信息在计算机中的表示，只是用来描述某个特定组织所关心的信息结构。概念模型是按用户的观点对数据和信息建模，强调其语义表达能力，概念应该简单、清晰、易于用户理解，它是对现实世界的第一层抽象，是用户和数据库设计人员之间进行交流的工具。这一类模型中最著名的是实体联系模型(Entity-Relationship Model，E-R模型)。第二类模型是数据模型，是专门用来抽象表示和处理现实世界中的数据和信息的工具。由于计算机不可能直接处理现实世界中的具体事物，因此人们必须事先把具体事物转换成计算机能够处理的数据，即首先要数字化，要把现实世界中的人、事、物和概念用数据模型这个工具来抽象表示和加工处理数据。数据模型主要包括网状模型、层次模型、关系模型等，它是按计算机系统的观点对数据建模，是直接面向数据库的逻辑结构，对应于机器世界，是对现实世界的第二层抽象。数据模型是数据库系统的核心和基础，各种机器上实现的DBMS软件都是基于某种数据模型的。数据模型包括逻辑模型和物理模型。逻辑模型是指采用某一数据模型组织数据，如关系模型。物理模型是描述数据在系统内部的表示方法和存取方法的模型。其中现实世界到概念模型抽象、概念模型到逻辑模型的抽象由数据库设计人员进行设计，逻辑模型到物理模型的转换由DBMS完成。

1.3.1 概念模型

由图 1-3 可知，概念模型实质上是现实世界到机器世界的一个中间层次，主要用于数据库的设计阶段，是数据库设计人员进行设计的有力工具，也是最终用户和数据库设计人员进行交流的语言。

1. 概念模型的基本概念

概念模型涉及的概念主要有以下几个方面。

(1)实体(Entity)。现实世界中客观存在并可相互区分的事物称为实体，实体可以是具体的人或物，如小明、95 式步枪等，也可以是抽象的事件或概念，如进行射击训练等。

(2)属性(Attribute)。实体所具有的某一特性称为属性。一个实体可以由若干个属性来描述。例如，学生实体由学号、姓名、性别、出生日期、部职别等属性组成，则(10501001，张强，男，1992-05-01，五大队 13 队作战数据保障)这组属性值就构成了一个具体的学生实体。属性有属性名和属性值之分，如“姓名”是属性名，“张强”是姓名属性的一个属性值。

(3)实体集(Entity Set)。所有属性名完全相同的同类实体的集合称为实体集。例如，全体学生就是一个实体集，同一实体集中没有完全相同的两个实体。

(4)码(Key)。能唯一标识一个实体的属性或属性集称为码，有时也称为实体标识符，或简称为键，如学生实体中的“学号”属性。

(5)域(Domain)。属性的取值范围称为该属性的域(值域)，如学生“性别”的属性域为(男，女)。

(6)实体型(Entity Type)。实体名及其所有属性名的集合称为实体型。例如，学生(学号，姓名，性别，出生日期，部职别)就是学生实体集的实体型。实体型抽象地刻画了所有同集实体，在不引起混淆的情况下，实体型往往简称为实体。

(7)联系(Relationship)。在现实世界中，事物内部及事物之间是有联系的，这些联系在信息世界中反映为实体(型)内部的联系和实体(型)之间的联系。实体内部的联系通常是指组成实体的各属性之间的联系，实体之间的联系通常是指不同实体集之间的联系。这里主要讨论实体集之间的联系。

两个实体集之间的联系可归纳为以下 3 类。

(1)一对一联系(1∶1)。如果对于实体集 E1 中的每个实体，实体集 E2 至多有一个(也可没有)实体与之联系，反之亦然，那么实体集 E1 和 E2 的联系称为“一对一联系”，记为“1∶1”，如学校与校长间的联系，1 个学校只有 1 个校长，如图 1-4(a)所示。

(2)一对多联系(1∶n)。如果实体集 E1 中每个实体可以与实体集 E2 中任意一个(零个或多个)实体间有联系，而 E2 中每个实体至多和 E1 中一个实体有联系，那么称 E1 对 E2 的联系是“一对多联系”，记为“1∶n”，如学校与学生间的联系，1 个学校有若干学生，而每个学生只包含在 1 个学校，如图 1-4(b)所示。

(3)多对多联系(m∶n)。如果实体集 E1 中每个实体可以与实体集 E2 中任意一个(零个或多个)实体有联系，反之亦然，那么称 E1 和 E2 的联系是“多对多联系”，记为“m∶n”，如学生与教师之间的联系，1 个教师可以教授多个学生，而 1 个学生又可以受教于多个教师，如图 1-4(c)所示。

两个实体集之间的联系究竟是属于哪一类，不仅与实体集有关，还与联系的内容有关。例如，学生队队长构成的集合与学生构成的集合之间，对于管理关系来说，属于一对多联系，而对于朋友关系来说，就应属于多对多联系。在信息空间内与现实环境有一定的区别，即在信息空间内一般讨论两个实体集之间的联系性质时，直接描述实体集是一对一联系、一对多联系或多对多联系，不写联系名。

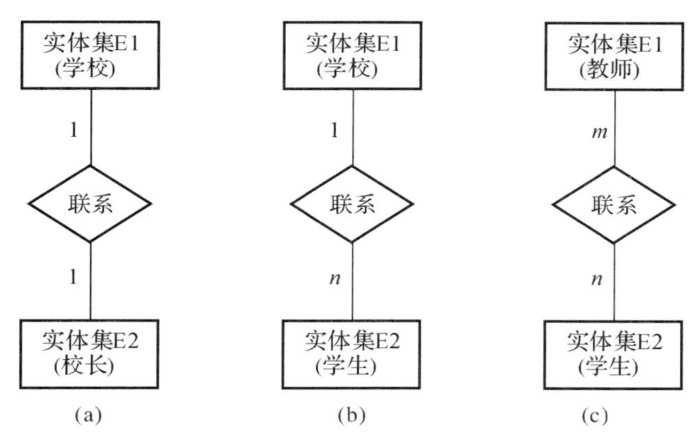

图 1-4　两个实体之间的 3 类联系

(a)一对一联系；(b)一对多联系；(c)多对多联系

2. 概念模型的表示方法

概念模型是对信息世界建模的，因此概念模型应能方便、准确地描述信息世界中的常用概念。概念模型的表示方法很多，其中被广泛采用的是 E-R 模型，它是由 Peter Chen 于 1976 年提出的，也称为 E-R 图。E-R 图是用来描述实体集、属性和联系的图形。

(1)E-R 图的要素。E-R 图的主要元素是实体集、属性、联系集，其表示方法如下。

1)实体集用矩形框表示，矩形框内注明实体名。

2)属性用椭圆形框表示，框内写上属性名，并用直线与其实体集相连，加下画线的属性为码。

3)联系用菱形框表示，并用直线将其与相关的实体连接起来，并在连线上标明联系的类型，即 $1:1$、$1:n$、$m:n$。联系也会有属性，用于描述联系的特征。

(2)绘制 E-R 图的步骤。

1)确定实体和实体的属性。

2)确定实体和实体之间的联系及联系的类型。

3)给实体和联系加上属性。

划分实体及其属性有两个原则可参考。

1)属性不再具有需要描述的性质，即属性在含义上是不可分的数据项。

2)属性不能再与其他实体集具有联系，即 E-R 图指定的联系只能是实体集间的联系。

划分实体和联系有 1 个原则可参考：当描述发生在实体集之间的行为时，最好用联系集。例如，学生和枪械之间的请领、归还行为，顾客和商品之间的购买行为，均应作为联系集。

划分联系的属性原则如下：

1）发生联系的实体标识属性应作为联系的缺省属性。

2）和联系中的所有实体都有关的属性。例如，学生选课系统中，学生是一个实体集，可以有学号、姓名、出生日期等属性，课程也是一个实体集，可以有课程号、课程名、学分属性，选修看作多对多联系，具有成绩属性，表示一个学生可以选修多门课程，同时一门课程可以被多名学生选修，如图 1－5 所示。

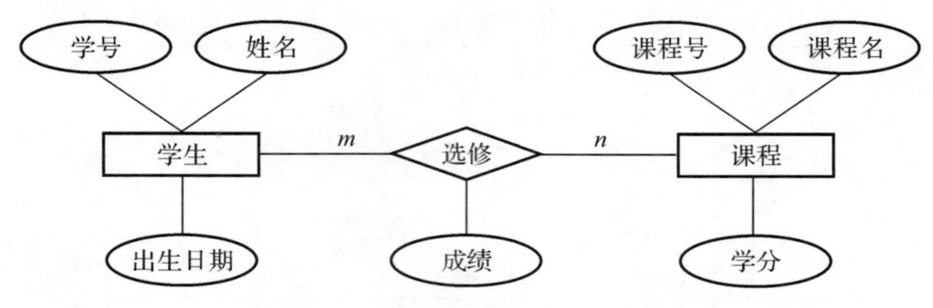

图 1－5　学生选课系统 E－R 图示意

1.3.2　数据模型

概念模型只是将现实世界的客观对象抽象为某种信息结构，这种信息结构并不依赖具体的计算机系统，而对应于数据世界的模型则由数据模型描述，数据模型是描述不实体类型和实体间联系的模型，是机器世界对现实世界中的数据和信息的抽象表示和处理。

数据模型是数据库系统的核心和基础，任何 DBMS 都支持一种数据模型。数据模型是严格定义的一组概念的集合，它描述了系统的静态特性、动态特性和完整性约束条件。因此，数据模型通常由数据结构、数据操作和数据完整性约束 3 部分组成。

（1）数据结构。任何一种数据模型都规定了一种数据结构，即信息世界中的实体和实体之间联系的表示方法。数据结构描述系统的静态特性，是数据模型本质的内容。

数据结构是所研究对象的类型集合。这些对象是数据库的组成成分，包括两类：一类是与存储对象的类型、内容、性质有关的，如网状模型中的数据项、记录，关系模型中的域、属性、关系等；另一类是与数据之间联系有关的对象，如网状模型中的系型（Set Type）。

数据结构是刻画一个数据模型性质最重要的方面。因此在数据库系统中，通常按照其数据结构的类型来命名数据模型。层次结构、网状结构和关系结构的数据模型分别命名为层次模型、网状模型和关系模型。

总而言之，数据结构是所描述的对象类型的集合，是对系统静态特性的描述。

（2）数据操作。数据操作是对数据库中各种对象（型）的实例（值）允许执行的操作的集合，包括操作及有关的操作规则。数据操作描述系统的动态特性。对数据库的操作主要有数据查询和数据更新（包括插入、修改、删除）两大类，这是任何数据模型都必须规定的操作，包括操作符、含义、规则等。

（3）数据完整性约束。数据完整性约束是一组完整性规则的集合。完整性规则是给定的数据模型中数据及其联系所具有的制约和依存规则，用以限定符合数据模型的数据库状态以及状态的变化，以保证数据的有效、正确和相容。

目前，数据库领域中主要的数据模型有6种，它们是层次模型（Merarchical Model）、网状模型（Network Model）、关系模型（Relational Model）、面向对象数据模型（Object Oriented Data Model）、对象关系数据模型（Object Relational Data Model）和半结构化数据模型（Semistructure Data Model）。其中，最常使用的是层次模型、网状模型和关系模型。层次模型和网状模型是格式化模型，也称为非关系模型。非关系模型的数据库系统在20世纪七八十年代初非常流行，在数据库系统产品中占据了主导地位，在数据库系统的初期起了重要的作用。在关系模型得到发展后，非关系模型逐渐被取代。关系模型是目前使用最广泛的数据模型，占据主导地位。下面分别进行介绍。

1. *层次模型*

层次模型是数据库系统中最早出现的数据模型，典型的层次模型系统是美国国际商业机器（IBM）公司于1968年推出的信息管理系统（Information Management System，IMS），这个系统于20世纪70年代在商业上得到广泛应用。

在现实世界中，有许多事务是按层次组织的，如一个学院有若干个专业和教研室，一个专业有若干个班级，一个班级有若干个学生，一个教研室有若干个教师，其数据模型如图1－6所示。

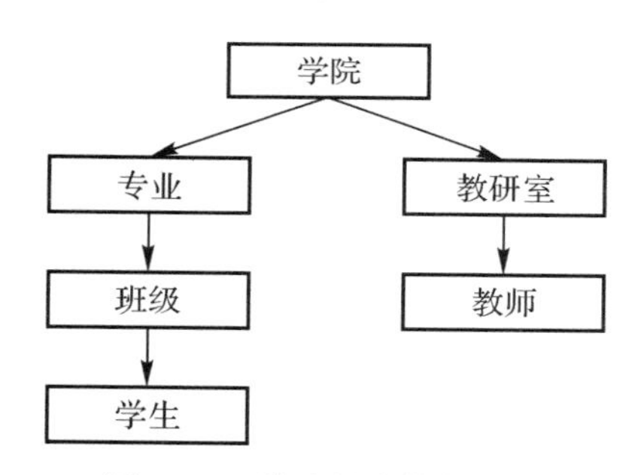

图1－6　学院层次数据模型

层次模型用“有向树”的数据结构来表示各类实体及其实体间的联系。在树中，每个结点表示一个记录类型，结点间的连线（或边）表示记录类型间的关系，每个记录类型可包含若干个字段，记录类型描述的是实体，字段描述实体的属性，各个记录类型及其字段都必须命名。

（1）层次模型的数据结构。树的结点是记录类型，有且仅有一个结点，无父结点，这样的结点称为根结点，每个非根结点有且只有一个父结点。在层次模型中，一个父结点可以有几个子结点，该结点称为兄弟结点，如图1－6所示的专业和教研室，也可以没有子结点，该结点称为叶结点，如图1－6所示的学生和教师。

（2）层次模型的数据操作与数据完整性约束。层次模型的数据操作的最大特点是必须从根结点入手，按层次顺序访问。层次模型的数据操作主要有增加、删除、修改和查询，进行插入、删除和修改操作时必须满足层次模型的完整性约束条件。

进行插入操作时，如果没有相应的父结点值，就不能插入子结点值。例如，图1－6所示的层次模型数据库中，如果新调入一名教师，当尚未分配到某个具体的教研室时，就不能将该教师插入数据库中。进行删除操作时，若删除父结点值，则相应的子结点值也被同时删除，修改操作时，应修改所有相应的记录，以保证数据的一致性。

(3)层次模型的优缺点。层次模型的优点如下：

1)层次模型本身比较简单，只需很少几条命令就能操作数据库，易于使用；

2)结构清晰，结点间联系简单，只要知道每个结点的父结点，就可知整个模型结构，现实世界中许多实体间的联系本来就呈现出一种很自然的层次关系；

3)它提供了良好的数据完整性支持；

4)对实体间的联系是固定的，且预先定义好的应用系统，采用层次模型实现，其性能优于关系模型，不低于网状模型。

层次模型的缺点如下：

1)层次模型不能直接表示两个以上的实体型间的复杂的联系和实体型间的多对多联系，只能通过引入冗余数据或创建虚拟结点的方法来解决，易导致不一致性；

2)对数据的插入和删除的操作限制太多；

3)查询子结点必须通过父结点；

4)由于结构严密，因此层次命令趋于程序化。

2. 网状模型

在实际生活中，事物之间的联系更多的是非层次关系的，用层次模型很难完全反映它们之间的连接关系，而网状模型可以很好地解决这一问题。

网状数据库系统采用网状模型作为数据的组织方式。网状数据模型取消了层次模型的两个限制，使用有向图结构表示实体类型及它们之间的联系，若一个结点可以有一个以上的父结点，则就可以表示为网状模型。网状数据模型的典型代表是数据库任务组(Database Task Group，DBTG)。这是 20 世纪 70 年代数据系统语言研究会议(Conference On Data System Language，CODASYL)下属的数据库任务组提出的一个系统方案系统，因此也被称为 CODASYL 系统。DBTG 系统虽然不是实际的数据库系统软件，但是它的基本概念、方法和技术具有普遍意义，对于网状数据库系统的研制和发展产生了重大的影响。后来不少系统都采用 DBTG 模型或者简化的 DBTG 模型，如 Cullinet Software 公司的集成数据库管理系统(Integrated Database Management System，IDMS)、Univac 公司的 DMS1100、Honeywell 公司的交互式数据系统(Interactive Data System 2，IDS/2)、HP 公司的多应用集成通用环境(Integrated Multi-Application Generalized Environment，IMAGE)等。

(1)网状模型的数据结构。在数据库中，把满足以下两个条件的基本层次联系集合称为网状模型：

1)允许一个以上的结点无双亲；

2)一个结点可以有多于一个的双亲。

网状模型是一种比层次模型更具普遍性的结构。它取消了层次模型的两个限制，允许多个结点没有双亲结点，允许结点有多个双亲结点。此外，它还允许两个结点之间有多种联系，即复合联系。因此，网状模型可以更直接地去描述现实世界。而层次模型实际上是网状模型的一个特例。

与层次模型一样，网状模型中每个结点表示一个记录类型(实体)，每个记录类型可包含若干个字段(实体的属性),结点间的连线表示记录类型(实体)之间一对多的父子联系。

从定义可以看出,层次模型中子女结点与双亲结点的联系是唯一的,而在网状模型中这种联系可以不唯一。因此,要为每个联系命名,并指出与该联系有关的双亲记录和子女记录。例如,图1-7(a)中R3有两个双亲记录R1和R2,因此把R1与R3之间的联系命名为L1,R2与R3之间的联系命名为L2。图1-7(a)(b)(c)都是网状模型的例子。

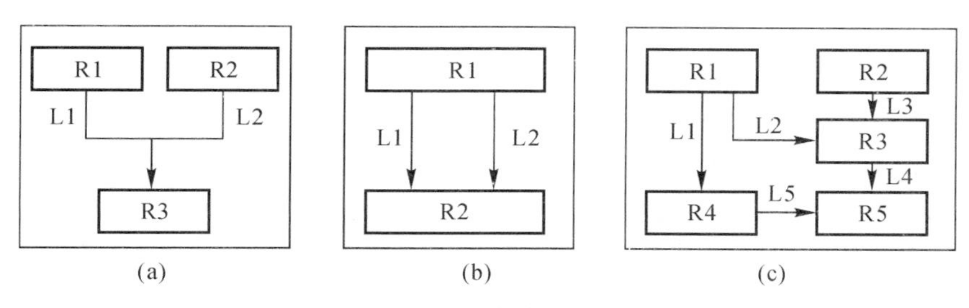

图1-7　网状模型示例

下面以学生选课为例,介绍网状数据库中的数据组织方式。

按照常规语义,一个学生可以选修若干门课程,一门课程可以被多个学生选修,因此学生与课程之间是多对多联系。因为DBTG模型中不能表示记录之间多对多的联系,为此引进一个学生选课的连接记录,它由三个数据项组成,即学号、课程号、成绩,表示某个学生选修某一门课程及其成绩。这样,学生选课数据库包括三个记录,即学生、课程和选课。

每个学生可以选修多门课程,显然对学生记录中的一个值,选课记录中可以有多个值与之联系,而选课记录中的一个值,只能与学生记录中的一个值联系。学生与选课之间的联系是一对多联系,联系名为S-SC。同样,课程与选课之间的联系也是一对多联系,联系名为C-SC。图1-8所示为学生选课数据库的网状数据模型。

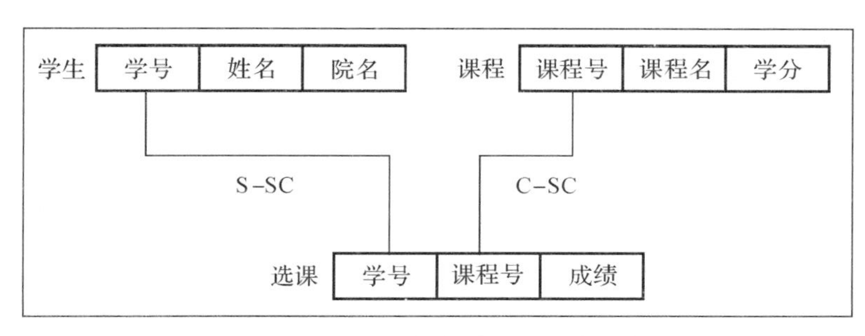

图1-8　学生选课数据库的网状数据模型

(2)网状模型的数据操纵与完整性约束。网状模型一般没有层次模型那样严格的完整性约束条件,但具体的网状数据库系统对数据操纵都加了一些限制,提供了一定的完整性约束。

网状模型的数据操作主要包括插入、查询、删除和修改数据。插入数据时,允许插入尚未确定双亲结点值的子女结点值,如可增加一名尚未分配到某个学院的新教师,也可增加一些刚来报到,专业和部职别不明确的学生。

删除数据时,允许只删除父结点值,如可删除一个学院,而该学院所有教师的信息仍保留在数据库中。

修改数据时，可直接表示非树形结构，而无须像层次模型那样增加冗余结点，因此，修改操作时只需更新指定记录即可。

它不像层次数据库那样有严格的完整性约束条件，只提供一定的完整性约束，主要有以下几点。

1)支持记录码的概念，码是唯一标识记录的数据项的集合。例如，学生记录中学号是码，因此数据库中不允许学生记录中学号出现重复值。

2)保证一个联系中父记录和子记录之间是一对多联系。

3)可以支持父记录和子记录之间某些约束条件。例如，有些子记录要求父记录存在才能插入，父记录删除时也一起删除。

(3)网状模型的优缺点。网状模型的优点主要有以下几个方面：

1)能够更为直接地描述现实世界，如一个结点可以有多个双亲，结点之间可以有多种联系。

2)具有良好的性能，存取效率较高。

网状模型的缺点主要有以下几个方面：

1)结构比较复杂，而且随着应用环境的扩大，数据库的结构就变得越来越复杂，不利于弹性扩展。

2)网状模型的 DDL、DML 复杂，并且要嵌入某一种高级语言(如 C 语言)中。用户不容易掌握，不容易使用。

3)由于记录之间的联系是通过存取路径实现的，应用程序在访问数据时必须选择适当的存取路径，因此用户必须了解系统结构的细节，加重了编写应用程序的负担。

3. 关系模型

关系模型是目前主流数据库最常使用的一种数据模型，它把概念模型中实体以及实体之间的各种联系均用关系来表示。关系数据库系统采用关系模型作为数据的组织方式。

1970 年，美国 IBM 公司的研究员 E. F. Codd 首次提出了数据库系统的关系数据模型，标志着数据库系统新时代的来临，开创了数据库关系方法和关系数据理论的研究，为数据库技术奠定了理论基础。1980 年后，各种关系数据库管理系统的产品迅速出现，如 Oracle、DB2、Sybase、Informix 等，关系数据库系统成为数据库市场中的主流应用，数据库的应用领域迅速扩大。

与层次模型和网状模型相比，关系模型概念简单、清晰，并且具有严格的数据基础，形成了关系数据理论，操作也直观、容易，因此易学、易用。无论是数据库的设计和建立，还是数据库的使用和维护，关系模型都比非关系模型时代简便得多。

(1)关系模型的数据结构。在关系模型中，数据的逻辑结构是关系。关系可形象地用二维表表示，它由行和列组成。表 1-1 为一张学生信息表，现以该关系为例，介绍关系模型中的一些术语。

表 1-1　学生关系

学号	姓名	性别	出生日期	部职别	专业
10501001	张伟	男	1992-2-18	五大队 13 队	作战数据保障

续表

学号	姓名	性别	出生日期	部职别	专业
10501002	许娜	女	1993-1-4	六大队16队	大数据工程
10501112	王成	男	1991-5-24	七大队19队	计算机科学

1)关系(Relation)。每一个关系用一张二维表来表示,常称为表,如表1-1所示的学生信息表。通常将一个没有重复行、重复列的二维表看成一个关系,每个关系(表)都有一个关系名。

2)元组(Tuple)。二维表的每一行在关系中称为元组,也称为记录,如表1-1中有3个元组。一个元组即为一个实体的所有属性值的总称。一个关系中不能有两个完全相同的元组。

3)属性(Attribute)。表中的每一列即为一个属性,也称为字段。每个属性都有一个显示在每一列首行的属性名,在一个关系表当中不能有两个同名属性。例如,表1-1有6列,对应6个属性(学号,姓名,性别,出生日期,部职别,专业),关系的属性对应概念模型中实体型以及联系的属性。

4)域(Domain)。一个属性的取值范围就是该属性的域,如表1-1中学生的性别属性域为(男,女)。

5)分量(Component)。一个元组在一个属性域上的取值称为该元组在此属性上的分量,如表1-1中姓名属性在第一条元组上的分量为"张伟"。

6)关系模式(Relation Schema)。一个关系的关系名及其全部属性名的集合简称为该关系的关系模式,一般表示为关系名(属性1,属性2,…,属性 n),如上面的关系可描述为学生(学号,姓名,性别,出生日期,部职别,专业)。关系模式是型,描述一个关系的结构;关系则是值,是元组的集合,是某一时刻关系模式的状态或内容。因此,关系模式是稳定的、静态的,而关系则是随时间变化的、动态的。但在不引起混淆的场合,两者都称为关系。

7)候选码或候选键(Candidate Key)。若在一个关系中,存在一个或一组属性的值能唯一地标识该关系的一个元组,则这个属性或属性组称为该关系的候选码或候选键,一个关系可能存在多个候选码。

8)主码或主键(Primary Key)。为关系组织物理文件存储时,通常选用一个候选码作为插入、删除、检索元组的操作变量。这个被选用的候选码称为主码,有时也称为主键,用来唯一标识该关系的元组,如表1-1中的学号,可以唯一确定一个学生,也就成为本关系的主键。

9)主属性(Primary Attribute)和非主属性(Nonprimary Attribute)。关系中包含在任何一个候选码中的属性称为主属性,不包含在任何一个候选码中的属性称为非主属性。

10)外码或外键(Foreign Key)。若关系R1的某一个(或多个)属性A不是R1的候选码,但是在另一关系R2中属性A是候选码,则称A是关系R1的外码,有时也称外键。在关系数据库中,用外键表示两个表间的联系。

表1-2是课程关系表,其中课程编号和课程名称属性可以唯一标识该课程关系,因此可

称为该关系的候选码。如果指定课程编号为课程关系的主键，那么课程编号就可以被看作表 1-3 成绩关系表的外键。这样，通过“课程编号”就将两个独立的关系表联系在一起了。

表 1-2　课程关系表

课程编号	课程名称	学分	学时
050218	数据库技术及应用	5	50
050106	通信原理	2	40
050220	计算机网络	3	55

表 1-3　成绩关系表

学号	课程编号	平时成绩	试卷成绩	总评成绩
10501001	050218	85	90	88.5
10501001	050106	80	85	83.5
10501002	050220	75	82	79.9
10501112	050218	88	90	89.4

11）参照关系（Referencing Relation）和被参照关系（Referenced Relation）。参照关系也称从关系，被参照关系也称主关系，它们是指以外键相关联的两个关系。外键所在的关系称为参照关系，相对应的另一个关系即外键取值所参照的那个关系称为被参照关系。这种联系通常是一对多联系。例如，对表 1-2 所示的课程关系和表 1-3 所示的成绩关系来说，课程关系是被参照关系，而成绩关系是参照关系。

关系是关系模型中最基本的数据结构。关系既用来表示实体，如上面的学生关系，也用来表示实体间的联系，如学生与课程之间的联系可以描述为选修(学号，课程号，成绩)。

关系模型要求关系必须是规范化的，即要求关系必须满足一定的规范条件，这些规范条件是：关系中的每一列都必须是不可分的基本数据项，即不允许表中还有表；在一个关系中，属性间的顺序、元组间的顺序是无关紧要的。

(2)关系模型中的数据操作。关系数据模型的操作主要包括修改、删除、增加、查询数据，它的特点如下：

1)操作对象和操作结果都是关系，即关系模型中的操作是集合操作，它是若干元组的集合，而不像非关系模型中那样是单记录的操作方式。

2)关系模型中，存取路径对用户是隐藏的。用户只要指出“干什么”，不必详细说明“怎么干”，从而方便了用户，提高了数据的独立性。

(3)关系模型中的完整性约束。完整性约束是一组完整的数据约束规则，它规定了数据模型中的数据必须符合的约束条件，对数据进行任何操作时都必须保证符合该约束。关系模型中共有 4 类完整性约束：实体完整性约束、参照完整性约束、域完整性约束和用户自定义完整性约束。其中实体完整性约束和参照完整性约束是关系模型必须满足的完整性约束条件，任何关系系统都应该能自动维护。

1)实体完整性(Entity Integrity)约束。若属性A是关系R的主属性,则属性A不能取空值且取值唯一。一个关系模型中的所有元组都是唯一的,没有两个完全相同的元组,也就是说,一个二维表中没有两个完全相同行,也称为行完整性。

关系数据模型是将概念模型中的实体以及实体之间的联系都用关系这一数据模型来表示。一个基本关系通常只对应一个实体集。由于在实体集合当中的每一个实体都是可以相互区分的,即它们通过实体码唯一标识,因此,关系模型当中能唯一标识一个元组的候选码就对应了实体集的实体码。这样,候选码之中的属性即主属性不能取空值。如果主属性取空值,就说明存在某个不可标识的元组,即存在不可区分的实体,这与现实世界的应用环境相矛盾。在实际的数据存储中,人们是用主键来唯一标识每一个元组,因此在具体的关系型数据库管理系统(Relational Database Management System,RDBMS)中,实体完整性应变为:在任一关系约束中,主键不能取空值。例如,在表1-3所示的课程关系中,"课程编号"属性不能取空值。

2)参照完整性(Referential Integrity)约束。现实世界中的事物和概念往往是存在某种联系的,关系数据模型就是通过关系来描述实体和实体之间的联系。这自然就决定了关系和关系之间也不会是孤立的,它们是按照某种规律进行联系的。参照完整性约束就是不同关系之间或同一关系的不同元组必须满足的约束。它要求关系的外键和被引用关系的主键之间遵循参照完整性约束,若设关系R1有一外键ak,它引用关系R2的主键bk,则R1中任一元组在外键ak上的分量必须满足以下两种情况:等于R2中某一元组在主键bk上的分量;取空值(ak中的每一个属性的分量都是空值)。

在表1-3所示的学生成绩关系中,"学号"只能取学生关系表中实际存在的一个学号,"课程编号"也只能取课程关系表中实际存在的一个课程编号。在这个例子当中,"学号"和"课程编号"都不能取空值,因为它们既分别是外键又是该关系的主键,所以必须满足该关系的实体完整性约束条件。

3)域完整性(Domain Integrity)约束。关系数据模型规定元组在属性上的分量必须来自属性的域,这是由域完整性约束规定的对关系R中属性(列)数据进行规范,并限制属性的数据类型、格式、取值范围、是否允许空值等。

4)用户自定义完整性(User Defined Integrity)约束。以上三类完整性约束都是最基本的,因为关系数据模型普遍遵循此外,不同的关系数据库系统根据其应用环境的不同,往往还需要一些特殊的约束条件。用户自定义完整性约束就是对某一具体关系数据库的约束条件,它反映了某一具体应用所涉及的数据必须满足的语义要求。例如,年龄不能大于工龄,夫妻的性别不能相同,成绩只能在0～100之间等这些约束条件需要用户自己来定义,故称为用户自定义完整性约束。

1.4　数据库系统的发展

随着计算机技术的出现,在人们应用需求的推动下,人类社会步入了高速计算的时代,对数据处理速度及规模的需求远远超出了过去人工或机械方式的能力范围,计算机以其快速、准确的计算能力和海量的数据存储能力在数据处理领域得到了广泛的应用。随着数据处理的工作量呈几何方式的不断增加，数据管理技术应运而生，其演变过程随着计算机硬件或软件的发展速度以及计算机计算领域的不断拓宽而不断变化。数据管理就是对数据进行检索、分类、存储、组织、编码、传播和利用的一系列活动的总和，是数据处理的核心。总体而言，数据管理的发展经历了人工管理、文件系统、数据库系统、高级数据库系统 4 个阶段。在计算机软件、硬件的发展和应用需求的推动下，每一阶段的发展都以数据存储冗余度不断减小、数据独立性不断增强、数据操作更加方便和简单为标志。

1.4.1 人工管理阶段

在 20 世纪 50 年代中期以前，计算机还未出现，人们常规的记录、存储和加工数据方法为使用纸张来完成，运用的计算工具则为普通的算盘、计算器，管理和使用这些数据主要借助人类强大的大脑。而计算机刚刚出现时期，也主要用于科学计算。在硬件方面，外部存储器只有磁带、卡片和纸带等设备，并没有磁盘等直接存取数据的存储设备；在软件方面，既没有操作系统，也没有管理数据的软件。这种情况下的数据管理方式即称为人工管理，其特点如下。

(1)数据不单独保存。因为该阶段计算机主要用于科学计算，对于数据保存的需求尚不迫切，且数据与程序是一个整体，数据只为本程序所使用，所以所有程序的数据均不单独保存。

(2)应用程序管理数据。数据需要由应用程序自己管理，没有相应的软件系统负责数据的管理工作。每个应用程序不仅要规定数据的逻辑结构，而且要设计物理结构，包括存储结构、存取方法、输入方式等，因此程序员负担很重。

(3)数据不共享。数据是面向程序的，一组数据只能对应一个程序。多个应用程序涉及某些相同的数据时，也必须各自定义，因此程序之间有大量的冗余数据。

(4)数据不具有独立性。程序依赖数据，如果数据的类型、格式或输入/输出方式等逻辑结构或物理结构发生变化，必须对应用程序做相应的修改，这就进一步加重了程序员的负担。数据脱离了程序就无任何存在的价值，数据无独立性。

人工管理阶段应用程序和数据之间的对应关系如图 1-9 所示。

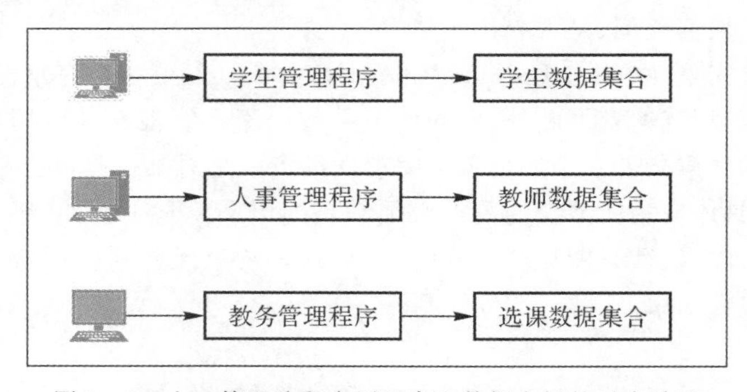

图 1-9　人工管理阶段应用程序和数据之间的对应关系

1.4.2 文件系统阶段

20 世纪 50 年代后期到 60 年代中期，硬件方面已有了磁盘、磁鼓等直接存取存储设备。

软件方面,操作系统中已经有了专门的数据管理软件,一般称为文件系统。处理方式上不仅有了批处理,而且能够实现联机实时处理。

用文件系统管理数据具有如下特点:

(1)数据可以长期保存。由于应用计算机进行数据处理,因此数据需要长期保留在外存上,反复进行查询、修改、插入和删除等操作。

(2)由文件系统管理数据。由专门的软件即文件系统进行数据管理,文件系统把数据组织成相互独立的数据文件,利用"按文件名访问,按记录进行存取"的管理技术,提供了对文件进行打开与关闭、对记录读取和写入等存取方式。文件系统实现了记录内的结构性。

(3)存在数据共享性差,冗余度大的缺点。在文件系统中,一个(或一组)文件基本上对应于一个应用程序,即文件仍然是面向应用的。当不同的应用程序具有部分相同的数据时,也必须建立各自的文件,而不能共享相同的数据,因此数据的冗余度大,浪费存储空间。同时由于相同数据的重复存储、各自管理,容易造成数据的不一致性,给数据的修改和维护带来了困难。

(4)存在数据独立性差。文件系统中的文件是为某一特定应用服务的,文件的逻辑结构是针对具体的应用来设计和优化的,因此要想对文件中的数据再增加一些新的应用会很困难。而且,当数据的逻辑结构改变时,应用程序中文件结构的定义必须修改,应用程序中对数据的使用也要改变,因此数据依赖应用程序,缺乏独立性。可见,文件系统仍然是一个不具有弹性的无整体结构的数据集合,即文件之间是孤立的,不能反映现实世界事物之间的内在联系。

文件系统阶段应用程序与数据之间的关系如图1-10所示。

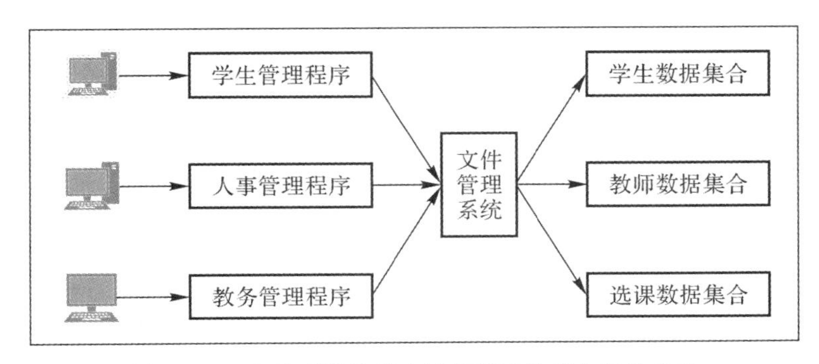

图1-10 文件系统阶段应用程序和数据之间的关系

1.4.3 数据库系统阶段

20世纪60年代后期,计算机硬件、软件有了进一步的发展。计算机应用于管理的规模更加庞大,数据量急剧增加;硬件方面出现了大容量磁盘,使计算机联机存取大量数据成为可能;硬件价格下降,而软件价格上升,使开发和维护系统软件的成本增加。文件系统的数据管理方法已无法适应开发应用系统的需要。为满足多用户、多个应用程序共享数据的需求,出现了统一管理数据的专用软件系统,即数据库系统。用数据库系统来管理数据比文件系统具有明显的优点，从文件系统到数据库系统，标志着数据管理技术的飞跃。

数据库系统管理数据的特点如下。

(1)数据结构化。数据结构化是数据库系统与文件系统的根本区别。有了数据库系统后，数据库中的任何数据都不属于任何应用，数据是公共的，结构是全面的，它是按照某种数据模型，将某一业务范围的各种数据有机地组织到一个结构化的数据库中。

例如，要建立学生信息管理系统，系统包含学生(学生，姓名，性别，出生日期，部职别，专业)、课程(课程号，课程名，学分，教师)、成绩(学生，课程号，成绩)等数据，分别对应三个文件。若采用文件处理方式，因为文件系统只表示记录内部的联系，而不涉及不同文件记录之间的联系，要想查找某个学生的学号、姓名、所选课程的名称和成绩，必须编写一段程序来实现。而采用数据库方式，数据库系统不仅描述数据本身，还描述数据之间的联系，上述信息可以非常容易地联机查找到。

(2)数据共享性高、冗余度小，易扩充。数据库系统从全局角度看待和描述数据，数据不再面向某个应用程序而是面向整个系统，因此数据可以被多个用户、多个应用共享使用。这样便减少了不必要的冗余数据，节约了存储空间，同时也避免了数据之间的不相容性与不一致性。由于数据面向整个系统，是有结构的数据，不仅可被多个应用共享使用，而且容易增加新的应用，这就使得数据库系统弹性大，易于扩充，可以适应各种用户的要求。

(3)数据独立性高。数据的独立性是指数据的逻辑独立性和数据的物理独立性。

数据的逻辑独立性是指用户的应用程序与数据库的逻辑结构是相互独立的，即当数据的总体逻辑结构改变时，数据的局部逻辑结构不变，由于应用程序是依据数据的局部逻辑结构编写的，所以应用程序不必修改，从而保证了数据与程序间的逻辑独立性。例如，在原有的信息记录类型之间增加新的联系，或在某些记录类型中增加新的数据项，均可确保数据的逻辑独立性。

数据的物理独立性是指用户的应用程序与存储在磁盘上的数据库中数据是相互独立的，即当数据的存储结构改变时，数据的逻辑结构不变，从而应用程序也不必改变。例如，改变存储设备和增加新的存储设备，或改变数据的存储组织方式，均可确保数据的物理独立性。

数据独立性由数据库管理系统的二级映像功能来保证。

(4)数据由数据库管理系统统一管理和控制。数据库为多个用户和应用程序所共享，对数据的存取往往是并发的，即多个用户可以同时存取数据库中的数据，甚至可以同时存取数据库中的同一个数据，为确保数据库数据的正确有效和数据库系统的有效运行，数据库管理系统提供下述4个方面的数据控制功能。

1)数据的安全性(Security)控制。数据的安全性是指保护数据以防止不合法使用数据造成数据的泄露和破坏，保证数据的安全和机密，使每个用户只能按规定，对某些数据以某些方式进行使用和处理。例如：系统提供口令检查或其他手段来验证用户身份，防止非法用户使用系统；也可以对数据的存取权限进行限制，只有通过检查才能执行相应的操作。

2)数据的完整性(Integrity)控制。数据的完整性是指系统通过设置一些完整性规则以确保数据的正确性、有效性和相容性。完整性控制是指将数据控制在有效的范围内，或保证数据之间满足一定的关系。正确性是指数据的合法性，如年龄属于数值型数据，只能含0，

1,…,9,不能含字母或特殊符号;有效性是指数据是否在其定义的有效范围,如月份只能用 1～12 之间的正整数表示;相容性是指表示同一事实的两个数据应相同,否则就不相容,如一个人不能有两个性别。

3)数据的并发(Concurrency)控制。多用户同时存取或修改数据库时,可能会发生相互干扰而提供给用户不正确的数据,并使数据库的完整性受到破坏,因此必须对多用户的并发操作加以控制和协调。

4)数据恢复(Recovery)。计算机系统出现各种故障是很正常的,数据库中的数据被破坏或丢失也是可能的。当数据库被破坏或数据不可靠时,系统有能力将数据库从错误状态恢复到最近某一时刻的正确状态。

数据库系统阶段应用程序与数据之间的关系如图 1 - 11 所示。

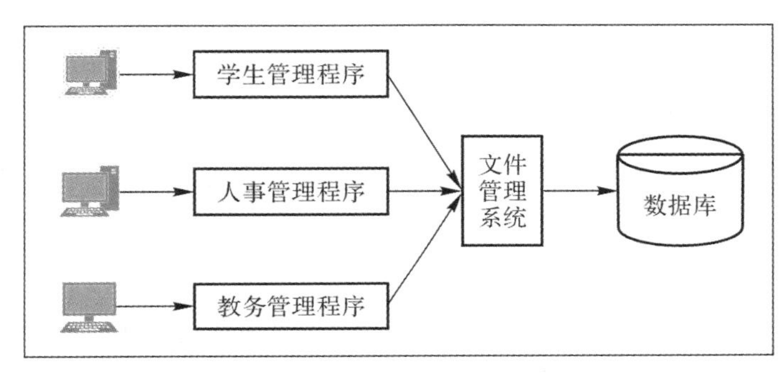

图 1 - 11　数据库系统阶段应用程序与数据之间的关系

从文件系统管理发展到数据库系统管理是信息处理领域的一个重大变化。在文件系统阶段,人们关注的是系统功能的设计,因此程序设计处于主导地位,数据服从于程序设计;而在数据库系统阶段,数据的结构设计成为信息系统最关心的问题。

人工管理阶段、文件系统阶段和数据库系统阶段 3 个阶段的背景、特点汇总对比见表1 - 4。

表 1 - 4　数据管理 3 个阶段的比较

		人工管理阶段	文件系统阶段	数据库系统阶段
背景	应用背景	科学计算	科学计算、数据管理	大规模数据管理
	硬件背景	无直接存取设备	磁盘、磁鼓	大容量磁盘、磁盘阵列
	软件背景	没有操作系统	有文件系统	有数据库管理系统
	处理方式	批处理	联机实时处理、批处理	联机实时处理、分布处理、批处理
特点	数据库的管理者	用户(程序员)	文件系统	数据库管理系统
	数据的共享程度	某一应用程序	某一应用	现实世界(一个部门或跨国组织)
	数据面向的对象	无共享,冗余度极大	共享性差,冗余度大	共享性高,冗余度小

续表

		人工管理阶段	文件系统阶段	数据库系统阶段
特点	数据的独立性	不独立，完全依赖于程序	独立性差	具有高度的物理独立性和一定的逻辑独立性
	数据的结构化	无结构	记录内有结构、整体无结构	整体结构化，用数据模型描述
	数据控制能力	应用程序自己控制	应用程序自己控制	由数据库管理系统提供数据安全性、完整性、并发控制和恢复能力

1.4.4 高级数据库系统阶段

经历了以上 3 个阶段的发展后，数据库技术已经比较成熟，但随着计算机软硬件的发展，数据库技术也随着计算机技术的发展得到了很大提升。

20 世纪 70 年代，层次模型数据库、网状模型数据库和关系模型数据库三大数据库系统奠定了数据库技术的概念、原理和方法。随着计算机应用的进一步发展和网络的出现，有人提出数据管理的高级数据库系统阶段，这一阶段的主要标志是 20 世纪 80 年代的分布式数据库系统、20 世纪 90 年代的对象数据库系统和 21 世纪初的网络数据库系统的出现。

1. 分布式数据库系统

在这一阶段以前的数据库系统是集中式的。在文件系统阶段，数据分散在各个文件中，文件之间缺乏联系。集中式数据库把数据库集中存放在一个数据库中进行管理，减少了冗余数据，避免了数据的不一致性，而数据联系比文件系统强得多。但集中式系统也有弱点：一是随着数据量增加，系统非常庞大，操作复杂，开销大；二是数据集中存储，大量的通信都要通过主机，造成拥挤现象。随着小型和微型计算机的普及，以及计算机网络软件和通信的发展，出现了分布式数据库系统。

分布式数据库系统主要有以下 3 个特点。

(1)数据库的数据物理上分布在各个服务器，但逻辑上是一个整体。

(2)各个服务器既可执行局部应用(访问本地数据库)，又可执行全局应用(访问异地数据库)。

(3)各地的计算机由数据通信网络相联系。本地计算机单独不能胜任的处理任务，可以通过通信网络取得其他数据库和计算机的支持。

分布式数据库系统兼顾了集中管理和分布处理两个方面，因而有良好的性能。

2. 对象数据库系统

在数据处理领域，关系数据库的使用已成为数据处理技术的主流。但是现实世界存在着许多具有更复杂数据结构的实际应用领域，已有的层次模型、网状模型和关系模型 3 种数据模型对这些应用领域都显得力不从心。例如多媒体数据、多维表格数据、计算机辅助设计(Computer Aided Design，CAD)数据等应用问题，都需要更高级的数据库技术来表达，以便于管理、构造和维护大容量的持久数据，并使它们能与大型复杂程序紧密结合。对象数据库正是为适应这种形势发展起来的，它是面向对象的程序设计技术与数据库技术相结合的产物。

对象数据库系统主要有以下两个特点。

(1)对象数据库模型能完整地描述现实世界的数据结构，能够表达数据间嵌套、递归的联系。

(2)具有面向对象技术的封装性(把数据与操作定义在一起)和继承性(继承数据结构和操作)的特点，提高了软件的可重用性。

3. 网络数据库系统

随着C/S结构的出现，人们可以更有效地使用计算机资源。但在网络环境中，如果要隐藏各种复杂性，就要使用中间件。中间件是网络环境中保证不同的操作系统、通信协议和数据库管理系统之间进行对话、互操作的软件系统。其中涉及数据访问的中间件，就是20世纪90年代提出的开放数据库互连(Open Database Connectivity，ODBC)技术和Java数据库互连(Java Database Connectivity，JDBC)技术。

现在，计算机网络已成为信息社会中十分重要的一类基础设施。随着广域网的发展，信息高速公路已发展成为采用通信手段将地理位置分散的、具有自主功能的若干台计算机和数据库系统有机地连接起来，组成因特网，用于实现通信交往、资源共享或协调工作等目标。这个目标在20世纪末已经实现，正在对社会的发展起着极大的推进作用。

本章小结

本章首先对数据库中数据、信息、数据库系统等基本概念进行了阐述，然后从不同的层次、不同的角度分析数据库系统结构并得到了不同的结果，通过三级模式结构、二级映像对数据库系统的体系结构进行了学习，之后在数据库体系结构的基础上介绍了数据库的核心和基础即数据模型，最后介绍了数据库发展的4个阶段。

习　　题

1. 简述数据库系统的特点。
2. 试述数据库系统的组成。
3. 数据库管理系统的主要功能有哪些?
4. 什么是DBA? DBA应具有什么素质? DBA的职责是什么?
5. 试述数据模型的概念、数据模型的作用和数据模型的几个要素。
6. 试述概念模型的作用。

第 2 章　关系数据库

在数据处理应用中，早期的数据库系统都是基于网状模型和层次模型建立的数据库系统，随着关系模型的引入，已逐渐转变为基于关系模型构建的数据库系统，并已成为当下主流的数据库模型。

20 世纪 80 年代以来，计算机厂商推出的数据库管理系统几乎都支持关系模型，非关系模型的数据库系统后期也都增加了相应的数据库接口，关系数据库几乎成了数据库的代名词。基于关系模型的关系数据库一经出现就如此受重视，主要得益于关系数据库中的关系模型是采用数学方法来处理数据库中的数据，是建立在严密的数据基础之上的一种数据组织与存储方式，使得数据更便于管理和实现。

在第 1 章中学习到关系模型由数据结构、数据操纵和数据完整性约束三要素组成。本章将从关系模型的定义出发，对关系操作、关系代数和关系演算分别进行详细介绍。

2.1　关系模型

关系模型非常简单，数据之间的结构关系以二维表的形式展现，实体和实体之间的联系均由单一的结构类型即关系进行表示。由于关系模型具有严格的数学基础，因此，本节将介绍关系模型的数学基础即集合代数对关系的定义和性质。

2.1.1　关系的定义

关系模型是建立在数学中的集合代数理论基础上，关系的非形式化定义指出，在关系模型中，数据是以二维表的形式存在的，即二维表被称为关系。本节将从集合代数的角度对关系的形式化定义进行介绍。

1. 域

定义 2.1　域(Domain)是一组具有相同数据类型的值的集合，又称为值域，一般用字母 D 表示。域的基数是域中所包含的值的个数，用 m 表示。在关系中，域表示各个属性的取值范围。例如，整数、实数、{男，女}等都称为域。

D_1 ={手枪，步枪，狙击枪，霰弹枪}，D_1 的基数 $m_1=4$。

D_2 ={信息系统，人工智能，大数据}，D_2 的基数 $m_2=3$。

其中，D_1 和 D_2 是域名称，D_1 是武器集合，D_2 是学生专业集合，域中所包含的信息排列无顺序。

2. 笛卡儿积

定义 2.2　给定了一组域 $D_1, D_2, \cdots, D_n$（这些域中包含的元素可以完全相同，也可以部分或者全部不同），$D_1, D_2, \cdots, D_n$ 所构成的笛卡儿积(Cartesian Product) 为

$$D = D_1 \times D_2 \times \cdots \times D_n = \{(d_1, d_2, \cdots, d_n) \mid d_i \in D_i, i = 1, 2, \cdots, n\}$$

式中：D 所构成的集合中每个元素 $(d_1, d_2, \cdots, d_n)$ 称为一个 n 元组(n - Tuple)，或简称为元组(Tuple)。元素中的每一个值 d_i 叫作一个分量(Component)，来自相应的域($d_i \in D_i$)。由各分量 d_i 构成的有序集合组合为一个元组。

一个域允许的不同取值个数称为这个域的基数(Cardinalnumber)。若 $D_i(i=1,2,\cdots,n)$ 为有限集，其基数为 $m(i=1,2,\cdots,n)$，则 $D_1 \times D_2 \times \cdots \times D_n$ 的基数为 n 个域的基数的乘积，表示为

$$M = \prod_{i=1}^{n} m_i$$

笛卡儿积可以表示为一个二维表，表中的每行对应于一个元组，表中的每列对应于一个域。例如给出三个域：

D_1 = 学生姓名集合 = {张小华，李敏，王强}

D_2 = 学生性别集合 = {男，女}

D_3 = 学生专业集合 = {指挥信息系统，作战数据，大数据}

则 D_1、D_2、D_3 的笛卡儿积为

$D_1 \times D_2 \times D_3$ = {(张小华，男，指挥信息系统)，(张小华，男，作战数据)，(张小华，男，大数据)，(张小华，女，指挥信息系统)，(张小华，女，作战数据)，(张小华，女，大数据)，(李敏，男，指挥信息系统)，(李敏，男，作战数据)，(李敏，男，大数据)，(李敏，女，指挥信息系统)，(李敏，女，作战数据)，(李敏，女，大数据)，(王强，男，指挥信息系统)，(王强，男，作战数据)，(王强，男，大数据)，(王强，女，指挥信息系统)，(王强，女，作战数据)，(王强，女，大数据)}

式中：(张小华，男，指挥信息系统)，(张小华，男，作战数据) 等都是元组；张小华、指挥信息系统、男、李敏、王强等都是分量。

该笛卡儿积的基数为 $3 \times 2 \times 3 = 18$，也就是说 $D_1 \times D_2 \times D_3$ 一共有 $3 \times 2 \times 3 = 18$ 个元组，这 18 个元组组成一张新的二维表，见表 2 - 1。

表 2 - 1　D_1、D_2、D_3 的笛卡儿积的二维表表现形式

学生姓名	性别	专业
张小华	男	指挥信息系统
张小华	男	大数据
张小华	男	作战数据
张小华	女	指挥信息系统
张小华	女	大数据

续表

学生姓名	性别	专业
张小华	女	作战数据
李敏	男	指挥信息系统
李敏	男	大数据
李敏	男	作战数据
李敏	女	指挥信息系统
李敏	女	大数据
李敏	女	作战数据
王强	男	指挥信息系统
王强	男	大数据
王强	男	作战数据
王强	女	指挥信息系统
王强	女	大数据
王强	女	作战数据

3. 关系

定义 2.3 $D_1 \times D_2 \times \cdots \times D_n$ 的子集叫作在域 $D_1, D_2, \cdots, D_n$ 上的关系，表示为 $R(D_1, D_2, \cdots, D_n)$，这里的 R 表示关系的名字，n 是关系的目或者度(Degree)。这里必须注意到，构成笛卡儿积的集合是有序的，当 $n=1$ 时，该关系称为单元关系(Unary Relation)，或一元关系。$n=2$ 时，该关系称为二元关系(Binaryrelation)。$n=N$ 时，该关系称为 N 元关系。

关系是笛卡儿积的有限子集，因此关系也是一张二维表，表名称对应为关系名，表的每行对应一个元组，表的每列对应一个域。由于域可以相同，因此，为了加以区分，必须对每列起一个名字，称为属性(Attribute)。n 元关系必有 n 个属性。

在数学中，笛卡儿积形成的二维表的各列都是有序的，而在关系数据模型中对属性、元组的次序交换都是无关紧要的。当然，关系的属性、元组按照一定的次序存储在数据库中，但这仅仅是物理存储的次序，但在逻辑上，属性、元组在关系模型中都不做规定。

在关系数据模型中，关系可以有三种数据类型的表：基本表、查询表、视图表。基本表是实际存在的表，为实际存储数据的逻辑表示。查询表是查询结果对应的表。视图表是由基本表或其他视图表导出的表，为虚表，只有定义，没有对应的物理存储数据。

2.1.2 关系的性质

在关系的定义中，关系可以是一个无限的集合，由于笛卡儿积的域不满足交换律，所以按照数学定义，$(d_1, d_2, \cdots, d_n) \neq (d_2, d_1, \cdots, d_n)$。当关系作为关系数据模型时，需对其进行相应的限定，通过关系的性质对其进行限定和扩充。因此，基本关系具有以下 6 条性质。

(1)列的同质性,即每一列中的分量是同一类型的数据,来自同一个域。

(2)属性名的唯一性,即二维表中的属性名各不相同。

(3)元组的唯一性,即二维表中的任意两个元组不能完全相同。

(4)属性次序的无关性,即二维表中的属性与次序无关,可任意互换位置。

(5)元组次序的无关性,即二维表中元组的次序可以任意交换。

(6)元组分量的原子性,即表中元组分量都必须是不可分割的数据项,不允许表中有表。

(7)元组个数有限性,即表中的元组个数是有限的。

2.1.3　关系模式与关系数据库

在二维表中,人们需要区分类型和数据。同样,在数据中也需要区分型和值。在关系数据库中,关系模式是型,关系是值。关系模式是对关系数据库结构的描述。

1. 关系模式

关系是元组的集合,一个关系的关系模式是该关系的关系名及其全部的属性名的集合,一般表示为“关系名(属性名1,属性名2,…,属性名 n)”。关系模式和关系是型与值的联系。关系模式指出了一个关系的结构描述;而关系则是由满足关系模式结构的元组构成的集合,关系模式是稳定的、静态的,而关系则是随时间变化的、动态的。但在通常不引起两者混淆的情况下,两者都称之为关系。

定义 2.4　关系的描述称为关系模式,它可以形式化地表示为

$$R(U,D,\mathrm{DOM},F)$$

式中:R 为关系模式名;U 为组成该关系的属性名的集合;D 为属性组 U 中属性所来自的域的集合;DOM 为属性向域映像的集合;F 为该关系中各属性间数据的依赖关系集合。

关系模式通常简记为 $R(\mathrm{U})$ 或 $R(A_1,A_2,\cdots,A_n)$。其中 R 为关系名,$A_i(i=1,2,\cdots,n)$ 为属性名。域名构成的集合及属性向域映像的集合一般为关系模式定义中的属性的类型和长度。

2. 关系数据库

在关系模型中,实体以及实体间的联系都是用关系来表示的。例如武器实体、人员实体、人员与武器之间的一对多联系都可以分别用一个关系来表示。在一个给定的应用领域中,所有关系的集合构成了一个关系数据库。因此关系数据库也称为“一组随时间变化,具有各种度的规范化关系的集合”。由此可见,关系数据库也有型和值的概念,其型就是关系数据库模式,相对固定,其值就是关系数据库存放的数据,代表现实世界中各个实体,而实体是不断随着时间进行变化的,因此其值在不同时刻会有所变化。

2.2　关系代数

关系代数是一种抽象的查询语言,它用对关系的运算来表达查询。任何一种运算都是将一定的运算符作用于一定的运算对象上,从而得到预期的运算结果。因此运算对象、运算符、运算结果是运算的三大要素。

关系代数的运算对象是关系，运算结果亦为关系。关系代数用到的运算符包括两类：集合运算符和专门的关系运算符，见表 2-2。

表 2-2　关系代数运算符

运算符		含义
集合运算符	$\cup$	并
	$-$	差
	$\cap$	交
	$\times$	笛卡儿积
专门的关系运算符	σ	选择
	Π	投影
	$\bowtie$	连接
	$\div$	除

根据运算符的不同，关系代数运算可分为传统集合运算和专门关系运算两类。其中，传统的集合运算将关系看成元组的集合，其运算是从关系的“水平”方向，即行的角度来进行，而专门的关系运算不仅涉及行，而且涉及列。比较运算符和逻辑运算符是用来辅助专门的关系运算符进行操作的。

2.2.1　基本的关系操作

关系模型中常用的关系操作主要由查询（Query）、插入（Insert）、删除（Delete）、修改（Update）几部分构成。

数据库中最常用的功能主要为查询，是关系操作中的最主要的部分。查询操作可以细分为选择（Select）、投影（Join）、除（Divide）、并（Union）、差（Except）、交（Intersection）、笛卡儿积等。其中选择、投影、并、差、笛卡儿积是 5 种基本操作。其他操作可以用基本操作来定义或导出。

关系操作的特点是集合操作方式，即操作的对象和结果都是集合。这种操作方式也称为一次一集合（Set-At-Time）的方式。相应地，非关系数据模型的数据操作方式则为一次一记录（Record-At-A-Time）的方式。

2.2.2　传统的集合运算

传统的集合运算是二目运算，包括交、并、差、笛卡儿积 4 种运算。

设关系 R 和关系 S 具有相同的目 n（即两个关系都有 n 个属性），且相应的属性取自同一个域，t 是元组变量，$t \in R$ 表示 t 是 R 的一个元组。

集合运算中的交、并、差、笛卡儿积运算如下。

(1)交（Intersection）。关系 R 与关系 S 的交记作

$$R \cap S = \{t \mid t \in R \wedge t \in S\}$$

其结果关系仍为 n 目关系，由既属于 R 又属于 S 的元组组成。关系的交可以用差来表示，即 $R\cap S=R-(R-S)$。

(2)并(Union)。关系 R 与关系 S 的并记作

$$R\cup S=\{t\mid t\in R \vee t\in S\}$$

其结果关系仍为 n 目关系，由属于 R 或属于 S 的元组组成。

(3)差(Except)。关系 R 与关系 S 的差记作

$$R-S=\{t\mid t\in R \wedge t\notin S\}$$

(4)笛卡儿积(Cartesianproduct)。因为笛卡儿积在集合运算中运算的元素为元组，所以为广义笛卡儿积。

两个分别为 n 目和 m 目的关系 R 和 S 的笛卡儿积是一个 $(n+m)$ 列的元组的集合。元组的前 n 列是关系 R 的一个元组，后 m 列是关系 S 的一个元组。若 R 有 k_1 个元组，S 有 k_2 个元组，则关系 R 和关系 S 的笛卡儿积有 $k_1\times k_2$ 个元组。记为

$$R\times S=\{\widehat{t_r t_s}\mid t_r\in R \wedge t_s\in S\}$$

图 2-1(a)(b)分别为具有三个属性列的关系 R、S。图 2-1(c)为关系 R 与 S 的交。图 2-1(d)为关系 R 与 S 的并。图 2-1(e)为关系 R 与 S 的差。图 2-1(f)为关系 R 与 S 的笛卡儿积。

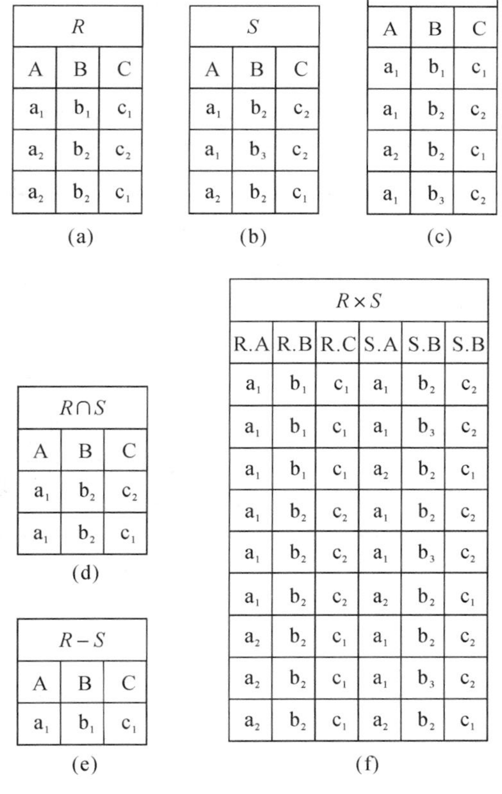

R		
A	B	C
a_1	b_1	c_1
a_2	b_2	c_2
a_2	b_2	c_1

(a)

S		
A	B	C
a_1	b_2	c_2
a_1	b_3	c_2
a_2	b_2	c_1

(b)

R∪*S*		
A	B	C
a_1	b_1	c_1
a_1	b_2	c_2
a_2	b_2	c_1
a_1	b_3	c_2

(c)

R∩*S*		
A	B	C
a_1	b_2	c_2
a_1	b_2	c_1

(d)

R−*S*		
A	B	C
a_1	b_1	c_1

(e)

R×*S*					
R.A	R.B	R.C	S.A	S.B	S.B
a_1	b_1	c_1	a_1	b_2	c_2
a_1	b_1	c_1	a_1	b_3	c_2
a_1	b_1	c_1	a_2	b_2	c_1
a_1	b_2	c_2	a_1	b_2	c_2
a_1	b_2	c_2	a_1	b_3	c_2
a_1	b_2	c_2	a_2	b_2	c_1
a_2	b_2	c_1	a_1	b_2	c_2
a_2	b_2	c_1	a_1	b_3	c_2
a_2	b_2	c_1	a_2	b_2	c_1

(f)

图 2-1　传统集合运算举例

2.2.3 专门的集合运算

传统的集合运算的运算方式从行的角度进行，而要灵活地实现关系数据库多种查询操作，必须引入专门的关系运算。专门的关系运算包括选择、投影、连接和除等，其中选择投影为单目运算符，连接和除为二目运算符。

1. 选择(Selection)

选择运算是根据一定的条件 F 在给定的关系 R 中选取若干个元组，组成一个新的关系，记作

$$\sigma_F(R)=\{t \mid t \in R \wedge F(t)=\text{true}\}$$

式中：σ 为选择运算符；F 表示选择条件，它是由运算对象(属性名、常数、简单函数)、算术比较运算符(≤、<、≥、>、=、≠)和逻辑运算符(∨、∧、¬)连接起来的逻辑表达式，取值为"true"或"false"，其基本形式为

$$X_1\theta Y_1[\phi X_2\theta Y_2]\cdots$$

θ 表示比较运算符，它可以是≤、<、≥、>、=和≠。X_1、Y_1 等是属性名或简单函数。属性名也可以用它在关系中从左到右的序号来代替。ϕ 表示逻辑运算符，它可以是∨、∧、¬。[ ] 表示可选选项，… 表示上述格式可以重复下去。

选择运算是单目运算符，即运算的对象仅有一个关系。选择运算不会改变参与运算关系的关系模式，它只是根据给定的条件从所给的关系中找出符合条件的元组。实际上，选择是从行的角度进行的水平运算，是一种将大关系分割为较小关系的工具。

【例 2.1】 关系 R 见表 2-3，从关系 R 中挑选满足 $A=a_1$ 条件的元组，关系代数式为 $\sigma_{A='a_1'}(R)$，其结果见表 2-3。

表 2-3 选择关系

A	B	C
a_1	b_1	c_1
a_2	b_2	c_2

设有一个关于学生成绩管理的数据库，包括学生关系 S(见表 2-4)，课程关系 C(见表 2-5)和成绩关系 SC(见表 2-6)。下面的许多关系运算都是针对这 3 个关系进行的。

表 2-4 学生关系 *S*

StuNo	StuName	Sex	Age	Dept
10501001	张伟	男	19	通信工程系
10501002	许娜	女	18	指挥信息系
10501003	王成	男	20	计算机系

表 2－5　课程关系 C

CNo	CName	Credit	ClassHour
050218	数据库技术及应用	2	32
050106	通信原理	4	64
050220	计算机网络	2	32

表 2－6　成绩关系 SC

StuNo	CNo	Score
10501001	050218	85
10501001	050106	80
10501002	050220	75
10501112	050218	88

【例 2.2】　关系 S 见表 2－4，查询全体男学生的信息。

$$\sigma_{Sex='男'}(S) 或 \sigma_{3='男'}(S)$$

其中，下标“3”为 Sex 的属性序号，结果见表 2－7。

表 2－7　男学生关系 S

StuNo	StuName	Sex	Age	Dept
10501001	张伟	男	19	通信工程系
10501003	王成	男	20	计算机系

【例 2.3】　关系 S 见表 2－4，查询年龄小于 20 岁的学生信息。

$\sigma_{age<20}(S)$，结果见表 2－8。

表 2－8　年龄小于 20 岁的学生关系 S

StuNo	StuName	Sex	Age	Dept
10501001	张伟	男	19	通信工程系
10501002	许娜	女	18	指挥信息系

2. 投影(Projection)

投影运算也是单目运算，是从一个关系中选取某些属性(列)，并对这些属性重新排列，最后从得出的结果中删除重复的行，从而得到一个新的关系。即对关系从列的角度进行的垂直分解运算，从左到右按照指定的若干属性及顺序取出相应列，删去重复元组。

设 R 是 n 元关系，R 在其分量 $A_{i1}, A_{i2}, \cdots, A_{im}$ ($m \leqslant n$; $i1, i2, \cdots, im$ 为 1 到 m 之间的整数，可不连续)上的投影操作定义为

$$\pi_{i1,i2,\cdots,im}=\{t \mid t=<t_{i1},t_{i2},\cdots t_{im}>\wedge<t_1,\cdots,t_{i1},t_{i2},\cdots t_{im}\cdots t_n>\in R\}$$

即取出所有元组在特定分量$A_{i1},A_{i2},\cdots,A_{im}$上的值。

选择运算是从关系的水平方向上进行运算，而投影运算则是从关系的垂直方向上进行运算。

【例 2.4】 关系 R 见表 2-4，计算$\pi_{A,C}(R)$的结果见表 2-9。

表 2-9 投影关系$\pi_A(R)$

A	C
a_1	c_1
a_1	c_2
a_3	c_3

【例 2.5】 关系 S 见表 2-4，查询年龄小于 20 岁的学生姓名和所在专业。

$\pi_{StuName,Dept}(\sigma_{Age<20}(S))$，结果见表 2-10。

表 2-10 投影关系 $\pi_{StuName,Dept}(\sigma_{Age<20}(S))$

StuName	Dept
张伟	通信
徐娜	指挥信息

3. 连接(Join)

连接运算是二目运算，是从两个关系的笛卡儿积中选取属性间满足一定条件的元组，组成新的关系，连接又称 θ 连接。记作

$$R \underset{A\theta B}{\bowtie} S=\{t \mid t=<t_r,t_s>\wedge t_r\in R\wedge t_s\in S\wedge t_r[A]\theta t_s[B]\}=\sigma_{A\theta B}(R\times S)$$

其中，A 和 B 分别是 R 和 S 上个数相等且可比的属性组(名称可不相同)。$A\theta B$ 作为比较公式 F，F 的一般形式为$F_1\wedge F_2\wedge\cdots\wedge F_n$，每个$F_i$ 是形为$t_r[A_i]\theta t_s[B_j]$的公式。对于连接条件的重要限制是条件表达式中所包含的对应属性必须来自同一个属性域，否则是非法的。

若 R 有 m 个元组，此运算就是用 R 的第 p 个元组的 A 属性集的各个值与 S 的 B 属性集从头至尾依次作 θ 比较。每当满足这一比较运算时，就把 S 中该属性值的元组接在 R 的第 p 个元组的右边，构成新关系的一个元组。反之，当不满足这一比较运算时就继续作 S 关系 B 属性集的下一次比较。这样，当 p 从 1 遍历到 m 时，就得到了新关系的全部元组。新关系的属性集取名方法同乘积运算一样。

【例 2.6】 关系 R 和 S 分别见表 2-3、表 2-4，则 R 和 S 的连接运算 $R \underset{B=B}{\bowtie} S$ 的结果见表 2-11。

表 2-11　连接关系

R. A	R. B	R. C	S. A	S. B	S. C
a_1	b_2	c_2	a_1	b_2	c_2
a_3	b_3	c_3	a_3	b_3	c_3

连接运算中有两种最为重要也是最为常用的连接，即等值连接和自然连接。

(1)等值连接。当一个连接表达式中所有运算符 θ 取"="时的连接就是等值连接，是从两个关系的广义笛卡儿积中选取 A、B 属性集间相等的元组。记作

$$R \underset{A=B}{\bowtie} S = \{t \mid t = < t_r, t_s > \wedge t_r \in R \wedge t_s \in S \wedge t_r[A]\theta t_s[B]\} = \sigma_{A=B}(R \times S)$$

若 A 和 B 的属性个数为 n，A 和 B 中属性相同的个数为 $k(n \geqslant k \geqslant 0)$，则等值连接结果将出现 k 个完全相同的列，即数据冗余，这是它的不足。

(2)自然连接。等值连接可能出现数据冗余，而自然连接将去掉重复的列。

自然连接是一种特殊的等值连接，它是两个关系的相同属性上作等值连接，因此，它要求两个关系中进行比较的分量必须是相同的属性组，并且将去掉结果中重复的属性列。

若 R 和 S 有相同的属性组 B，$\mathrm{Att}(R)$ 和 $\mathrm{Att}(S)$ 分别表示 R 和 S 的属性集，则自然连接记作

$$R \bowtie S = \{\pi_{\mathrm{Att}(R) \cup (\mathrm{Att}(S) - (B))}(\sigma_{t[B]=t[B]}(R \times S))\}$$

式中：t 表示 $\{t \mid t \in R \times S\}$。

自然连接与等值连接的区别如下。

1)等值连接相等的属性可以是相同属性，也可以是不同属性；自然连接相等的属性必须是相同的属性。

2)自然连接必须去掉重复的属性，特指相等比较的属性，而等值连接无此要求。

3)自然连接一般用于有公共属性的情况。如果两个关系没有公共属性，那么它们的自然连接就退化为广义笛卡儿积。若是两个关系模式完全相同的关系进行自然连接运算，则变为交运算。

【例 2.7】　关系 R 和 S 分别见表 2-3、表 2-4，则 R 和 S 的自然连接运算 $R \bowtie S$ 的结果见表 2-12。

表 2-12　自然连接

A	B	C
a_1	b_2	c_2
a_3	b_3	c_3

【例 2.8】　关系 S、关系 C 和关系 SC 分别见表 2-4、表 2-5、表 2-6，查询选修了"计算机网络"课程的学生学号和姓名。

$\pi_{\mathrm{StuNo,StuName}}(\sigma_{\mathrm{CName}=\text{'计算机网络'}}(\mathrm{S} \bowtie \mathrm{SC} \bowtie \mathrm{C}))$，结果见表 2-13。

表 2-13　复合关系

StuNo	StuName
10501002	徐娜

4. 除(Division)

除运算是二目运算,给定关系 $R(X,Y)$ 和 $S(Y,Z)$,其中 X、Y、Z 为属性或属性集。R 中的 Y 和 S 中的 Y 可以有不同的属性名,但必须出自相同的域集。$R\div S$ 是满足下列条件的最大关系:其中每个元组 t 与 S 中的各个元组 s 组成的新元组 $<t,s>$ 必在 R 中。定义形式为

$$R\div S=\pi_X(R)-\pi_X((\pi_X(R)\times S)-R)=\{t\mid t\in \pi_X(R),\text{且 }\forall s\in S,<t,s>\in R\}$$

关系的除操作需要说明的情况如下。

(1)$R\div S$ 的新关系属性是由属于 R 但不属于 S 的所有属性构成的。

(2)$R\div S$ 的任一元组都是 R 中某元组的一部分。但必须符合下列要求,即任取属于 $R\div S$ 的一个元组 t,则 t 与 S 的任一元组相连后,结果都为 R 中的一个元组。

(3)$R(X,Y)\div S(Y,Z)\equiv R(X,Y)\div \pi_Y(S)$。

(4)$R\div S$ 的计算过程为

$$H=\pi_X(R);W=(H\times S)-R;K=\pi_X(W);R\div S=H-K$$

【例 2.9】 关系 R 和 S 分别见表 2-14(a)(b),计算 $R\div S$ 的结果见表 2-14(c)。

表 2-14　除关系

(a)关系 R

A	B	C
a	3	e
a	2	d
g	2	d
g	3	e
c	6	f

(b)关系 S

B	C
2	d
3	e

(c)$R\div S$

A
a
g

2.3 关系演算

关系演算是以数理逻辑中的谓词演算为基础的。按谓词变元的不同，关系演算可分为元组关系演算和域关系演算。本节要学习的关系演算是通过“规定查询的结果应满足什么条件”来表达查询要求的，只提出要达到的要求，说明系统要“做什么”，而将怎样做的问题交给系统去解决。因此关系演算是非过程化的语言，使用起来更加方便、灵活。本节主要介绍元组关系演算。

关系演算是一个查询系统，以数理逻辑中的谓词演算为基础，通过谓词形式来表现查询表达式。在一阶谓词逻辑中，谓词是一个带参数的真值函数。如果把参数值代入，这个函数就会变成一个表达式，称为命题，它是非真即假。假设 P 是一个谓词，那么所有使 P 为真的 x 的集合就可以表示为 $\{x|P(x)\}$。可以用逻辑运算符 $\wedge$（与）、$\vee$（或）、$\neg$（非）连接谓词形成复合谓词。

元组关系演算是以元组变量作为谓词变元的基本对象，目标是找出所有使谓词为真的元组。元组变量是定义于某个命题关系上的变量，即该变量的取值范围仅限于这个关系中的元组。

在元组关系演算中，称 $\{t|\phi(t)\}$ 为元组演算表达式。其中 t 为元组变量，$\phi(t)$ 为元组关系演算公式。元组关系演算公式由原子公式和运算符组成。

原子公式有以下 3 类。

(1)$R(t)$。R 为关系名，t 为元组变量。$R(t)$ 表示 t 是 R 中的一个元组。于是关系可表示为 $\{t|R(t)\}$。

(2)$t[i]\theta u[i]$。t 和 u 都是元组变量，θ 为算术比较运算符。$t[i]\theta u[i]$ 表示元组 t 的第 i 个分量和元组 u 的第 i 个分量满足比较关系 θ。例如，$t[2] < u[3]$ 表示元组 t 的第 2 个分量必须小于元组 u 的第 3 个分量。

(3)$t[i]\theta c$ 或 $c\theta t[i]$。其中 c 为常数。表示元组 t 的第 i 个分量与 c 之间满足比较关系 θ。例如，$t[6]=4$ 表示 t 的第 6 个分量等于 4。

元组关系演算公式中的运算符包括算术比较运算符（$>$、$\geqslant$、$<$、$\leqslant$、$=$、$\neq$）、全称量词（$\forall$）和存在量词（$\exists$）、逻辑运算符（$\wedge$、$\vee$、$\neg$）3 类运算符。各种运算符的优先级如下，比较运算符的优先级最高，之后是存在量词、全称量词、$\neg$、$\wedge$、$\vee$。加括号时，括号中运算符优先，同一括号内的运算符优先级遵循上边的原则。

若元组变量前有全称量词（$\forall$）或存在量词（$\exists$）时，则称这样的变量为约束变量，否则称为自由变量。

(1)每个原子公式是公式。

(2)若 $\varnothing_1$ 和 $\varnothing_2$ 是公式，则 $\varnothing_1 \wedge \varnothing_2$，$\varnothing_1 \vee \varnothing_2$，$\neg\varnothing_1$ 也是公式，分别表示如下：

1)若 $\varnothing_1$ 和 $\varnothing_2$ 同时为真，则 $\varnothing_1 \wedge \varnothing_2$ 才为真，否则为假；

2)若 $\varnothing_1$ 和 $\varnothing_2$ 中一个或同时为真，则 $\varnothing_1 \wedge \varnothing_2$ 为真，仅当 $\varnothing_1$ 和 $\varnothing_2$ 同时为假时，$\varnothing_1 \vee \varnothing_2$ 才为假。

3)若 $\varnothing_1$ 真，则 $\neg\varnothing_1$ 为假。

(3)若是公式,则$\exists t(\emptyset)$也是公式。其中符号$\exists$是存在量词符号,$\exists t(\emptyset)$表示为:

若有一个t使$\emptyset$为真,则$\exists t(\emptyset)$为真,否则$\exists t(\emptyset)$为假。

(4)若$\emptyset$公式,则$\forall t(\emptyset)$也是公式。其中符号$\forall$是全称量词符号,$\forall t(\emptyset)$表示为:

若对所有t都使$\emptyset$为真,则$\forall t(\emptyset)$为真,否则$\forall t(\emptyset)$为假。

(5)在元组演算公式中,各种运算符的优先次序为:

1)算术比较运算符最高。

2)量词次之,且$\exists$的优先级高于$\forall$的优先级。

3)逻辑运算符最低,且$\neg$的优先级高于$\wedge$的优先级,$\wedge$的优先级高于$\vee$的优先级。

4)加括号时,括号中运算符优先,同一括号内的运算符之优先级遵循1)2)3)各项。

(6)有限次地使用上述5条规则得到的公式是元组关系演算公式,其他公式不是元组关系演算公式。

一个元组演算表达式$\{t|\phi(t)\}$表示使$\phi(t)$为真的元组集合。

关系代数的运算均可以用关系演算表达式来表示(反之亦然)。下面用关系演算表达式来表示5种基本运算。

(1)并:

$$R \cup S=\{t \mid R(t) \vee S(t)\}$$

(2)差:

$$R-S=\{t \mid R(t) \wedge \neg S(t)\}$$

(3)笛卡儿积:

$$R \times S=\{t^{(n+m)} \mid (\exists u^{(n)})(\exists v^{(m)})(R(u)) \wedge t[1]=u[1] \wedge \cdots \wedge t[n]\}$$
$$=u[n] \wedge t[n+1]=v[1] \wedge \cdots \wedge t[n+m]=v[m])\}$$

式中:$t^{(n+m)}$表示t的目数是$(n+m)$。

(4)投影:

$$\Pi_{i_1,i_2,\cdots,i_k}(R)=\{t^{(k)} \mid (\exists u)(R(u) \wedge t[1]=u[i_1] \wedge \cdots \wedge t[k]=u[i_k])\}$$

(5)选择:

$$\sigma_F(F)=\{t \mid R(t) \wedge F'\}$$

F'是F用$t[i]$代替运算对象i得到的等价公式。

下面用关系演算来对图2.4学生-课程数据库进行查询。

【例2.10】 查询信息(IS)系全体学生。

$$S_{IS}=\{t|\text{Student}(t) \wedge t[5]='IS'\}。$$

【例2.11】 查询年龄小于20岁的学生。

$$S_{IS}=\{t|\text{Student}(t) \wedge t[4]<20\}。$$

【例2.12】 查询学生的姓名和所在学院。

$$S_1=\{t^{(2)}|(\exists u)(\text{Student}(u) \wedge t[1]=u[2] \wedge t[2]=u[5])\}。$$

上面定义的关系演算允许出现无限关系。例如,$\{t|\neg R(t)\}$表示所有不属于R的元组(元组的目数等于R的目数)。要求出这些可能的元组是做不到的,所以必须排除这类无意义的表达式。把不产生无限关系的表达式称为安全表达式,所采取的措施称为安全限制。安全限制通常是定义一个有限的符号集dom(ϕ),dom(ϕ)一定包括出现在ϕ以及中间结果

和最后结果的关系中的所有符号(实际上是各列中值的汇集)。dom(ϕ)不必是最小集。

当满足下列条件时,元组演算表达式$\{t|\phi(t)\}$是安全的:

(1)若t使$\phi(t)$为真,则t的每个分量dom(ϕ)中的元素。

(2)对于ϕ中每一个形如$(\exists u)(W(u))$的子表达式,若u使$W(u)$为真,则u的每个分量是dom(ϕ)中的元素。

(3)对于ϕ每一个形如$(\forall u)((W(u))$的子表达式,若u使$W(u)$为假,则u的每个分量必属于dom(ϕ)。换言之,若u某一分量不属于dom(ϕ),则$W(u)$为真。

本章小结

关系数据库作为目前主流的且使用最广泛的数据库系统之一,其与非关系数据库最基本的区别就是关系系统只有“表”这一种数据结构,而非关系数据库系统还有其他数据结构。本章系统地讲解了关系数据库中相关的重要概念,包括关系模型的数据结构、关系操作以及关系的三类完整性,介绍了关系代数以及关系元组演算。

习　题

1. 试述关系模型的三个组成部分。
2. 简述关系模型和非关系模型的区别。
3. 关系模型、关系、关系数据库之间的联系和区别。
4. 试述等值连接与自然连接的区别与联系。
5. 关系代数的基本运算有哪些?如何用这些运算来表示其他运算?

第二篇　数据库语言

Oracle 可以支持企业、部门以及个人等各种用户完成信息系统、电子商务、决策支持、商业智能等工作，是一个重要的产品版本。结构查询语言（Structured Query Language，SQL）是一门美国国家标准研究所（ANSI）标准计算机语言，用来访问和操作数据库系统。它最早是 IBM 的圣约瑟研究实验室为其关系数据库管理系统 System 开发的一种查询语言。SQL 结构简洁，功能强大，简单易学，因此自从 IBM 公司 1981 年推出以来，SQL 得到了广泛的应用。如今无论是 Oracle、Sybase、DB2、Informix、SQLServer 这些大型的数据库管理系统，还是 VisualFoxpro、PowerBuilder 这些个人计算机（PC）上常用的数据库开发系统，都支持 SQL 作为查询语言。这一部分对 Oracle 和 SQL 进行概述，作为后续章节学习的基础。

学习目标

（1）了解 Oracle 的简史、安装步骤和常用工具；

（2）掌握 SQL 的基本语法。

第3章　Oracle安装及功能简介

数据库管理系统(DBMS)是数据库系统的核心组成部分,是管理数据库的系统软件,是位于用户与操作系统之间的数据管理软件。用户在数据库系统中的一切操作,包括数据定义、查询、更新及各种控制,都是通过数据库管理系统进行的,因此需要先介绍数据库管理系统。实际上本书的主要内容是围绕甲骨文公司的 Oracle 数据库进行数据库的原理及应用介绍,本章将先介绍 Oracle 的发展历程,然后介绍 Oracle 10g 数据库安装、Oracle 的管理工具配置以及自带工具 SQL * Plus 的使用,最后介绍 SQL 的语言基础。

3.1　Oracle 简介

1970 年 6 月,IBM 公司的研究员埃德加·弗兰克·科德(Edgar Frank Codd)发表了名为《大型共享数据库数据的关系模型》("A Relationship Model of Data for Large Shared Data Banks")的著名论文,拉开了关系型数据库软件革命的序幕。IBM 公司于 1973 年开发了原型系统 System R 来研究关系型数据库的实际可行性,但是在当时层次和网状数据库占据主流的时代,并没有及时推出关系型数据库产品。

1977 年 6 月,拉里·埃利森(Larry Ellison)与鲍勃·迈纳(Bob Miner)和埃德·奥茨(Ed Oates)共同在硅谷创办了一家名为软件开发实验室(Software Development Laboratories,SDL)的计算机公司,这就是 Oracle 公司的前身。公司创立之初,Miner 是总裁,Oates 为副总裁,而 Ellison 因为一个合同的事情,还在另一家公司上班。没多久,第一位员工布鲁斯·斯科特(Bruce Scott)加盟进来。由于受到 Edgar Frank Codd 的那篇论文的启发,因此 Ellison 和 Miner 预感到数据库软件的巨大潜力。于是,SDL 开始策划构建商用关系型数据库管理系统。根据 Ellison 和 Miner 在前一家公司参与的一个由中央情报局投资的项目名称,他们把这个产品命名为 Oracle(甲骨文)。因为他们相信,Oracle 是一切智慧的源泉。

1979 年,SDL 更名为关系软件有限公司(Relational Software Inc.,RSI),并于 1979 年的夏季发布了可用于数字设备公司(DEC)的 PDP - 11 计算机上的商用 Oracle 产品,这是世界上第一个商用关系数据库管理系统。

1983 年,为了突出公司的核心产品,RSI 再次更名为 Oracle 公司,Oracle 公司从此正式走入人们的视野。现在,Oracle 公司是仅次于 Microsoft 公司的世界第二大软件公司,是全球最大的信息管理软件及服务提供商。Oracle 公司拥有世界上唯一全面集成的电子商务套件 Oracle Applications R11,它能够使得企业经营管理过程中的各个方面自动化,深受用户的青睐。

Oracle 发展大事记如下。

(1)1977 年,Oracle 前身公司创立。

(2)1979 年,推出第一个商用关系数据库管理系统。

(3)1983 年,Oracle 第 3 版正式发布,是完全用 C 语言编写的便于移植的数据库产品。

(4)1984 年,Oracle 第 4 版正式发布,产品的稳定性得到了一定的提高。

(5)1985 年,Oracle 第 5 版正式发布,该版本算得上是 Oracle 数据库的稳定版本。

(6)1986 年,发布第一个"客户/服务器"式的数据库。

(7)1988 年,Oracle 第 6 版正式发布。

(8)1992 年,Oracle 第 7 版正式发布,是 Oracle 真正出色的产品,取得了巨大的成功。

(9)1994 年,推出了第一个支持按需提供视频图像的媒体服务器。

(10)1995 年,推出了第一个 64 位关系数据库管理系统(RDBMS)。

(11)1996 年,发布了一个开放的、基于标准的、支持 Web 的体系结构。

(12)1997 年,Oracle 第 8 版正式发布,Oracle 8 支持面向对象的开发及新的多媒体应用,该版本也为支持 Internet、网络计算等奠定了基础。

(13)1998 年,Oracle 公司正式发布 Oracle 8i,i 代表 Internet,这一版本中添加了大量为支持 Internet 而设计的功能,将客户/服务器应用转移到 Web 上。

(14)1999 年,第一次在应用开发工具中集成了 Java 和可扩展标记语言(XML)。

(15)2001 年,在 Oracle Open World 大会上发布了 Oracle 9i,在 Oracle 9i 的诸多新功能中,最重要的就是真正应用集群(Real Application Clusters,RAC)。

(16)2003 年 Oracle 10g 正式发布,该版本最大的特点就是加入了网格计算的功能。

(17)2007 年。Oracle 11g 正式发布,功能上极大地加强。Oracle 11g 与 Oracle 10g 版本相比,新增了 400 多项功能,其中最为突出的 3 个新功能是自动的 SQL 调整、分区建议和实时应用测试。另外,Oracle 11g 提供了高性能、伸展性、可用性和安全性,并能方便地在低成本服务器和存储设备组成的网格上运行。

(18)2008 年,Oracle 公司宣布收购项目组合以及管理软件的供应商 Primavera 软件公司。

(19)2009 年,Oracle 公司收购 Sun Microsystems,Oracle 公司将获得 Java 编程语言的所有权,Java 目前已被应用在全球超过 10 亿的设备中。Oracle 公司还将获得 Solaris 操作系统,该操作系统是 Oracle 许多产品的基础平台。Sun Microsystems 被 Oracle 公司接管无论对 Java 还是对 IT 业界都是十分有益的。

3.2 Oracle 的安装与配置

本节主要介绍如何在 Windows X 平台上安装和配置 Oracle 10g 数据库服务器,其安装步骤如下。

(1)点击安装文件,如图 3-1 所示。

图 3－1　安装文件

(2)进入安装界面，如图 3－2 所示。

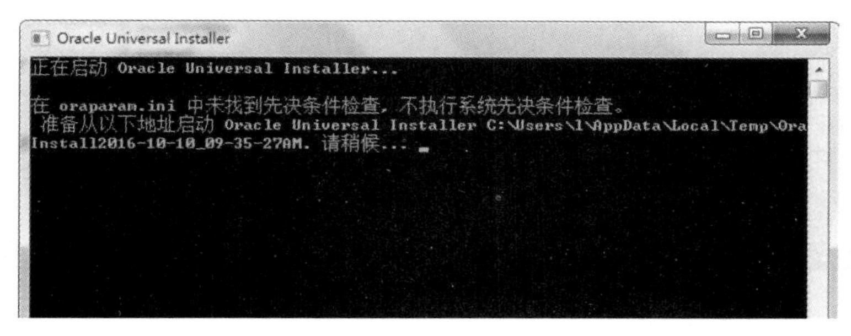

图 3－2　安装界面

(3)等待后进入图 3－3 所示的界面，参考图上选择并点击“下一步”。

Oracle 建议的口令复杂性策略为，大写字母、小写字母、数字都要有，长度至少为 8 个字符。此处数据库口令建议”oracle”，不合规，但可以使用。

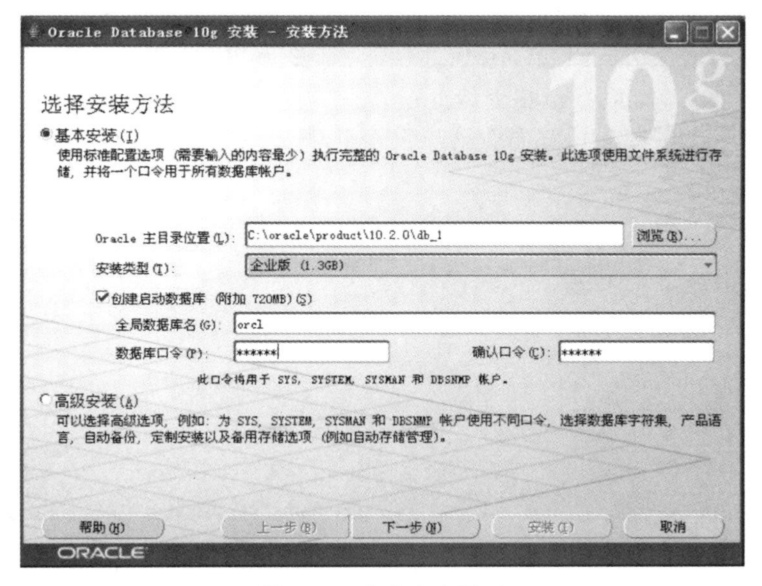

图 3－3　安装方法界面

(4)进行产品特定的先决条件检查,如图 3-4 所示。

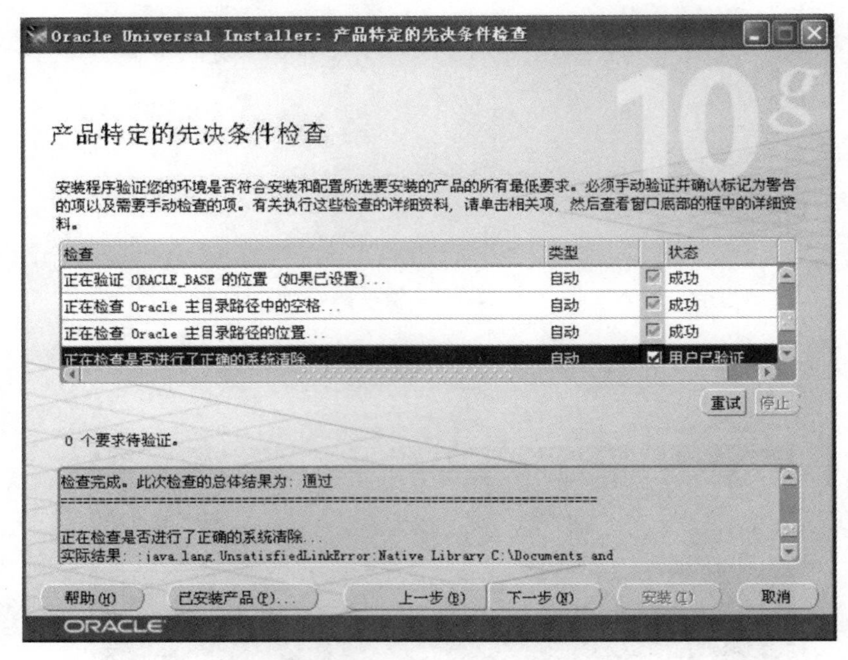

图 3-4　先决条件检查界面

(5)进入安装概要界面,如图 3-5 所示。

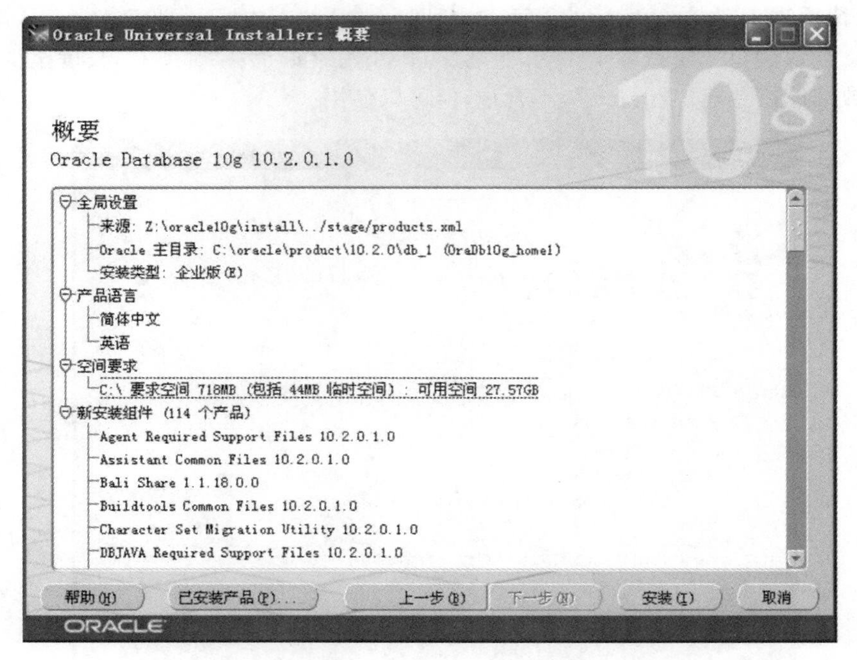

图 3-5　安装概要界面

(6)安装过程如图 3－6 所示。

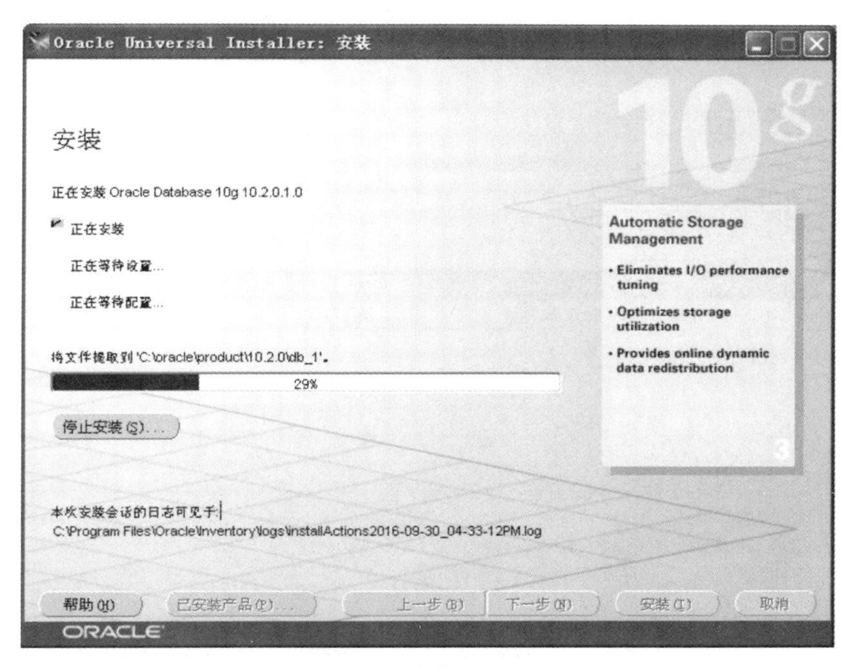

图 3－6　安装过程界面

(7)创建数据库过程如图 3－7 所示。

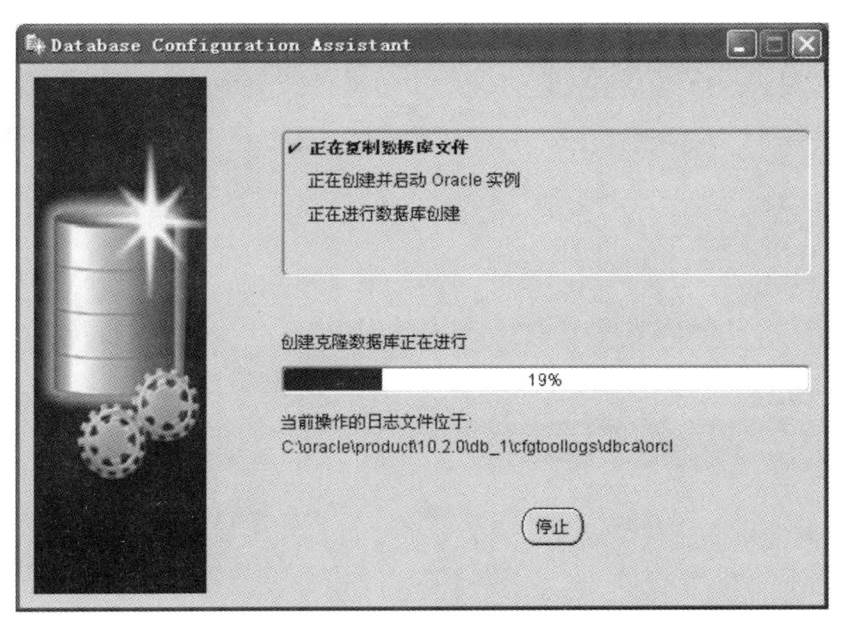

图 3－7　创建数据库过程界面

(8)配置助手如图 3－8 所示。

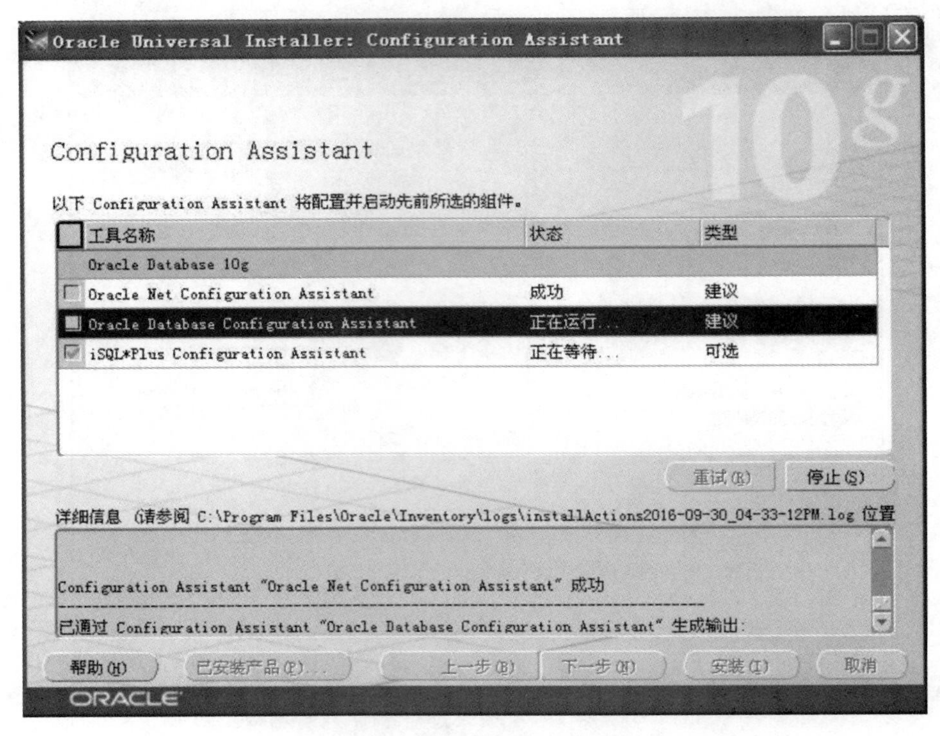

图 3-8　数据库配置助手界面

(9)记录 EM 启动地址,口令管理不用操作,如图 3-9 所示。

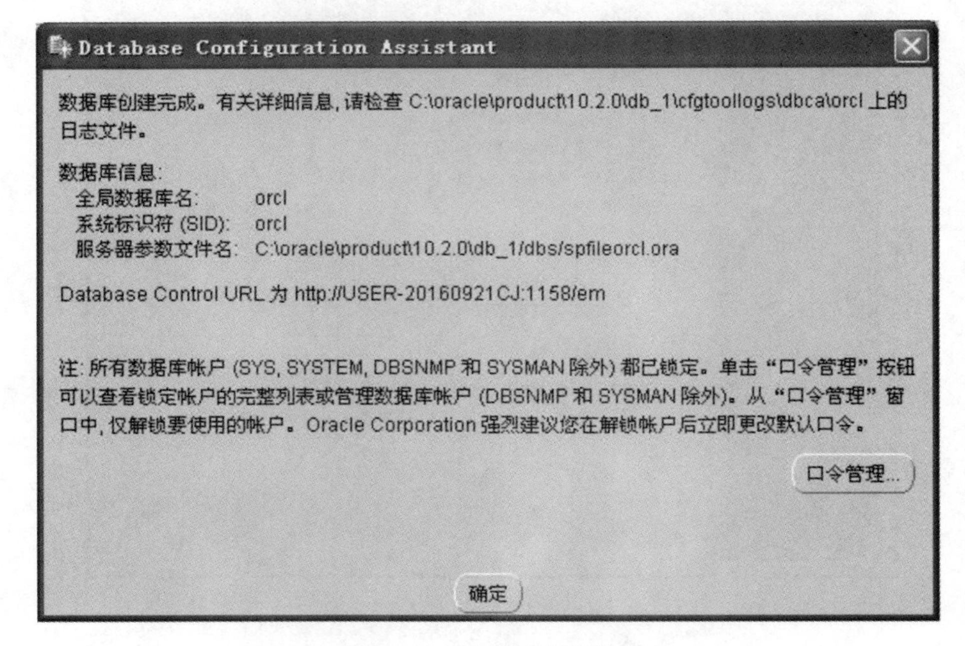

图 3-9　EM 启动地址界面

(10)根据启动地址进行测试,如图 3－10 所示。

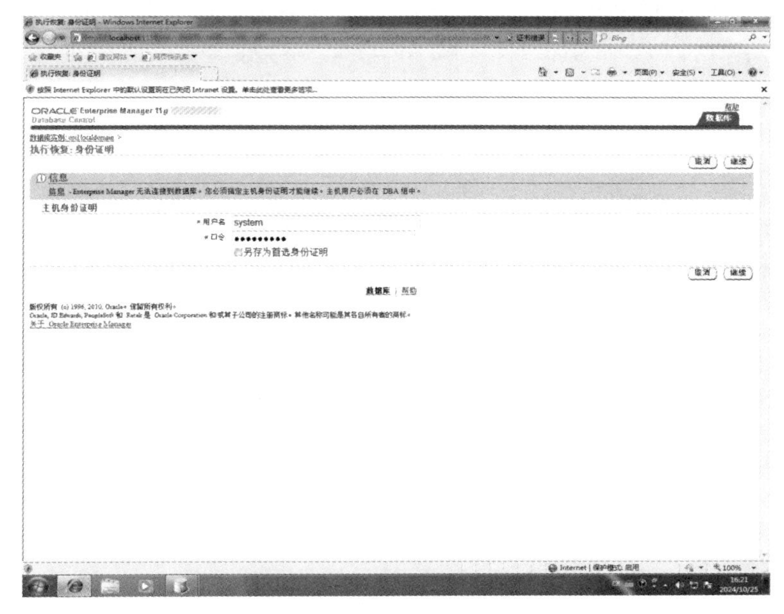

图 3－10　启动地址测试界面

(11)点击同意,如图 3－11 所示。

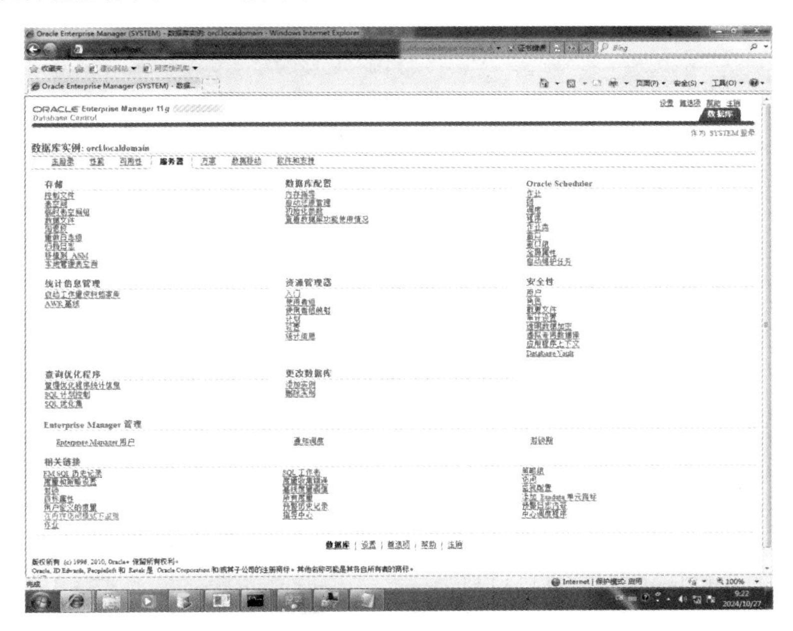

图 3－11　启动地址测试界面 2

(12)若出现以下页面,则预示着 Oracle 10g 安装成功,如图 3－12 所示。

(13)安装结束,将以下文本复制并记录,如图 3－13 所示。

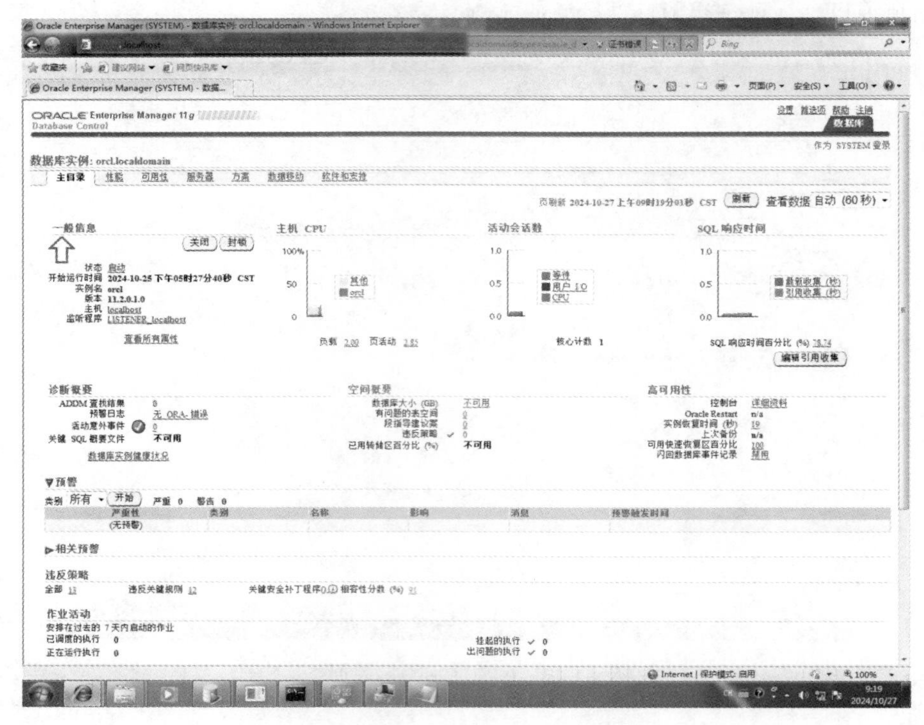

图 3-12　安装成功界面

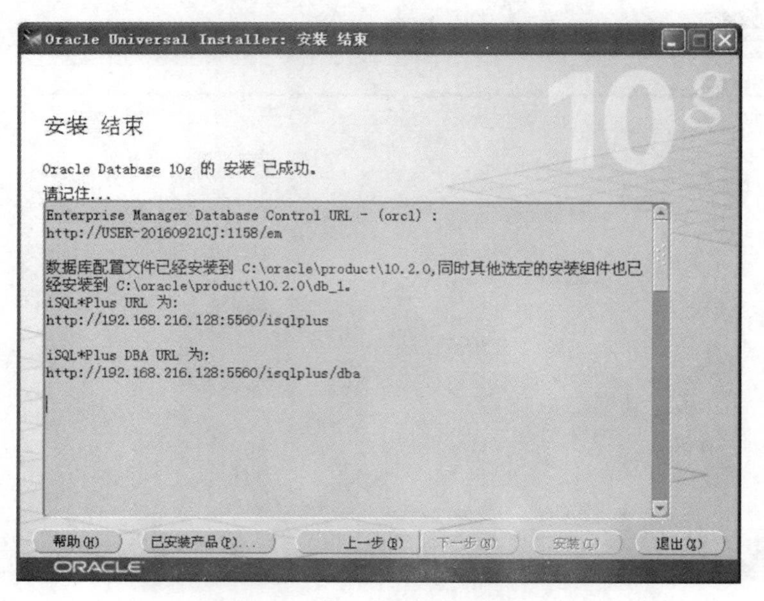

图 3-13　安装结束界面

(14)查看服务,如图 3-14 所示。

(15)运行 Oracle 客户端——sqlplus,如图 3-15 所示。

NT LM Security Support Provider	为...		手动	本地系统
Office Source Engine	可...		手动	本地系统
OracleDBConsoleorcl		启动	自动	本地系统
OracleJobSchedulerORCL			已禁用	本地系统
OracleOraDb10g_home1iSQL*Plus	iSQ...	已启动	自动	本地系统
OracleOraDb10g_home1TNSListener		已启动	自动	本地系统
OracleServiceORCL		启动	自动	本地系统
Performance Logs and Alerts	收...		手动	网络服务
Plug and Play	使...	已启动	自动	本地系统
Portable Media Serial Number Service	Ret...		手动	本地系统
Print Spooler	将...	已启动	自动	本地系统
Protected Storage	提...	已启动	自动	本地系统
QoS RSVP	为...		手动	本地系统

图 3－14　查看服务界面

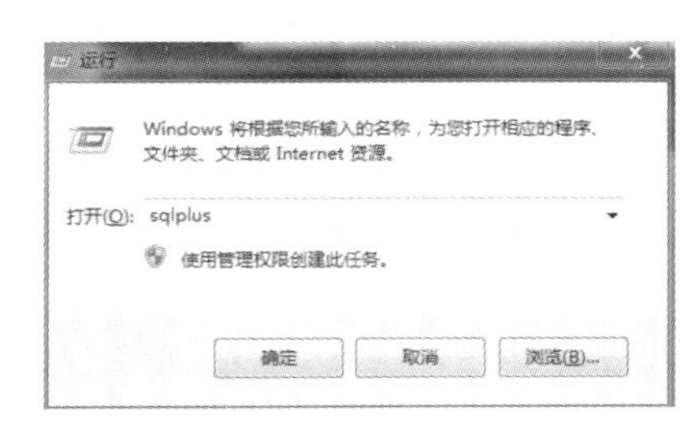

图 3－15　运行 sqlplus 界面

用户名：scott。

口令：tiger。

说明：口令不会回显，图 3－16 所示为连接成功。可在 SQL>后面输入 pl/sql 命令，如图 3－16 所示。

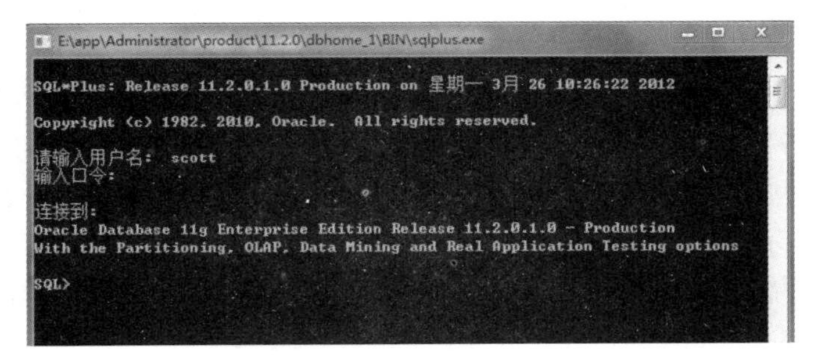

图 3－16　运行 sqlplus 后界面

3.3　Oracle 的管理工具

本节将介绍几个常用的 Oracle 管理工具程序，这既是对安装结果进行验证，也是 Oracle 10g 数据库操作的基础。

在 Oracle 10g 系统中，可以使用两种方式执行命令：一种是通过图形工具，如 Oracle

Enterprise Manager(OEM);另一种是直接使用各种命令,如 SQL * Plus 工具。图形化工具的特点是直观、简单、容易记忆,而直接使用命令则需要记忆具体命令及语法格式。但是,图形工具灵活性差,不利于用户对命令和选项的理解,而命令则非常灵活,有利于加深用户对复杂命令选项的理解,并且可以完成某些图形工具无法完成的任务。本节主要介绍 OEM 的使用,下一节重点介绍 SQL * Plus 工具的使用。

OEM 提供了基于 Web 界面的、可用于管理单个 Oracle 数据库的工具。由于 Oracle Enterprise Manager 采用基于 Web 的应用,它对数据库的访问也采用了 HTTP/HTTPS 协议,即使用三层结构访问 Oracle 数据库系统。

在成功安装完 Oracle 后,OEM 也就被安装完毕,使用 Oracle 10g OEM 时只需要启动浏览器,并输入 OEM 的 URL 地址(如 https://localhost:1158/em),启动 Oracle 10g OEM 后,就会出现 OEM 的登录页面,用户需要在此输入系统管理员名(如 SYSTME、SYS)和口令。

在相应的文本框中输入相应的用户名和口令后,单击“登录”按钮,就会出现“数据库”主页面的“主目录”属性页。OEM 以图形化方式提供用户对数据库的操作,避免了学习大量的命令,因此,对于初学者而言,最常用的操作方法就是通过 OEM 对数据库进行操作。但是,在 SQL * Plus 中运行相应的命令,则可以更好地理解 Oracle 数据库。因此,本书主要介绍在 SQL * Plus 中运行相应的命令,事实上,OEM 也是通过用户的设置来生成相应的命令的。

3.4 SQL 基础

SQL 是关系数据库的标准语言,功能强大、易学易用。SQL 的结构化是指 SQL 利用结构化的语句(STATEMENT)和子句(CLAUSE)来使用和管理数据库,语句是 Oracle 中可以执行的最小单位,语句可以由多个子句组成,如“SELECT”子句、“FROM”子句等。SQL 主要用来查询数据库信息,广义的查询还包括创建数据库、给用户指派权限等功能。SQL 是在对应的服务器提供的解释或编译环境下运行的,因此不能脱离运行环境独立运行。例如,操作 Oracle 数据库的 PL/SQL 语言就不能脱离 Oracle 环境运行。SQL 不仅具有丰富的查询功能,还具有数据定义和数据控制功能,是集数据定义语言(DDL)、数据查询语言(DQL)、数据操纵语言(DML)、数据控制语言(DCL)于一体的关系数据语言。

SQL 功能强大,但完成核心功能只需 9 个动词,见表 3-1。

表 3-1 SQL 的动词

SQL 功能	动词
数据定义	CREATE、DROP、ALTER
数据查询	SELECT
数据操纵	INSERT、UPDATE、DELETE
数据控制	GRANT、REVOKE

本 章 小 结

本章首先介绍了 Oracle 数据库系统，其次详细介绍了 Oracle 10g 数据库的安装和卸载的过程，接着介绍了 Oracle 的管理工具 OEM 和 SQL* Plus，最后简要介绍了 SQL 基础。第 4～6 章以学生-课程数据库为例来讲解 SQL 的数据定义、数据操纵、数据查询和数据控制语句。

为此，首先要定义一个学生-课程模式 S－T。学生-课程数据库中包括以下 3 个表。

(1)学生表：Student(Sno，Sname，Ssex，Sage，Sdept)；

(2)课程表：Course(Cno，Cname，Cpno，Ccredit)；

(3)学生选课表：SC(Sno，Cno，Grade)。

关系的主码加下画线表示。各个表中的数据示例见表 3－2。

表 3－2　学生-课程数据库数据示例

Student

学号 Sno	姓名 Sname	性别 Ssex	年龄 Sage	所在系 Sdept
202215121	李勇	男	20	CS
202215122	刘晨	女	19	CS
202215123	王敏	女	18	MA
202215125	张立	男	19	IS

Course

课程号 Cno	课程名 Cname	先行课 Cpno	学分 Ccredit
1	数据库	5	4
2	数学		2
3	信息系统	1	4
4	操作系统	6	3
5	数据结构	7	4
6	数据处理		2
7	PASCAL 语言	6	4

SC

学号 Sno	课程号 Cno	成绩 Grade
202215121	1	92

续表

学号 Sno	课程号 Cno	成绩 Grade
202215121	2	85
202215121	3	88
202215122	2	90
202215122	3	80

习　　题

一、填空题

1. SQL 是一种综合性的功能强大的语言，除了具有数据查询和数据操纵功能之外，还具有________和________功能。

二、简答题

1. 简述 Oracle 10g 的安装过程和需要注意的问题。
2. 如何使用 SQL * Plus 帮助命令获知某命令的解释信息？
3. 如何设置 SQL * Plus 的运行环境？
4. 如何为 SQL * Plus 设置缓存区？
5. SQL 的 4 大基本功能是什么？
6. SQL 的中文全称是什么？

第4章 数据定义

数据定义语言(Data Definition Language)的简写为 DDL。关系数据库系统支持三级模式结构,其模式、外模式和内模式中的基本对象有模式、表、视图和索引等。因此,SQL 的数据定义功能包括模式定义、表定义、视图和索引的定义。

4.1 模式的定义与删除

4.4.1 定义模式

在 SQL 中,模式定义语句如下:

CREATE SCHEMA<模式名>AUTHORIZATION<用户名>;

如果没有指定<模式名>,那么<模式名>隐含为<用户名>。

要创建模式,调用该命令的用户必须拥有数据库管理员权限,或者获得了数据库管理员授予的 CREATE SCHEMA 的权限。

【例 4.1】 为用户 WANG 定义一个学生-课程模式 S - T。

CREATE SCHEMA"S - T" AUTHORIZATION WANG;

【例 4.2】 CREATE SCHEMA AUTHORIZATION WANG;

该语句没有指定<模式名>,因此<模式名>隐含为用户名 WANG。

定义模式实际上定义了一个命名空间,在这个空间中,可以进一步定义该模式包含的数据库对象,如基本表、视图、索引等。

这些数据库对象可以用表 3 - 1 中相应的 CREATE 语句来定义。

目前,在 CREATE SCHEMA 中可以接受 CREATE TABLE,CREATE VIEW 和 GRANT 子句。也就是说,用户可以在创建模式的同时在这个模式定义中进一步创建基本表、视图,定义授权。即:

CREATE SCHEMA<模式名>AUTHORIZATION<用户名>[<表定义子句>|<视图定义子句>|<授权定义子句>];

【例 4.3】 为用户 ZHANG 创建一个模式 TEST,并且在其中定义一个表 TAB1。

CREATE SCHEMA TEST AUTHORIZATION ZHANG;

CREATE TABLE TAB1(COL 1 SMALLINT,

COL2 INT,

```
COL3 CHAR(20),
COL4 NUMERIC(10,3),
COL5 DECIMAL(5,2)
);
```

4.1.2 删除模式

在 SQL 中,删除模式语句如下:

DROP SCHEMA<模式名<CASCADE | RESTRICT>;

其中 CASCADE(级联)和 RESTRICT(限制)两者必选其一。选择了 CASCADE,表示在删除模式的同时把该模式中所有的数据库对象全部删除;选择了 RESTRICT,表示若该模式中已经定义了下属的数据库对象(如表、视图等),则拒绝该删除语句的执行。只有当该模式中没有任何下属的对象时,才能执行 DROP SCHEMA 语句。

【例 4.4】 DROP SCHEMA ZHANG CASCADE;

该语句删除了模式 ZHANG,同时,该模式中已经定义的表 TAB1 也被删除了。

4.2 表

4.2.1 基本表的创建

一个表由两部分组成:一部分是由各列名构成的表的结构,即表结构;另一部分是具体存放的数据,称为数据记录。在创建表时,只需要定义表结构,包括表名、字段名、字段的数据类型、约束条件等。

SQL 语言使用 CREATE TABLE 语句定义基本表,其基本格式如下。

```
CREATE TABLE<表名>
(<字段名 1> <字段数据类型> [列完整性约束],
<字段名 2> <字段数据类型> [列完整性约束],
……
[表级完整性约束]);
```

(1)“<>”中的内容是必选项,“[]”中的内容是可选项。本书以下各章节也遵循此规定。

(2)<表名>。表名是代表这个数据库对象的名称,对表名的要求是必须以字母开头,长度为 1~30 个字符,而且只能包含 A~Z、a~z、0~9、_、$ 和 # 等字符,不能使用 Oracle 的保留字,在同一个用户模式中不允许有两个表同名。

(3)<字段名>。规定了该列(属性)的名称。一个表中不能有两列同名。

(4)<字段数据类型>。规定了该字段的数据类型,可以是系统预定义的类型,也可以是用户自定义类型。

(5)[列完整性约束]。指对某一字段设置的约束条件。该字段上的数据必须满足该约束。约束是加在表上的一种强制性的规则,是保证数据完整性的一种重要手段。当向表中插入数据或修改表中的数据时，必须满足约束所规定的条件。最常见的有以下6种约束。

1）主键约束，即 PRIMARY KEY。主键用来唯一地标识表中的一行数据，它规定在主键列上的数据不能重复，并且不能为空。每个设计合理的表都应该有一个主键。主键可以是一个字段，也可以是多个字段的组合。如果在某个字段上指定了主键约束，那么就不需要在该字段上再指定 NOT NULL 约束和 UNIQUE 约束了。

2）默认值约束，即 DEFAULT＜常量表达式＞。

3）唯一性约束，即 UNIQUE，该约束规定一个字段上的数据必须唯一，不能有重复值，但是允许为空值。当在某个字段上指定了 UNIQUE 约束时，在该字段上将自动生成一个唯一性索引。

4）外键约束，即 REFERENCES＜父表名＞（＜主键＞）。外键用来与另一个表建立关联关系。

5）检查约束，即 CHECK（＜逻辑表达式＞），是一个关系表达式。它规定了一个字段必须满足的条件，用于对该字段的取值做限制。

6）非空/空值约束，即 NOT NULL/NULL。表明该字段值是否可以为空，默认为空值。

（6）[表级完整性约束]。应用到多个字段的完整性约束条件。规定了关系主键、外键和用户自定义完整性约束。一般有以下4种。

1）主键约束，即 PRIMARY KEY（字段名，……）。

2）外键约束，即 FOREIGN KEY（字段名）REFERENCES＜父表名＞（参照主键）。

3）单值约束（唯一性约束），即 UNIQUE（字段名，……）。

4）检查约束，即 CHECK（＜逻辑表达式＞）。

列完整性约束与表级完整性约束基本上相同，但在写法上有一些差别，表级完整性约束可以一次涉及多列。

【例4.5】 建立学生信息表 student，由学号 sno、姓名 sname、性别 sex、出生日期 birthday 和籍贯 address 共5个字段组成，其中学号作为主键，姓名值不能为空，性别的默认值为“男”。表级约束的 SQL 语句如下：

```
SQL > CREATE TABLE student(
sno NUMBER(8)NOT NULL,
sname VARCHAR2(64) NOT NULL,
sex CHAR(4)DEFAULT '男',
birthday DATE,
address VARCHAR2(256),
CONSTRAINT [PK_student] PRIMARY KEY(sno),
CONSTRAINT [gen_check] CHECK(sex in ('男','女'));
```

列级约束的 SQL 语句如下。

```
SQL>CREATE TABLE student(
sno NUMBER(8) PRIMARY KEY,
sname VARCHAR2(64) NOT NULL,
sex CHAR(4) DEFAULT '男',
```

birthday DATE,

address VARCHAR2(256),

CONSTRAINT [gen_check] CHECK (sex in ('男','女'));

在创建表时,可以以 DEFAULT 关键字为字段指定一个默认值,这样,当用 INSERT 语句插入一行时,如果没有为该字段指定值,就以默认值填充,而不是插入空值。

如果要验证表的结构是否与期望的结果一致,就可以在表创建之后通过 DESC 命令查看表的结构,这个命令只能列出表中各字段的字段名、数据类型,以及是否为空等属性。

在创建表时,还可以以另一个表为模板确定当前表的结构。一般情况下,可以从一个表复制它的结构,从而快速创建一个表。复制表的结构是通过子查询来实现的,即在 CREATE 语句中可以嵌套 SELECT 语句,这时的 CREATE 语句格式如下。

CREATE TABLE ＜表名＞ AS SELECT 语句;

CREATE 语句将根据 SELECT 子句中指定的列,确定当前表的结构,然后将子查询返回的数据插入当前表中,这样,在创建表的同时即向表中插入了若干行。

实际上,在 Oracle 中创建表的语句是非常复杂的,在表上可以定义约束,可以指定存储参数等属性。在 Oracle 中创建表的完整的语法如下:

CREATE TABLE [模式名.] ＜表名＞(＜字段名＞ ＜字段数据类型＞ [,字段名 字段数据类型]…)

[TABLESPACE 表空间名】

[PCTFREE]

[PCTUSED]

[INITRANS]

[MAXTRANS]

[STORAGE CLAUSE]

[LOGGING| NOLOGGING]

[CACHE | NOCACHE];

其中,模式(Schema)指的是一个用户所拥有的所有数据库对象的逻辑集合。在创建一个新用户时,同时创建了一个同名的模式,这个用户创建的所有数据库对象都位于这个模式中。用户在自己的模式中创建表,需要具有 CREATE TABLE 系统权限,若需要在其他的模式中创建表,则需要具有 CREATE ANY TABLE 权限,在访问其他用户的数据库对象时,要指定对方的模式名称,例如,通过 scott. emp 引用 scott 用户的 emp 表。TABLESPACE 是表所属的表空间,若创建表时没有指定表所处的表空间,则表将使用当前用户的默认表空间。PCTFREE 参数用于指定 Oracle 块所预留的最小空闲空间的百分比。PCTUSED 参数用于指定当 Oracle 块中的空闲空间小于 PCTFREE 参数后,Oracle 块能够被再次允许接收新插入的数据前,已占用的存储空间必须低于的比例值。INITRANS 和 MAXTRANS 参数用于指定同一个块所允许的初始并发事务数(INITRANS)和最大并发事务数(MAXTRANS)。STORAGE CLAUSE 包括对区的参数设置;LOGGING 和 NOLOGGING 表示是否日志文件。CACHE 和 NOCACHE 于确定表数据是否缓冲。这些参数是 Oracle 所特有的。

4.2.2 基本表的修改和删除

1. 基本表的修改

在数据库的实际应用中，随着应用环境和需求的变化，经常要修改基本表的结构，包括修改属性列的类型精度、增加新的属性列或删除属性列、增加新的约束条件或删除原有的约束条件。SQL 通过 ALTER TABLE 命令对基本表进行修改。其一般格式如下：

ALTER TABLE ＜表名＞
[ADD ＜新字段名＞ ＜字段数据类型＞ [列完整性约束]]
[DROP COLUMN＜字段名＞]
[MODIFY ＜字段名＞ ＜新的数据类型＞]
[ADD CONSTRAINT ＜表级完整性约束＞]
[DROP CONSTRAINT ＜表级完整性约束＞]；

(1)ADD 表示为一个基本表增加新字段，但新字段的位必须允许为空(除非有默认值)。

(2)DROP COLUMN 表示删除表中原有的一个字段。

(3)MODIFY 表示修改表中原有字段的数据类型。通常，当该字段上有列完整性约束时，不能修改该字段。

(4)ADD CONSTRAINT 和 DROP CONSTRAINT 分别表示添加表级完整性约束和删除表级完整性约束。增加新的约束条件的语法如下：

ALTER TABLE＜基本表名＞ADD CONSTRAINT 约束名 约束类型；

具体的约束说明：

其中，约束名的命名规则推荐采用“约束类型_约束字段”，例如：主键(Primary Key)约束，如 PK_id；唯一(Unique Key)约束，如 UQ_name；默认值(Default Key)约束，如 DF_address；检查(Check Key)约束，如 CK_birthday；外键(Foreign Key)约束，如 FK_specNo。若错误地添加了约束，则可以删除约束。删除约束的语法如下。

ALTER TABLE＜基本表名＞DROP CONSTRAINT 约束名；

如果要在表中增加一个字段，通过 ADD 子句指定一个字段的定义，至少要包括字段名和字段的数据类型。增加列的语法结构如下：

ALTER TABLE ＜表名＞ ADD ＜新字段名＞ ＜字段数据类型＞ [列完整性约束]；

【例 4.6】 向 student 表增加专业编号“specNo”字段，其数据类型为 CHAR 型，长度为 5；增加身份证号 idCard，其数据类型为 CHAR 型，长度为 18。

SQL ＞ ALTER TABLE student ADD specNo CHAR(5)；
SQL ＞ ALTER TABLE student ADD idCard CHAR(18)；

需要注意的是，如果一个表中已经有数据，这时增加一个字段时，不能将该字段约束为“非空(NOT NULL)”，因为不能一方面要求该列必须有数据，而另一方面又无法在增加字段的同时向该列插入数据。一种好的解决办法是为该列指定默认值，这样，在增加一个非空列的同时，即为这个列填充了指定的默认值。

如果要修改表中一个字段的定义，那么可以使用 ALTER 语句的 MODIFY 子句。通过 MODIFY 子句可以修改字段的长度、非空等属性。使用了 MODIFY 子句的 ALTER 语句格式如下。

ALTER TABLE ＜表名＞[MODIFY＜字段名＞＜新的数据类型＞]

【例 4.7】 将 student 表中性别“sex”字段的数据类型改为 CHAR 型，长度为 2。

SQL ＞ ALTER TABLE student MODIFY sex CHAR(2)；

需要注意的是，如果表中目前没有数据，那么可以将一个字段的长度增加或减小，也可以将一个字段指定为非空。如果表中已经有数据，那么只能增加字段的长度，如果该列有空值，那么不能将该字段指定为非空。

利用 ALTER 语句还可以从表中删除一个字段。用来完成这个操作的子句是 DROP。用于删除字段的 ALTER 语句格式如下。

ALTER TABLE ＜基本表名＞ DROP COLUMN ＜字段名＞；

【例 4.8】 删除 student 表中出生日期字段。

SQL＞ALTER TABLE student DROP COLUMN birthday；

删除一个字段时，这个字段将从表的结构中消失，这个列的所有数据也将从表中被删除。原则上可以删除任何字段，但是一个字段如果作为表的主键，而且另一个表已经通过外键在两个表之间建立了关联关系，这样的字段是不能被删除的。

【例 4.9】 在 student 表中的学生姓名字段增加一个表级唯一性约束 UQ_sname，地址字段增加默认值约束 DF_addresS，如果不填地址，那么默认为“地址不详”。

SQL ＞ ALTER TABLE student ADD CONSTRAINT UQ _ sname UNIQUE (sname)；

SQL ＞ ALTER TABLE student ADD CONSTRAINT DF_address DEFAULT ('地址不详')FOR address；

【例 4.10】 删除例 4.9 中增加的表级唯一性约束 UQ_sname。

SQL ＞ ALTER TABLE student DROP CONSTRAINT UQ_sname；

如果要删除一个主键约束，那么首先要考虑这个主键列是否已经被另一个表的外键列关联，如果没有关联，那么这个主键约束可以被直接删除，否则不能直接删除。要删除主键约束，必须使用 CASCADE 关键字，连同与之关联的外键约束一起删除。删除主键的 ALTER 命令语法格式如下：

ALTER TABLE＜表名＞ DROP CONSTRAINT ＜主键约束名＞ CASCADE；

【例 4.11】删除 student 表的主键约束 PK_student。

SQL ＞ ALTER TABLE student DROP CONSTRAINT PK_student CASCADE；

2. 基本表的删除

除了 CREATE 和 ALTER 两条主要的命令外，DDL 还包括 DROP、RENAME 和 TRUNCATE 等几条命令。其中 DROP 命令的功能是删除一个对象，通过该命令几乎可以删除任何类型的数据库对象。用来删除表的 DROP 命令的格式如下：

DROP TABLE＜表名＞；

【例 4.12】 删除 student 表。

SQL ＞ DROP TABLE student；

数据库对象删除后，它的有关信息就从相关的数据字典中删除了。

4.3　视　图

视图是虚表，数据库中只存储视图的定义(查询语句)，而不存储视图对应的数据，这些数据仍存储在原来的基本表中。由于视图是外模式的基本单位，因此从用户观点来看，视图和基本表是一样的。实际上视图是从若干个基本表或视图导出来的表，因此当基本表的数据发生变化时，相应的视图数据也会随之改变。视图定义后，可以和基本表一样被用户查询、删除和更新，但通过视图来更新基本表中的数据要有一定的限制。视图的维护由数据库管理系统自动完成。使用视图的主要目的是方便用户访问基本表，以及保证用户对基本表的安全访问。

对用户而言，往往要对一个表进行大量的查询操作，如果查询操作比较复杂，并且需要频繁地进行，那么可以为这个查询定义一个视图。假设用户需要经常执行下面的查询。

SQL ＞ SELECT dname FROM dept WHERE deptno＝(SELECT deptno FROM emp a

GROUP BY deptno HAVING avg(sal)＞ ALL(SELECT AVG(sal)FROM emp

WHERE deptno！＝a. deptno GROUP BY deptno))

如果为这个查询定义一个视图，那么用户只要执行一条简单的 SELECT 语句，对这个视图进行查询，实际的操作就是对基本表 dept 执行上面的查询。需要注意的是，在视图中并不保存对基本表的查询结果，而仅仅保存一条 SELECT 语句。只有访问视图时，数据库服务器才去执行视图中的 SELECT 语句，从基本表中查询数据。虽然对视图没有做过任何修改，但是对视图的多次访问可能得到不同的结果，因为基本表中的数据可能随时被修改，所以视图中并不存储静态的数据，而是从基本表中动态查询的。

从另外一个角度来看，视图可以保证对基本表的安全访问。在设计表时，人们一般是从整体的角度来考虑表的结构的，而不是从每个用户的角度来确定表结构以及定义允许的操作。对于同一个表，不同的用户可以进行不同的操作，可以访问不同的数据。这样就可以为不同的用户定义不同的视图，从而保证用户只能进行允许的操作，访问特定的数据。

例如，对于员工表 emp，公司经理可以浏览所有的数据，但是不能修改数据；人事部门可以查看和修改员工的职务、部门等信息，也可以增加一个新员工；财务部门可以查看、修改员工的工资和奖金；而对于普通员工，只能查看其他员工的部门和职务等信息。如果为每一类用户分别定义一个视图，就可以保证他们对同样的数据进行不同的访问。

4.3.1　定义视图

SQL 语言使用 CREATE VIEW 命令建立视图，其基本格式如下。

CREATE VIEW ＜视图名＞［(＜字段名＞［，＜字段名＞］…)］

AS(子查询)

［WITH READ ONLY］［WITH CHECK OPTION］

(1)字段名序列为所建视图包含的列的名称序列，可省略。当字段名序列省略时，直接使用子查询 SELECT 子句里的各字段名作为视图字段名。下列情况不能省略字段名序列。

1)视图字段名中有常数、聚合函数或表达式。

2)视图字段名中有从多个表中选出的同名列。

3)需要在视图中为某个列启用更合适的新字段名。

(2)子查询可以是任意复杂的 SELECT 语句,但通常不能使用 DISTINCT 短语和 ORDER BY 子句。

(3)WITH READ ONLY 是可选项,限定对视图只能进行查询操作,不能进行 DML 操作。

(4)WITH CHECK OPTION 是可选项,该选项表示对所建视图进行 INSERT、UPDATE 和 DELETE 操作时,让系统检查该操作的数据是否满足子查询中 WHERE 子句里限定的条件,若不满足,则系统拒绝执行。

例如,用下面的语句创建视图 view_1,它所代表的操作是查询员工表中部门 30 的员工姓名、工资和奖金。

```
SQL > CREATE VIEW view_1 AS
SELECT ename,sal,comm FROM emp WHERE deptno=30;
```

视图 view_2 所代表的操作是查询部门 20 和 30 中工资大于 2 000 元的员工姓名、工资和奖金。创建这个视图的 CREATE 语句如下:

```
SQL > CREATE VIEW view_2 AS
SELECT ename,sal,comm FROM emp WHERE(deptno = 30 or deptno = 20) and
sal > 2000;
```

视图被创建之后,可以通过 DESC 命令查看视图的结构。查看视图结构的方法与查看表的方法相同,查看的结果是列出视图中各列的定义。

视图的结构是在执行 CREATE VIEW 语句创建视图时确定的,在默认情况下,列的名称与 SELECT 之后基表的列名相同,数据类型和是否为空也继承了基表中的相应列。如果希望视图中的各列使用不同的名字,那么在创建视图时,在视图的名称之后应该指定各列的名称。例如,下面的语句重新创建视图 view_1,并为这个视图指定了不同的名称:

```
SQL > CREATE VIEW view_1(name,salary,comml)AS
SELECT ename,sal,comm FROM emp WHERE deptno=30;
```

如果执行 DESC 命令查看视图 view_1 的结构,那么将发现视图中各列的名称就是在 CREATE VIEW 语句中指定的名称,而数据类型和是否为空继承了基表中的对应列。下面是执行 DESC 命令查看视图 view_1 结构的结果:

```
SQL > DESC view_1;
  名称       是否为空        类型
NAME        NULL     VARCHAR2(10)
SALARY      NULL      NUMBER(7,2)
COMML       NULL      NUMBER(7,2)
```

视图作为一种数据库对象,它的相关信息被存储在数据字典中。与当前用户的视图有关的数据字典是 USER_VIEWS,查询这个数据字典,可以获得当前用户的视图的相关信息。例如,需要查询视图 view_2 中的相关信息,可以执行下面的 SELECT 语句:

SQL > SELECT text FROM user_views WHERE view_name='view_2';

在列 TEXT 中存储的是创建视图时使用的 SELECT 语句。此外,在数据字典 ALL_VIEWS 中存储的是当前用户可以访问的所有视图的信息,在数据字典 DBA_VIEWS 存储的是系统中的所有视图的信息,这个数据字典只有 DBA 可以访问。

如果发现视图的定义不合适,那么可以对其进行修改。实际上视图中的 SELECT 语句是不能直接修改的,因此修改视图的一种方法是先删除视图,再重新创建,另一种方法是在创建视图的 CREATE 语句中使用 OR REPLACE 选项。带 OR REPLACE 选项的 CREATE 语句格式如下:

CREATE OR REPLACE VIEW<视图名>[(<字段名>[,<字段名>]…)]
AS(子查询)
[WITH READ ONLY][WITH CHECK OPTION]

这样,在创建视图时,若视图不存在,则创建它。如果已经存在一个同名的视图,那么先删除这个视图,然后再根据子查询创建新视图,用这个新视图代替原来的视图。

4.3.2 删除视图

视图在不需要时,可以将其从数据库中删除。删除视图即删除视图的定义,SQL 中删除视图使用 DROP VIEW 语句,其基本格式如下:

DROP VIEW <视图名>

【例 4.13】 删除视图 view_1。

SQL > DROP VIEW view_1;

视图被删除后,相关的信息也从数据字典中被删除。

4.4 索　引

当表的数据量比较大时,查询操作会比较耗时。建立索引是加快查询速度的有效手段。数据库索引类似于图书后面的索引,能快速定位到需要查询的内容。用户可以根据应用环境的需要在基本表上建立一个或多个索引,以提供多种存取路径,加快查找速度。

数据库索引有多种类型,常见索引包括顺序文件上的索引、B+树索引、S+树索引、散列(hash)索引、位图索引等。顺序文件上的索引是针对按指定属性值升序或降序存储的关系,在该属性上建立一个顺序索引文件,索引文件由属性值和相应的元组指针组成。S+树索引是将索引属性组织成 B+树形式,S+树的叶结点为属性值和相应的元组指针。B+树索引具有动态平衡的优点。散列索引是建立若干个桶,将索引属性按照其散列函数值映射到相应桶中,桶中存放索引属性值和相应的元组指针。散列索引具有查找速度快的特点。位图索引是用位向量记录索引属性中可能出现的值,每个位向量对应一个可能值。

索引虽然能够加速数据库查询,但需要占用一定的存储空间,当基本表更新时,索引要进行相应的维护,这些都会增加数据库的负担,因此要根据实际应用的需要有选择地创建索引。

目前 SQL 标准中没有涉及索引,但商用关系数据库管理系统一般都支持索引机制,只是不同的关系数据库管理系统支持的索引类型不尽相同。

一般说来，建立与删除索引由数据库管理员或表的属主(owner)，即建立表的人，负责完成。关系数据库管理系统在执行查询时会自动选择合适的索引作为存取路径，用户不必也不能显式地选择索引。索引是关系数据库管理系统的内部实现技术，属于内模式的范畴。

4.4.1 建立索引

在 SQL 语言中，建立索引使用 CREATE INDEX 语句，其一般格式如下：

CREATE [UNIQUE] [CLUSTER] INDEX <索引名>

ON <表名>(<列名> [<次序>][,<列名> [<次序>]]…)；

其中，<表名>是要建索引的基本表的名字。索引可以建立在该表的一列或多列上，各列名之间用逗号分隔。每个<列名>后面还可以用<次序>指定索引值的排列次序，可选 ASC(升序)或 DESC(降序)，默认值为 ASC。

UNIQUE 表明此索引的每一个索引值只对应唯一的数据记录。

CLUSTER 表示要建立的索引是聚簇索引。

【例 4.14】 为学生-课程数据库中的 Student、Course 和 SC 三个表建立索引。其中 Student 表按学号升序建唯一索引，Course 表按课程号升序建唯一索引，SC 表按学号升序和课程号降序建唯一索引。

```
CREATE UNIQUE INDEX Stusno ON Student(Sno);
CREATE UNIQUE INDEX Coucno ON Course(Cno);
CREATE UNIQUE INDEX SCno ON SC(Sno ASC, Cno DESC);
```

4.4.2 修改索引

对于已经建立的索引，如果需要对其重新命名，那么可以使用 ALTER INDEX 语句。其一般格式如下：

ALTER INDEX <旧索引名> RENAME TO <新索引名>；

【例 4.15】 将 SC 表的 SCno 索引名改为 SCSno。

```
ALTER INDEX SCno RENAME TO SCSno;
```

4.4.3 删除索引

索引一经建立就由系统使用和维护，不需用户干预。建立索引是为了减少查询操作的时间，但如果数据增、删、改频繁，系统会花费许多时间来维护索引，从而降低了查询效率。这时可以删除一些不必要的索引。

在 SQL 中，删除索引使用 DROP INDEX 语句，其一般格式如下：

DROP INDEX <索引名>；

【例 4.16】 删除 Student 表的 Stusname 索引。

```
DROP INDEX Stusname;
```

删除索引时，系统会同时从数据字典中删去有关该索引的描述。

本章小结

SQL是Structured Query Language(结构化查询语言)的缩写,它是目前关系数据库系统中通用的标准语言。目到,包括Oracle、Sybase、Informix等在内的几乎所有大型数据库系统都支持SQL。SQL在字面上虽然被称为结构化查询语言,但实际上是集数据定义语言(DDL)、数据查询语言(DQL)、数据操纵语言(DML)、数据控制语言(DCL)于一体的关系数据语言。SQL功能强大、易学易用,SQL操作的基本对象是表,也就是关系。它可以对表中的数据进行查询、增加、修改、删除等常规操作,还可以维护表中数据的一致性、完整性和安全性,能够满足从单机到分布式系统的各种应用需求。

SQL数据定义包括对基本表、视图、索引的创建和删除。本章介绍的视图是从若干个基本表或视图导出来的虚表,提供了一定程度的数据逻辑独立性,并可增加数据的安全性,封装了复杂的查询,简化了用户的使用。

习 题

一、名词解释

1. 基本表。
2. 视图。
3. 索引。

二、简答题

1. 试说明视图的作用。

上机实验

理解和掌握关系数据库标准SQL语言,理解视图的作用,掌握视图的创建、使用和删除等基本功能;理解和掌握索引的设计、创建、使用和维护等功能,体验索引对于大数据查询效率提高的效果。

第5章　数据操作

数据操纵语言(Data Manipulation Language)的简写为DML。如果说SELECT语句对数据进行的是读操作,那么DML语句对数据进行的则是写操作。DML语句的操作对象是表中的行,这样的语句一次可以影响一行或多行数据。SQL的数据操纵功能主要包括插入(INSERT)、删除(DELETE)和修改(UPDATE)3个方面。借助相应的数据操纵语句,可以对基本表中的数据进行更新,包括向基本表中插入数据、修改基本表中原有数据、删除基本表的某些数据。

5.1　插入数据

在基本表建立以后,就可以往表中插入数据了,SQL中数据插入使用INSERT语句。INSERT语句有两种插入形式:插入单个元组和插入多个元组。

5.1.1　插入单个元组

插入单个元组的INSERT语句的格式如下。

INSERT INTO ＜基本表名＞[(＜字段名1＞,＜字段名2＞,…,＜字段名n＞)]

VALUES(＜表达式1＞,＜表达式2＞,…,＜表达式n＞)

其中:＜基本表名＞指定要插入元组的表的名称;＜字段名1＞,＜字段名2＞,…,＜字段名n＞为要添加列值的字段名序列;VALUES后则一一对应要添加字段的输入值。

在向表中插入一个元组时,INSERT语句将表达式的值作为对应字段的值,字段的排列顺序、数据类型和数量应该与表达式一致,否则可能会出错。若字段名序列省略,则新插入的记录必须在指定表每个属性列上都有值;若字段名序列都省略,则新记录在字段名序列中未出现的列上取空值(NULL)。所有不能取空值的列(标记为NOT NULL的列)必须包括在字段名序列中。

【例5.1】　将一个新学生元组(学号:202215128,姓名:陈冬,性别:男,所在系:IS,年龄:18岁)插入到Student表中。

```
INSERT
INTO Student(Sno,Sname,Ssex,Sdept,Sage)
VALUES('202215128','陈冬','男','IS',18);
```

在INSERT语句中如果指定了字段名,那么它们的顺序可以随意,只要与VALUES子句中的表达式一一对应即可。如果要为所有的字段都提供数据，那么可以省略字段名，但是VALUES子句中表达式的顺序、数据类型和数量必须与表中字段的定义一致。例如，上面的INSERT语句为所有的字段都提供了数据，因此可以简写为如下内容。

```
INSERT
INTO Student
VALUES('202215128','陈冬','男','IS',18);
```

【例5.2】 插入一条选课记录('202215128','1')。

```
INSERT
INTO SC(Sno,Cno)
VALUES ('202215128','1');
```

关系数据库管理系统将在新插入记录的Grade列上自动地赋空值。

或者：

```
INSERT
INTO SC
VALUES('202215128','1',NULL);
```

因为没有指出SC的属性名，所以在Grade列上要明确给出空值。

5.1.2　插入多个元组

插入多个元组的INSERT语句的格式如下。

```
INSERT
INTO<基本表名>[(<字段名1>,<字段名2,…,<字段名n>)]<子查询>
```

这种语句可将子查询的结果集一次性插入基本表中。若字段名序列省略，则子查询所得到的数据列必须和要插入数据的基本表的数据列完全一致。若字段名序列给出，则子查询结果与字段名序列要一一对应，在排列顺序、数据类型和数量上保持一致。

例如，现在希望从选课表SC中将学号202215128选课及成绩复制到表empl(结构与表SC相同)中，相位的数据插入语句如下：

```
INSERT
INTO empl(Sno,Cno,Grade)
SELECT Sno,Cno,Grade
FROM SC
WHERE Sno='202215128';
```

5.2　修改数据

SQL中修改数据使用UPDATE语句，用以修改满足指定条件元组的指定列值。满足指定条件的元组可以是一个元组，也可以是多个元组。UPDATE语句的一般格式如下。

```
UPDATE<基本表名>
SET<字段名1>=<表达式1>[,<字段名2>=<表达式2>][,…n]
```

[WHERE<条件>]

其中:UPDATE 语句通过 SET 子句为指定字段指定新值,将列值修改为指定的表达式;在 SET 子句中指定所有需要修改的列;字段名 1、字段名 2、…是要修改的字段的名称;表达式 1、表达式 2、…是要赋予的新值;WHERE<条件>是可选的,若省略,则更新指定表中的所有元组的对应列。其功能是对指定基本表中满足条件的元组,用表达的值作为对应列的新值进行更新。

在默认情况下,UPDATE 语句不需要 WHERE 子句,这时 UPDATE 语句将修改表中的所有元组。

【例 5.3】 将所有学生的年龄增加 1 岁。

```
UPDATE Student
SET Sage=Sage+1;
```

如果通过 WHERE 子句指定了条件,那么 UPDATE 语句只修改满足条件的元组。

【例 5.4】 将学生 202215121 的年龄改为 22 岁。

```
UPDATE Student SET Sage=22
WHERE Sno='202215121';
```

在 UPDATE 语句的 WHERE 子句中,也可以使用子查询。这时的条件并不是一个确定的条件,而是依赖于对另一个表的查询。

【例 5.5】 将计算机科学系全体学生的成绩置零。

```
UPDATE SC
SET Grade=0
    WHERE Sno IN
    (SELETE Sno
    FROM Student
    WHERE Sdept='CS');
```

5.3 删除数据

SQL 提供了 DELETE 语句用于删除每一个表中的一条或多条记录。要注意区分 DELETE 语句与 DROP 语句。DROP 是数据定义语句,作用是删除表或索引的定义,当删除表定义时,连同表所对应的数据都被删除;DELETE 是数据操纵语句,只是删除表中的相关记录,表的结构、约束、索引等并没有被删除。DELETE 语句的一般格式如下:

DELETE FROM <基本表名> [WHERE<条件>]

其中:WHERE<条件>是可选的,若不选,则删除表中全部记录。

在默认情况下 DELETE 语句可以不使用 WHERE 子句,这时将删除表中的所有记录。

例如,下面的 DELETE 语句将删除表 SC 中的所有记录。

```
DELETE FROM SC;
```

如果希望只删除表中的一部分记录,那么需要通过 WHERE 指定条件。

【例 5.6】 删除学号为 202215128 的学生记录。

```
SQL > DELETE
FROM Student
WHERE Sno='202215128';
```

在DELETE语句的WHERE子句也可以使用子查询,子查询与SELECT语句中的子查询用法相同。

【例5.7】 删除计算机科学系所有学生的选课记录。

```
DELETE FROM SC
WHERE Sno IN
        (SELETE Sno
        FROM Student
        WHERE Sdept= 'CS');
```

TRUNCATE语句的作用是删除表中的数据。与DELETE语句不同的是,TRUNCATE语句将删除表中的所有数据,不需要指定任何条件,而且数据被删除后无法再恢复。这条语句的语法格式如下:

```
TRUNCATE TABLE<基本表名>;
```

【例5.8】 删除SC表中的所有数据。

```
SQL > TRUNCATE TABLE SC;
```

TRUNCATE命令作用的结果是删除所有的数据,而且不可恢复,因此这条命令要慎用。从执行结果来看,一条TRUNCATE语句相当于下列两条语句的组合。

```
DELETE FROM <基本表名>;
COMMIT;
```

本章小结

SQL的数据操纵语言(DML)包括数据的插入、删除、修改等操作。本章在介绍了基本语法外,通过实例加深理解。

习　　题

1. 对于“教务管理系统”使用的三个基本表:

Student (StuNo, StuName, Sex, Age, MajorNo,Address)

Course (CNo, CName, Credit, ClassHour, Teacher)

SC(StuNo, CNo, Score)

试用SQL查询语句在练习本章例子程序的基础上,完成下列查询:

(1)使用INSERT语句分别向Student表、Course表和SC表插入20条数据。

(2)将选修“数据库技术及应用”课程的学生成绩提高10%。

(3)删除表SC中查询成绩为空值的学生学号和课程号。

上 机 实 验

理解和掌握关系数据库标准 SQL 语言，能够熟练使用 SQL DML 语句完成各类更新操作（插入数据、修改数据、删除数据）。

第6章 数据查询

建立数据库的目的主要是查询数据。关系代数的运算在关系数据库中主要由 SQL 数据查询来体现。SQL 提供 SELECT 语句进行数据库的查询，虽然只有一条语句，但是由于它有灵活多样的形式，以及功能强大的子句，因此可以组成各种复杂的查询语句，能够完成各种复杂的查询。

6.1 SELECT 查询语法

数据查询是数据库的核心操作。SQL 提供了 SELECT 语句进行数据查询，该语句具有灵活的使用方式和丰富的功能。其一般格式为

SELECT[ALL | DISTINCT] ＜目标列表达式＞ [,＜目标列表达式＞]…

FROM ＜表名或视图名＞ [,＜表名或视图名＞…] |(＜SELECT 语句＞)[AS]＜别名＞

[WHERE ＜条件表达式＞]

[GROUPBY ＜列名 1＞ [HAVING ＜条件表达式＞]]

[ORDERBY ＜列名 2＞ [ASC|DESC]]；

整个 SELECT 语句的含义是，根据 WHERE 子句的条件表达式从 FROM 子句指定的基本表、视图或派生表中找出满足条件的元组，再按 SELECT 子句中的目标列表达式选出元组中的属性值形成结果表。

若有 GROUPBY 子句，则将结果按＜列名 1＞的值进行分组，该属性列值相等的元组为一个组。通常会在每组中作聚集函数。GROUPBY 子句带 HAVING 短语，则只有满足指定条件的组才予以输出。

若有 ORDERBY 子句，则结果表还要按＜列名 2＞的值的升序或降序排序。

SELECT 语句既可以完成简单的单表查询，也可以完成复杂的连接查询和嵌套查询。下面以学生-课程数据库为例说明 SELECT 语句的各种用法。

6.2 简单查询

简单查询是指仅涉及一个表的查询。

6.2.1 选择表中的若干列

选择表中的全部或部分列即关系代数的投影运算。

(1)查询指定列。在很多情况下,用户只对表中的一部分属性列感兴趣,这时可以通过在 SELECT 子句的＜目标列表达式＞中指定要查询的属性列。

【例 6.1】 查询全体学生的学号与姓名。

SELECT Sno,Sname FROM Student;

该语句的执行过程可以是这样的:从 Student 表中取出一个元组,取出该元组在属性 Sno 和 Sname 上的值,形成一个新的元组作为输出。对 Student 表中的所有元组做相同的处理,最后形成一个结果关系作为输出。

【例 6.2】 查询全体学生的姓名、学号、所在系。

SELECT Sname,Sno,Sdept FROM Student;

＜目标列表达式＞中各个列的先后顺序可以与表中的顺序不一致。用户可以根据应用的需要改变列的显示顺序。本例中先列出姓名,再列出学号和所在系。

(2)查询全部列。将表中的所有属性列都选出来有两种方法:①在 SELECT 关键字后列出所有列名;②如果列的显示顺序与其在基表中的顺序相同,那么也可以简单地将＜目标列表达式＞指定为 * 。

【例 6.3】 查询全体学生的详细记录。

SELECT * FROM Student;

等价于

SELECT Sno,Sname,Ssex,Sage,Sdept FROM Student;

(3)查询经过计算的值。

SELECT 子句的＜目标列表达式＞不仅可以是表中的属性列,也可以是表达式。

【例 6.4】 查询全体学生的姓名及其出生年份。

SELECT Sname,2022 - Sage/ * 查询结果的第 2 列是一个算术表达式 * /

FROM Student;

查询结果中第 2 列不是列名而是一个计算表达式,是用当时的年份(假设为 2022 年)减去学生的年龄。这样所得的即是学生的出生年份。输出的结果如下:

Sname	2022 - Sage
李勇	2002
刘晨	2003
王敏	2004
张立	2003

＜目标列表达式＞不仅可以是算术表达式,还可以是字符串常量、函数等。

【例 6.5】 查询全体学生的姓名、出生年份和所在的院系,要求用小写字母表示系名。

SELECT Sname,'Year of Birth:',2022－Sage,LOWER(Sdept)

FROM Student;

结果如下:

Sname	'Year of Birth:'	2022－Sage	LOWER(Sdept)
李勇	Year of Birth:	2002	cs
刘晨	Year of Birth:	2003	cs
王敏	Year of Birth:	2004	ma
张立	Year of Birth:	2003	is

用户可以通过指定别名来改变查询结果的列标题，这对于含算术表达式、常量、函数名的目标列表达式尤为有用。例如可以定义如下列别名：

```
SELECT Sname NAME,'Year of Birth:' BIRTH,2022－Sage BIRTHDAY,
LOWER(Sdept) DEPARTMENT
FROM Student;
```

结果如下：

NAME	BIRTH	BIRTHDAY	DEPARTMENT
李勇	Year of Birth:	2002	cs
刘晨	Year of Birth:	2003	cs
王敏	Year of Birth:	2004	ma
张立	Year of Birth:	2003	is

6.2.2　选择表中的若干元组

(1)消除取值重复的行。两个本来并不完全相同的元组在投影到指定的某些列上后，可能会变成相同的行，可以用 DISTINCT 消除它们。

【例 6.6】　查询选修了课程的学生学号。

```
SELECT Sno
FROM SC;
```

执行上面的 SELECT 语句后，结果如下：

Sno
202215121
202215121
202215121
202215122
202215122

该查询结果里包含了许多重复的行。若想去掉结果表中的重复行，必须指定 DISTINCT：

```
SELECT DISTINCT Sno FROM SC;
```

则执行结果如下：

Sno
202215121
202215122

若没有指定 DISTINCT 关键词，则默认为 ALL，即保留结果表中取值重复的行。

```
SELECT Sno
FROM SC;
```

等价于

```
SELECT ALL Sno
FROM SC;
```

(2)查询满足条件的元组。查询满足指定条件的元组可以通过 WHERE 子句实现。WHERE 子句常用的查询条件见表 6-1。

表 6-1　常用的查询条件

查询条件	谓词
比较	=、>、<、>=、<=、<>、! >、! <；NOT+上述比较运算符
确定范围	BETWEEN AND、NOT BETWEEN AND
确定集合	IN、NOT IN
字符匹配	LIKE、NOT LIKE
空值	IS NULL、IS NOT NULL
多重条件(逻辑运算)	AND、OR、NOT

1)比较大小。用于进行比较的运算符一般包括=(等于)、>(大于)、<(小于)、>=(大于等于)、<=(小于等于)、! =或<>(不等于)、! >(不大于)、! <(不小于)。

【例 6.7】　查询计算机科学系全体学生的名单。

```
SELECT Sname
FROM Student
WHERE Sdept='CS';
```

关系数据库管理系统执行该查询的一种可能过程是：对 Student 表进行全表扫描，取出一个元组，检查该元组在 Sdept 列的值是否等于'CS'，若相等，则取出 Sname 列的值形成一个新的元组输出；否则跳过该元组，取下一个元组。重复该过程，直到处理完 Student 表的所有元组。

如果全校有数万个学生，计算机系的学生人数是全校学生的 5%左右，那么可以在 Student 表的 Sdept 列上建立索引，系统会利用该索引找出 Sdept='CS'的元组，从中取出 Sname 列值形成结果关系。这就避免了对 Student 表的全表扫描，加快了查询速度。注意，如果学生较少，索引查找不一定能提高查询效率，系统仍会使用全表扫描。这由查询优化器按照某些规则或估计执行代价来做出选择。

【例 6.8】　查询所有年龄在 20 岁以下的学生姓名及其年龄。

```
SELECT Sname,Sage
FROM Student
WHERE Sage < 20;
```

【例 6.9】　查询考试成绩不及格的学生的学号。

```
SELECT DISTINCT Sno FROM SC WHERE Grade < 60;
```

这里使用了DISTINCT短语，当一个学生有多门课程不及格时，他的学号也只列一次。

2)确定范围。谓词BETWEEN…AND…和NOT BETWEEN…AND…可以用来查找属性值在(或不在)指定范围内的元组，其中BETWEEN后是范围的下限(即低值)，AND后是范围的上限(即高值)。

【例6.10】 查询年龄在20～23岁(包括20岁和23岁)之间的学生的姓名、系别和年龄。

```
SELECT Sname,Sdept,Sage
FROM Student
WHERE Sage BETWEEN 20 AND 23;
```

【例6.11】 查询年龄不在20～23岁之间的学生姓名、系别和年龄。

```
SELECT Sname,Sdept,Sage
FROM Student
WHERE Sage NOT BETWEEN 20 AND 23;
```

3)确定集合。谓词IN可以用来查找属性值属于指定集合的元组。

【例6.12】 查询计算机科学系(CS)、数学系(MA)和信息系(IS)学生的姓名和性别。

```
SELECT Sname,Ssex
FROM Student
WHERE Sdept IN('CS','MA','IS');
```

与IN相对的谓词是NOT IN，用于查找属性值不属于指定集合的元组。

【例6.13】 查询既不是计算机科学系、数学系，也不是信息系的学生的姓名和性别。

```
SELECT Sname,Ssex
FROM Student
WHERE Sdept NOT IN('CS','MA','IS');
```

4)字符匹配。谓词LIKE可以用来进行字符串的匹配。其一般语法格式如下：

```
[NOT] LIKE'<匹配串>'[ESCAPE'<换码字符>']
```

其含义是查找指定的属性列值与＜匹配串＞相匹配的元组。＜匹配串＞可以是一个完整的字符串，也可以含有通配符%和_。其中：①%(百分号)代表任意长度(长度可以为0)的字符串。例如a%b表示以a开头，以b结尾的任意长度的字符串。如acb、addgb、ab等都满足该匹配串。②_(下横线)代表任意单个字符。例如a_b表示以a开头，以b结尾的长度为3的任意字符串。如acb、afb等都满足该匹配串。

【例6.14】 查询学号为202215121的学生的详细情况。

```
SELECT *
FROM Student
WHERE Sno LIKE '202215121';
```

等价于

```
SELECT *
FROM Student
```

```sql
WHERE Sno='202215121';
```

若 LIKE 后面的匹配串中不含通配符，则可以用=（等于）运算符取代 LIKE 谓词，用!=或<>（不等于）运算符取代 NOT LIKE 谓词。

【例 6.15】 查询所有姓刘的学生的姓名、学号和性别。

```sql
SELECT Sname,Sno,Ssex
FROM Student
WHERE Sname LIKE'刘%';
```

【例 6.16】 查询姓“欧阳”且全名为三个汉字的学生的姓名。

```sql
SELECT Sname
FROM Student
WHERE Sname LIKE '欧阳_';
```

注意：当数据库字符集为 ASCII 时，一个汉字需要两个_；当字符集为 GBK 时，只需要一个_。

【例 6.17】 查询名字中第二个字为“阳”的学生的姓名和学号。

```sql
SELECT Sname,Sno
FROM Student
WHERE Sname LIKE '_阳%';
```

【例 6.18】 查询所有不姓刘的学生的姓名、学号和性别。

```sql
SELECT Sname,Sno,Ssex
FROM Student
WHERE Sname NOT LIKE '刘%';
```

如果用户要查询的字符串本身就含有通配符%或_，那么这时就要使用 ESCAPE'<换码字符>'短语对通配符进行转义了。

【例 6.19】 查询 DB_Design 课程的课程号和学分。

```sql
SELECT Cno,Ccredit
FROM Course
WHERE Cname LIKE 'DB\_Design' ESCAPE'\';
```

ESCAPE'\'表示“\”为换码字符。这样匹配串中紧跟在“\”后面的字符“_”不再具有通配符的含义，转义为普通的“_”字符。

【例 6.20】 查询以“DB_”开头，且倒数第三个字符为 i 的课程的详细情况。

```sql
SELECT *
FROM Course
WHERE Cname LIKE 'DB\_%i__' ESCAPE'\';
```

这里的匹配串为“DB_%i__”。第一个_前面有换码字符\，因此它被转义为普通的_字符。而 i 后面的两个_的前面均没有换码字符\，因此它们仍作为通配符。

5）涉及空值的查询。

【例 6.21】 某些学生选修课程后没有参加考试，因此有选课记录，但没有考试成绩。查询缺少成绩的学生的学号和相应的课程号。

```
SELECT Sno,Cno
FROM SC
WHERE Grade IS NULL;/* 分数 Grade 是空值 */
```

注意这里的“IS”不能用等号(=)代替。

【例 6.22】 查所有有成绩的学生学号和课程号。

```
SELECT Sno,Cno
FROM SC
WHERE Grade IS NOT NULL;
```

6)多重条件查询。逻辑运算符 AND 和 OR 可用来连接多个查询条件。AND 的优先级高于 OR,但用户可以用括号改变优先级。

【例 6.23】 查询计算机科学系年龄在 20 岁以下的学生姓名。

```
SELECT Sname
FROM Student
WHERE Sdept='CS' AND Sage <20;
```

该例中的查询也可以用 OR 运算符写成如下等价形式:

```
SELECT Sname,Ssex
FROM Student'
WHERE Sdept='CS' OR Sdept='MA' OR Sdept='IS';
```

6.2.3 ORDER BY 子句

用户可以用 ORDER BY 子句对查询结果按照一个或多个属性列的升序(ASC)或降序(DESC)排列,默认值为升序。

【例 6.24】 查询选修了 3 号课程的学生的学号及其成绩,查询结果按分数的降序排列。

```
SELECT Sno,Grade
FROM SC
WHERE Cno='3'
ORDER BY Grade DESC;
```

对于空值,排序时显示的次序由具体系统实现来决定。例如:按升序排,含空值的元组最后显示;按降序排,空值的元组则最先显示。各个系统的实现可以不同,只要保持一致就行。

【例 6.25】 查询全体学生情况,查询结果按所在系的系号升序排列,同一系中的学生按年龄降序排列。

```
SELECT *
FROM Student
ORDER BY Sdept,Sage DESC;
```

6.2.4 聚集函数

为了进一步方便用户，增强检索功能，SQL 提供了许多聚集函数，见表 6－2。

表 6－2 聚集函数

COUNT(*)	统计元组个数
COUNT([DISTINCT|ALL]<列名>)	统计一列中值个数
SUM([DISTINCT|ALL]<列名>)	计算一列值的总和(此列必须是数值型)
AVG([DISTINCT|ALL]<列名>)	计算一列值的平均值(此列必须是数值型)
MAX([DISTINCT|ALL]<列名>)	求一列值中的最大值
MIN([DISTINCT|ALL]<列名>)	求一列值中的最小值

若指定 DISTINCT 短语，则表示在计算时要取消指定列中的重复值。若不指定 DISTINCT 短语或指定 ALL 短语(ALL 为默认值)，则表示不取消重复值。

【例 6.26】 查询学生总人数。

```
SELECT COUNT( * )
FROM Student;
```

【例 6.27】 查询选修了课程的学生人数。

```
SELECT COUNT(DISTINCT Sno)
FROM SC;
```

学生每选修一门课，在 SC 中都有一条相应的记录。一个学生要选修多门课程，为避免重复计算学生人数，必须在 COUNT 函数中用 DISTINCT 短语。

【例 6.28】 计算选修 1 号课程的学生平均成绩。

```
SELECT AVG(Grade)
FROM SC
WHERE Cno='1';
```

【例 6.29】 查询选修 1 号课程的学生最高分数。

```
SELECT MAX(Grade)
FROM SC
WHERE Cno='1';
```

【例 6.30】 查询学生 202215012 选修课程的总学分数。

```
SELECT SUM(Ccredit)
FROM SC,Course
WHERE Sno='202215012' AND SC.Cno=Course.Cno;
```

当聚集函数遇到空值时，除 COUNT(*)外，都跳过空值而只处理非空值。COUNT(*)是对元组进行计数，某个元组的一个或部分列取空值不影响 COUNT 的统计结果。

注意，WHERE 子句中是不能用聚集函数作为条件表达式的。聚集函数只能用于 SELECT 子句和 GROUP BY 中的 HAVING 子句。

6.2.5 GROUP BY 子句

GROUP BY 子句将查询结果按某一列或多列的值分组，值相等的为一组。

对查询结果分组的目的是细化聚集函数的作用对象。如果未对查询结果分组，那么聚集函数将作用于整个查询结果，分组后聚集函数将作用于每一个组，即每一组都有一个函数值。

【例 6.31】 求各个课程号及相应的选课人数。

```
SELECT Cno,COUNT(Sno)
FROM SC GROUP BY Cno;
```

该语句对查询结果按 Cno 的值分组，所有具有相同 Cno 值的元组为一组，然后对每一组作用聚集函数 COUNT 进行计算，以求得该组的学生人数。

查询结果可能如下：

Cno	COUNT(Sno)
1	22
2	34
3	44
4	33
5	48

若分组后还要求按一定的条件对这些组进行筛选，最终只输出满足指定条件的组，则可以使用 HAVING 短语指定筛选条件。

【例 6.32】 查询选修了 3 门以上课程的学生学号。

```
SELECT Sno
FROM SC
GROUP BY Sno HAVING COUNT(*)>3;
```

这里先用 GROUP BY 子句按 Sno 进行分组，再用聚集函数 COUNT 对每一组计数；HAVING 短语给出了选择组的条件，只有满足条件(即元组个数>3，表示此学生选修的课超过 3 门)的组才会被选出来。

WHERE 子句与 HAVING 短语的区别在于作用对象不同。WHERE 子句作用于基本表或视图，从中选择满足条件的元组。HAVING 短语作用于组，从中选择满足条件的组。

【例 6.33】 查询平均成绩大于等于 90 分的学生学号和平均成绩。

下面的语句是不对的：

```
SELECT Sno,AVG(Grade)
FROM SC
WHERE AVG(Grade)>=90
GROUP BY Sno;
```

因为 WHERE 子句中是不能用聚集函数作为条件表达式的，正确的查询语句应该是：

```
SELECT Sno,AVG(Grade)
FROM SC
```

```
GROUP BY Sno
HAVING AVG(Grade)＞＝90；
```

6.3 连接查询

6.3.1 等值与非等值连接查询

连接查询的 WHERE 子句中用来连接两个表的条件称为连接条件或连接谓词，其一般格式如下：

[＜表名 1＞.]＜列名 1＞＜比较运算符＞[＜表名 2＞.]＜列名 2＞

其中：比较运算符主要有＝、＞、＜、＞＝、＜＝、！＝(或＜＞)等。

此外，连接谓词还可以使用如下形式：

[＜表名 1＞.]＜列名 1＞ BETWEEN [＜表名 2＞.]＜列名 2＞ AND [＜表名 2＞.]＜列名 3＞

当连接运算符为＝时，称为等值连接。使用其他运算符称为非等值连接。

连接谓词中的列名称为连接字段。连接条件中的各连接字段类型必须是可比的，但名字不必相同。

【例 6.34】 查询每个学生及其选修课程的情况。

学生情况存放在 Student 表中，学生选课情况存放在 SC 表中，因此本查询实际上涉及 Student 与 SC 两个表。这两个表之间的联系是通过公共属性 Sno 实现的。

```
SELECT Student. * ,SC. *
FROM Student,SC
WHERE Student. Sno=SC. Sno;/ * 将 Student 与 SC 中同一学生的元组连接起来 * /
```

该查询的执行结果如下：

Student. Sno	Sname	Ssex	Sage	Sdept	SC. Sno	Cno	Grade
202215121	李勇	男	20	CS	202215121	1	92
202215121	李勇	男	20	CS	202215121	2	85
202215121	李勇	男	20	CS	202215121	3	88
202215122	刘晨	女	19	CS	202215122	2	90
202215122	刘晨	女	19	CS	202215122	3	80

本例中，SELECT 子句与 WHERE 子句中的属性名前都加上了表名前缀，这是为了避免混淆。如果属性名在参加连接的各表中是唯一的，那么可以省略表名前缀。

关系数据库管理系统执行该连接操作的一种可能过程是：先在表 Student 中找到第一个元组，然后从头开始扫描 SC 表，逐一查找与 Student 第一个元组的 Sno 相等的 SC 元组，找到后就将 Student 中的第一个元组与该元组拼接起来，形成结果表中一个元组。SC 全部查找完后，再找 Student 中第二个元组，然后再从头开始扫描 SC，逐一查找满足连接条件的元组，找到后就将 Student 中的第二个元组与该元组拼接起来，形成结果表中一个元组。重复上述操作，直到 Student 中的全部元组都处理完毕为止。这就是嵌套循环连接算法的基本思想，见表6-3和表6-4。

表6-3　Student

学号 Sno	姓名 Sname	性别 Ssex	年龄 Sage	所在系 Sdept
202215121	李勇	男	20	CS
202215122	刘晨	女	19	CS
202215123	王敏	女	18	MA
202215125	张立	男	19	IS

表6-4　SC

学号 Sno	课程号 Cno	成绩 Grade
202215121	1	92
202215121	2	85
202215121	3	88
202215122	2	90
202215122	3	80

如果在SC表Sno上建立了索引的话，就不用每次全表扫描SC表了，而是根据Sno值通过索引找到相应的SC元组。用索引查询SC中满足条件的元组一般会比全表扫描快。

若在等值连接中把目标列中重复的属性列去掉，则为自然连接。

【例6.35】 学生情况存放在Student表中，学生选课情况存放在SC表中，因此本查询实际上涉及Student与SC两个表。这两个表之间的联系是通过公共属性Sno实现的。用自然连接完成。

```
SELECT Student.Sno,Sname,Ssex,Sage,Sdept,Cno,Grade
FROM Student,SC
WHERE Student.Sno=SC.Sno;
```

本例中：由于Sname，Ssex，Sage，Sdept，Cno和Grade属性列在Student表与SC表中是唯一的，因此引用时可以去掉表名前缀；而Sno在两个表都出现了，因此引用时必须加上表名前缀。

一条SQL语句可以同时完成选择和连接查询，这时WHERE子句是由连接谓词和选择谓词组成的复合条件。

【例6.36】 查询选修2号课程且成绩在90分以上的所有学生的学号和姓名。

```
SELECT Student.Sno,Sname
FROM Student,SC
WHERE Student.Sno=SC.Sno AND/*连接谓词*/
```

SC. Cno='2' AND SC. Grade>90；/ * 其他限定条件 * /

该查询的一种优化(高效)的执行过程是，先从 SC 中挑选出 Cno='2'并且 Grade>90 的元组形成一个中间关系，再和 Student 中满足连接条件的元组进行连接得到最终的结果关系。

6.3.2 自身连接

连接操作不仅可以在两个表之间进行，也可以是一个表与自己进行连接，称为表的自身连接。

【例 6.37】 查询每一门课的间接先修课(即先修课的先修课)。

在 Course 表中，只有每门课的直接先修课信息，而没有先修课的先修课信息。要得到这个信息，必须先对一门课找到其先修课，再按此先修课的课程号查找它的先修课程。这就要将 Course 表与其自身连接。

为此，要为 Course 表取两个别名，一个是 FIRST 表(见表 6 - 5)，另一个是 SECOND 表(见表 6 - 6)。

表 6 - 5　FIRST 表(Course 表)

Cno	Cname	Cpno	Ccredit
1	数据库	5	4
2	数学		2
3	信息系统	1	4
4	操作系统	6	3
5	数据结构	7	4
6	数据处理		2
7	PASCAL 语言	6	4

表 6 - 6　SECOND 表(Course 表)

Cno	Cname	Cpno	Ccredit
1	数据库	5	4
2	数学		2
3	信息系统	1	4
4	操作系统	6	3
5	数据结构	7	4
6	数据处理		2
7	PASCAL 语言	6	4

完成该查询的 SQL 语句如下：

```
SELECT FIRST.Cno,SECOND.Cpno
FROM Course FIRST,Course SECOND
WHERE FIRST.Cpno=SECOND.Cno;
```

结果如下：

Cno	Cpno
1	7
3	5
5	6

6.3.3　外连接

在通常的连接操作中，只有满足连接条件的元组才能作为结果输出。如结果表中没有202215123和202215125两个学生的信息，原因在于他们没有选课，在SC表中没有相应的元组，导致Student表中这些元组在连接时被舍弃了。

有时想以Student表为主体列出每个学生的基本情况及其选课情况。如果某个学生没有选课，仍把Student的悬浮元组保存在结果关系中，而在SC表的属性上填空值NULL，这时就需要使用外连接。

【例6.38】　SELECT Student.Sno,Sname,Ssex,Sage,Sdept,Cno,Grade

FROM Student LEFT OUTER JOIN SC ON(Student.Sno=SC.Sno);

/* 也可以使用USING来去掉结果中重复值：FROM Student LEFT OUTER JOIN SC USING(Sno); */

执行结果如下：

Student.Sno	Sname	Ssex	Sage	Sdept	Cno	Grade
202215121	李勇	男	20	CS	1	92
202215121	李勇	男	20	CS	2	85
202215121	李勇	男	20	CS	3	88
202215122	刘晨	女	19	CS	2	90
202215122	刘晨	女	19	CS	3	80
202215123	王敏	女	18	MA	NULL	NULL
202215125	张立	男	19	IS	NULL	NULL

左外连接列出左边关系（如本例Student）中所有的元组，右外连接列出右边关系中所有的元组。

4. 多表连接

连接操作除了可以是两表连接、一个表与其自身连接外，还可以是两个以上的表进行连接，后者通常称为多表连接。

【例6.39】　查询每个学生的学号、姓名、选修的课程名及成绩。

本查询涉及三个表，完成该查询的SQL语句如下：

SELECT Student.Sno,Sname,Cname,Grade

```
FROM Student,SC,Course
WHERE Student.Sno=SC.Sno AND SC.Cno=Course.Cno;
```

关系数据库管理系统在执行多表连接时，通常是先进行两个表的连接操作，再将其连接结果与第三个表进行连接。本例的一种可能的执行方式是，先将 Student 表与 SC 表进行连接，得到每个学生的学号、姓名、所选课程号和相应的成绩，然后再将其与 Course 表进行连接，得到最终结果。

6.4 嵌套查询

在 SQL 中，一个 SELECT - FROM - WHERE 语句称为一个查询块。将一个查询块嵌套在另一个查询块的 WHERE 子句或 HAVING 短语的条件中的查询称为嵌套查询(Nestedquery)。例如：

```
SELECT Sname/ * 外层查询或父查询 * /
FROM Student
WHERE Sno IN
    (SELECT Sno/ * 内层查询或子查询 * /
      FROM SC
      WHERE Cno='2');
```

本例中，下层查询块 SELECT Sno FROM SC WHERE Cno='2'是嵌套在上层查询块 SELECTS name FROM Student WHERE Sno IN 的 WHERE 条件中的。上层的查询块称为外层查询或父查询，下层查询块称为内层查询或子查询。

SQL 允许多层嵌套查询，即一个子查询中还可以嵌套其他子查询。需要特别指出的是，子查询的 SELECT 语句中不能使用 ORDER BY 子句，ORDER BY 子句只能对最终查询结果排序。

嵌套查询使用户可以用多个简单查询构成复杂的查询，从而增强 SQL 的查询能力。以层层嵌套的方式来构造程序正是 SQL 中“结构化”的含义所在。

6.4.1 带有 IN 谓词的子查询

在嵌套查询中，子查询的结果往往是一个集合，因此谓词 IN 是嵌套查询中最经常使用的谓词。

【例 6.40】 查询与“刘晨”在同一个系学习的学生。

先分步来完成此查询，然后再构造嵌套查询。

(1)确定“刘晨”所在系名：

```
SELECT Sdept FROM Student WHERE Sname='刘晨';
```

结果为 CS。

(2)查找所有在 CS 系学习的学生：

```
    SELECT Sno,Sname,Sdept
    FROM Student
```

```
WHERE Sdept='CS';
```

结果如下：

Sno	Sname	Sdept
202215121	李勇	CS
202215122	刘晨	CS

将第一步查询嵌入到第二步查询的条件中，构造嵌套查询如下：

```
SELECT Sno,Sname,Sdept/ * 例 6..40 的解法一 * /
FROM Student
WHERE Sdept IN
  (SELECT Sdept
  FROM Student
  WHERE Sname='刘晨');
```

本例中，子查询的查询条件不依赖于父查询，称为不相关子查询。一种求解方法是由里向外处理，即先执行子查询，子查询的结果用于建立其父查询的查找条件。得到如下的语句：

```
SELECT Sno,Sname,Sdept
FROM Student
WHERE Sdept IN('CS');
```

然后执行该语句。

本例中的查询也可以用自身连接来完成：

```
SELECT Sl. Sno,Sl. Sname,Sl. Sdept/ * 例 6.40 的解法二 * /
    FROM Student S1,Student S2
    WHERE S1. Sdept=S2. Sdept AND S2. Sname='刘晨';
```

可见，实现同一个查询请求可以有多种方法，当然不同的方法其执行效率可能会有差别，甚至会差别很大。这就是数据库编程人员应该掌握的数据库性能调优技术。

【例 6.41】 查询选修了课程名为“信息系统”的学生学号和姓名。

本查询涉及学号、姓名和课程名三个属性。学号和姓名存放在 Student 表中，课程名存放在 Course 表中，但 Student 与 Course 两个表之间没有直接联系，必须通过 SC 表建立它们二者之间的联系。因此本查询实际上涉及三个关系。

```
SELECT Sno,Sname
FROM Student
        WHERE Sno IN
        (SELECT Sno
        FROM SC
        WHERE Cno IN
        (SELECT Cno
        FROM Course
        WHERE Cname='信息系统'))
```

本查询同样可以用连接查询实现：

```
SELECT Student.Sno,Sname
FROM Student,SC,Course
WHERE Student.Sno=SC.Sno AND
        SC.Cno=Course.Cno AND
        Course.Cname='信息系统';
```

有些嵌套查询可以用连接运算替代，有些是不能替代的。可以看到，查询涉及多个关系时，用嵌套查询逐步求解层次清楚，易于构造，具有结构化程序设计的优点。但是相比于连接运算，目前商用关系数据库管理系统对嵌套查询的优化做得还不够完善，因此在实际应用中，能够用连接运算表达的查询尽可能采用连接运算。

例 6.40 和例 6.41 中子查询的查询条件不依赖父查询，这类子查询称为不相关子查询。不相关子查询是较简单的一类子查询。如果子查询的查询条件依赖父查询，那么这类子查询称为相关子查询(Correlated Subquery)，整个查询语句称为相关嵌套查询(Correlatedne Stedquery)语句。

6.4.2 带有比较运算符的子查询

带有比较运算符的子查询是指父查询与子查询之间用比较运算符进行连接。当用户能确切知道内层查询返回的是单个值时，可以用＞、＜、＝、＞＝、＜＝、！＝或＜＞等比较运算符。

在例 6.40 中，由于一个学生只可能在一个系学习，也就是说，内查询的结果是一个值，因此可以用＝代替 IN，即

```
SELECT Sno,Sname,Sdept/*例 6.40 的解法三*/
FROM Student
WHERE Sdept=
  (SELECT Sdept
  FROM Student
  WHERE Sname='刘晨');
```

【例 6.42】 找出每个学生超过他自己选修课程平均成绩的课程号。

```
SELECT Sno,Cno
FROM SC x
WHERE Grade>=(SELECT AVG(Grade)/*某学生的平均成绩
                FROM SC y
                WHERE y.Sno=x.Sno);
```

x 是表 SC 的别名，又称为元组变量，可以用来表示 SC 的一个元组。内层查询是求一个学生所有选修课程平均成绩的，至于是哪个学生的平均成绩要看参数 x.Sno 的值，而该值是与父查询相关的，因此这类查询称为相关子查询。

这个语句的一种可能的执行过程采用以下三个步骤。

(1)从外层查询中取出 SC 的一个元组 x，将元组 x 的 Sno 值(202215121)传送给内层查

询。

```
SELECT AVG(Grade)
FROM SC y
WHERE y.Sno='202215121';
```

(2)执行内层查询,得到值88(近似值),用该值代替内层查询,得到外层查询:

```
SELECT Sno,Cno
FROM SC x
WHERE Grade＞＝88;
```

(3)执行这个查询,得到

(202215121,1)

(202215121,3)

然后外层查询取出下一个元组,重复进行步骤(1)(2)(3)的处理,直到外层的SC元组全部处理完毕。结果为

(202215121,1)

(202215121,3)

(202215122,2)

求解相关子查询不能像求解不相关子查询那样一次将子查询求解出来,然后求解父查询。内层查询由于与外层查询有关,因此必须反复求值。

6.4.3　带有ANY(SOME)或ALL谓词的子查询

子查询返回单值时可以用比较运算符,但返回多值时要用ANY(有的系统用SOME)或ALL谓词修饰符。而使用ANY或ALL谓词时则必须同时使用比较运算符。其语义如下。

＞ANY:大于子查询结果中的某个值。

＞ALL:大于子查询结果中的所有值。

＜ANY:小于子查询结果中的某个值。

＜ALL:小于子查询结果中的所有值。

＞＝ANY:大于等于子查询结果中的某个值。

＞＝ALL:大于等于子查询结果中的所有值。

＜＝ANY:小于等于子查询结果中的某个值。

＜＝ALL:小于等于子查询结果中的所有值。

＝ANY:等于子查询结果中的某个值。

＝ALL:等于子查询结果中的所有值(通常没有实际意义)。

！＝(或＜＞)ANY:不等于子查询结果中的某个值。

！＝(或＜＞)ALL:不等于子查询结果中的任何一个值。

【例6.43】　查询非计算机科学系中比计算机科学系任意一个学生年龄小的学生姓名和年龄。

```
SELECT Sname,Sage
```

```
FROM Student
WHERE Sage<ANY(SELECT Sage
               FROM Student
               WHERE Sdept='CS')
AND Sdept<>'CS';/ * 注意这是父查询块中的条件 * /
```

结果如下：

Sname	Sage
王敏	18
张立	19

关系数据库管理系统执行此查询时，先处理子查询，找出CS系中所有学生的年龄，构成一个集合(20,19)，然后处理父查询，找所有不是CS系且年龄小于20或19的学生。

本查询也可以用聚集函数来实现，先用子查询找出CS系中最大年龄(20)，然后在父查询中查所有非CS系且年龄小于20岁的学生。SQL语句如下：

```
SELECT Sname,Sage
FROM Student
WHERE Sage<
          (SELECT MAX(Sage)
          FROM Student
          WHERE Sdept='CS')
AND Sdept<>'CS';
```

【例6.44】 查询非计算机科学系中比计算机科学系所有学生年龄都小的学生姓名及年龄。

```
SELECT Sname,Sage
FROM Student
WHERE Sage<ALL
          (SELECT Sage
          FROM Student
          WHERE Sdept='CS')
AND Sdept<>'CS';
```

关系数据库管理系统执行此查询时，先处理子查询，找出CS系中所有学生的年龄，构成一个集合(20,19)，然后处理父查询，找所有不是CS系且年龄既小于20，也小于19的学生。查询结果如下：

Sname	Sage
王敏	18

本查询同样也可以用聚集函数实现。SQL语句如下：

```
SELECT Sname,Sage
FROM Student
```

```
WHERE Sage<
        (SELECT MIN(Sage)
        FROM Student
        WHERE Sdept='CS')
AND Sdept<>'CS';
```

事实上，用聚集函数实现子查询通常比直接用 ANY 或 ALL 查询效率要高。ANY、ALL 与聚集函数的对应关系见表 6－7。

表 6－7　ANY(或 SOME)、ALL 谓词与聚集函数、IN 谓词的等价转换关系

	=	<>或！=	<	<=	>	>=
ANY	IN		<MAX	<=MAX	>MIN	>=MIN
ALL		NOT IN	<MIN	<=MIN	>MAX	>=MAX

表 6－7 中，=ANY 等价于 IN 谓词，<ANY 等价于<MAX，<>ALL 等价于 NOT IN 谓词，<ALL 等价于<MIN，等等。

6.4.4　带有 EXISTS 谓词的子查询

EXISTS 代表存在量词∃。带有 EXISTS 谓词的子查询不返回任何数据，只产生逻辑真值"true"或逻辑假值"false"。

可以利用 EXISTS 来判断 $x \in S$，$s \subseteq R$、$S=R$、$S \cap R$ 非空等是否成立。

【例 6.45】　查询所有选修了 1 号课程的学生姓名。

本查询涉及 Student 和 SC 表。可以在 Student 中依次取每个元组的 Sno 值，用此值去检查 SC 表。若 SC 中存在这样的元组，其 Sno 值等于此 Student. Sno 值，并且其 Cno='1'，则取此 Student. Sname 送入结果表。将此想法写成 SQL 语句如下：

```
SELECT Sname
FROM Student
WHERE EXISTS
      (SELECT *
      FROM SC
      WHERE Sno=Student.Sno AND Cno='1');
```

使用存在量词 EXISTS 后，若内层查询结果非空，则外层的 WHERE 子句返回真值，否则返回假值。

由 EXISTS 引出的子查询，其目标列表达式通常都用 *，因为带 EXISTS 的子查询只返回真值或假值，给出列名无实际意义。

本例中子查询的查询条件依赖于外层父查询的某个属性值(Student 的 Sno 值)，因此也是相关子查询。这个相关子查询的处理过程是：先取外层查询中 Student 表的第一个元组，根据它与内层查询相关的属性值(Sno 值)处理内层查询，若 WHERE 子句返回值为真，则取外层查询中该元组的 Sname 放入结果表；然后再取 Student 表的下一个元组；重复这一过程，直至外层 Student 表全部检查完为止。

本例中的查询也可以用连接运算来实现，读者可以参照有关的例子自己给出相应的 SQL 语句。

与 EXISTS 谓词相对应的是 NOT EXISTS 谓词。使用存在量词 NOT EXISTS 后，若内层查询结果为空，则外层的 WHERE 子句返回真值，否则返回假值。

【例 6.46】 查询没有选修 1 号课程的学生姓名。

```
SELECT Sname
FROM Student
WHERE NOT EXISTS
        (SELECT *
        FROM SC
        WHERE Sno=Student.Sno AND Cno='1');
```

一些带 EXISTS 或 NOT EXISTS 谓词的子查询不能被其他形式的子查询等价替换，但所有带 IN 谓词、比较运算符、ANY 和 ALL 谓词的子查询都能用带 EXISTS 谓词的子查询等价替换。例如，带有 IN 谓词的例 6.40 可以用如下带 EXISTS 谓词的子查询替换：

```
SELECT Sno,Sname,Sdept/ * 例 6.40 的解法四 * /
FROM Student S1
WHERE EXISTS
      (SELECT *
       FROM Student S2
       WHERE S2.Sdept=Sl.Sdept AND
             S2.Sname='刘晨');
```

由于带 EXISTS 量词的相关子查询只关心内层查询是否有返回值，并不需要查具体值，因此其效率并不一定低于不相关子查询，有时是高效的方法。

【例 6.47】 查询选修了全部课程的学生姓名。

SQL 中没有全称量词(for all)，但是可以把带有全称量词的谓词转换为等价的带有存在量词的谓词，即：

$$(\forall x)P \equiv \neg(\exists x(\neg P))$$

由于没有全称量词，可将题目的意思转换成等价的用存在量词的形式：查询这样的学生，没有一门课程是他不选修的。其 SQL 语句如下：

```
SELECT Sname
FROM Student
WHERE NOT EXISTS
        (SELECT *
         FROM Course
         WHERE NOT EXISTS
                (SELECT *
                 FROM SC
```

```
                    WHERE Sno=Student.Sno
                    AND Cno=Course.Cno));
```

从而用EXIST/NOT EXIST来实现带全称量词的查询。

【例6.48】 查询至少选修了学生202215122选修的全部课程的学生号码。

本查询可以用逻辑蕴涵来表达:查询学号为x的学生,对所有的课程y,只要202215122学生选修了课程y,则x也选修了y。形式化表示如下:

用p表示谓词"学生202215122选修了课程y"

用q表示谓词"学生x选修了课程y"

则上述查询为

$$(\forall y)p \rightarrow q$$

SQL语言中没有蕴涵(Implication)逻辑运算,但是可以利用谓词演算将一个逻辑蕴涵的谓词等价转换为

$$p \rightarrow q \equiv \neg q \vee q$$

该查询可以转换为如下等价形式:

$$(\forall y)p \rightarrow q \equiv -(\exists y(\neg(p \rightarrow q))) \equiv (\exists y(\neg(\neg p \times q))) \equiv \neg \exists y(p \wedge -q)$$

它所表达的语义为:不存在这样的课程y,学生202215122选修了y,而学生x没有选。用SQL语言表示如下:

```
SELECT DISTINCT Sno
FROM SC SCX
WHERE NOT EXISTS
              (SELECT *
               FROM SC SCY
               WHERE SCY.Sno='202215122'AND
               NOT EXISTS
                     (SELECT *
                      FROM SC SCZ
                      WHERE SCZ.Sno=SCX.Sno AND
                            SCZ.Cno=SCY.Cno));
```

6.5 集合查询

SELECT语句的查询结果是元组的集合,因此多个SELECT语句的结果可进行集合操作。集合操作主要包括并操作UNION、交操作INTERSECT和差操作EXCEPT。

注意,参加集合操作的各查询结果的列数必须相同;对应项的数据类型也必须相同。

【例6.49】 查询计算机科学系的学生及年龄不大于19岁的学生。

```
SELECT *
FROM Student
WHERE Sdept='CS'
```

```
UNION
SELECT *
FROM Student
WHERE Sage<=19;
```

本查询实际上是求计算机科学系的所有学生与年龄不大于 19 岁的学生的并集。使用 UNION 将多个查询结果合并起来时，系统会自动去掉重复元组。若要保留重复元组，则用 UNION ALL 操作符。

【例 6.50】 查询选修了课程 1 或者选修了课程 2 的学生。

本例即查询选修课程 1 的学生集合与选修课程 2 的学生集合的并集。

```
SELECT Sno
FROM SC
WHERE Cno='1'
UNION
SELECT Sno
FROM SC
WHERE Cno='2';
```

【例 6.51】 查询计算机科学系的学生与年龄不大于 19 岁的学生的交集。

```
SELECT *
FROM Student
WHERE Sdept='CS'
INTERSECT
SELECT *
FROM Student
WHERE Sage < =19;
```

这实际上就是查询计算机科学系中年龄不大于 19 岁的学生。

```
SELECT *
FROM Student
WHERE Sdept='CS' AND
      Sage < =19;
```

【例 6.52】 查询既选修了课程 1 又选修了课程 2 的学生。

即查询选修课程 1 的学生集合与选修课程 2 的学生集合的交集。

```
SELECT Sno
FROM SC
WHERE Cno='1'
INTERSECT
SELECT Sno
FROM SC
WHERE Cno='2';
```

本例也可以表示为

```
SELECT Sno
FROM SC
WHERE Cno='1' AND Sno IN
                    (SELECT Sno
                    FROM SC
                    WHERE Cno='2');
```

【例 6.53】 查询计算机科学系的学生与年龄不大于 19 岁的学生的差集。

```
SELECT *
FROM Student
WHERE Sdept='CS'
EXCEPT
SELECT *
FROM Student
WHERE Sage <=19;
```

也就是查询计算机科学系中年龄大于 19 岁的学生，即：

```
SELECT *
FROM Student
WHERE Sdept='CS' AND Sage>19;
```

6.6　基于派生表的查询

子查询不仅可以出现在 WHERE 子句中，还可以出现在 FROM 子句中，这时子查询生成的临时派生表(Derived Table)成为主查询的查询对象。例如，例 6.42 找出每个学生超过他自己选修课程平均成绩的课程号，也可以用如下的查询完成：

```
SELECT Sno,Cno
FROM SC,(SELECT Sno,Avg(Grade) FROM SC GROUP BY Sno)
          AS Avg_sc(avg_sno,avg_grade)
          WHERE SC.Sno=Avg_sc.avg_sno and SC.Grade>=Avg_sc.avg_grade
```

这里 FROM 子句中的子查询将生成一个派生表 Avg_sc。该表由 avg_sno 和 avg_grade 两个属性组成，记录了每个学生的学号及平均成绩。主查询将 SC 表与 Avg_sc 按学号相等进行连接，选出修课成绩大于其平均成绩的课程号。

如果子查询中没有聚集函数，那么派生表可以不指定属性列，子查询 SELECT 子句后面的列名为其默认属性。例如，例 6.45 查询所有选修了 1 号课程的学生姓名，可以用如下查询完成：

```
SELECT Sname
FROM Student,(SELECT Sno FROM SC WHERE Cno='1') AS SC1
WHERE Student.Sno=SC1.Sno;
```

需要说明的是，通过 FROM 子句生成派生表时，AS 关键字可以省略，但必须为派生关系指定一个别名。而对于基本表，别名是可选择项。

6.7 SELECT 语句的一般格式

SELECT 语句是 SQL 的核心语句，从前面的例子可以看到其语句成分丰富多样，下面总结一下它们的一般格式。

SELECT 语句的一般格式如下：

SELECT [ALL|DISTINCT] <目标列表达式> [别名] [,<目标列表达式> [别名]]…

FROM <表名或视图名> [别名] [,<表名或视图名> [别名]]…|(<SELECT 语句>) [AS] <别名> [WHERE <条件表达式>]

[GROUPBY <列名 1> [HAVING <条件表达式>]]

[ORDERBY <列名 2> [ASC | DESC]];

6.7.1 目标列表达式的可选格式

(1) *

(2)<表名>. *

(3)COUNT([DISTINCT | ALL] *)

(4)[<表名>.] <属性列名表达式> [,[<表名>.] <属性列名表达式>]…

其中：<属性列名表达式>可以是由属性列、作用于属性列的聚集函数和常量的任意算术运算(+,-,*,/)组成的运算公式。

6.7.2 聚集函数的一般格式

$$\left\{\begin{array}{l}\text{COUNT}\\ \text{SUM}\\ \text{AVG}\\ \text{MAX}\\ \text{MIN}\end{array}\right\}(\text{[DISTINCT | ALL] <列名>})$$

6.7.3 WHERE 子句的条件表达式可选格式

(1)

$$\text{<属性列名>}\left\{\begin{array}{l}\text{<属性列名>}\\ \text{<常量>}\\ \text{[ANY | ALL](SELECT 语句)}\end{array}\right\}$$

(2)

＜属性列名＞[NOT]BETWEEN {＜属性列名＞ | ＜常量＞ | (SELECT 语句)} AND

AND {＜属性列名＞ | ＜常量＞ | (SELECT 语句)}

(3)

＜属性列名＞[NOT]IN {＜值 1＞ [,＜值 2＞]… | (SELECT 语句)}

(4)＜属性列名＞ [NOT] LIKE ＜匹配串＞

(5)＜属性列名＞ IS [NOT] NULL

(6)[NOT] EXISTS(SELECT 语句)

(7)

＜条件表达式＞{AND | OR}＜条件表达式＞{AND | OR}＜条件表达式＞...

本 章 小 结

本章讲解了数据查询的语法,简单查询、连接查询、嵌套查询、集合查询、基于派生表的查询及 SELECT 语句的一般格式,基本涵盖了数据查询所能遇到的情况。

习　　题

1. 设有一个 SPJ 数据库,包括 S、P、J 及 SPJ4 个关系模式:

S(SNO,SNAME,STATUS,CITY);

P(PNO,PNAME,COLOR,WEIGHT);

J(JNO,JNAME,CITY);

SPJ(SNO,PNO. JNO,QTY)。

供应商表 S 由供应商代码(SNO)、供应商姓名(SNAME)、供应商状态(STATUS)、供应商所在城市(CITY)组成。

零件表 P 由零件代码(PNO)、零件名(PNAME)、颜色(COLOR)、质量(WEIGHT)组成。工程项目表 J 由工程项目代码(XNO)、工程项目名(JNAME)、工程项目所在城市(CITY)组成。供应情况表 SPJ 由供应商代码(SNO)、零件代码(PNO)、工程项 H 代码(JNO)、供应数量(QTY)组成,表示某供应商供应某种零件给某工程项目的数量为 QTY。

现有若干数据见表 6－8～表 6－11。

表 6-8 S 表

SNO	SNAME	STATUS	CITY
S1	精益	20	天津
S2	盛锡	10	北京
S3	东方红	30	北京
S4	丰泰盛	20	天津
S5	为民	30	上海

表 6-9 P 表

PNO	PNAME	COLOR	WEIGHT
P1	螺母	红	12
P2	螺栓	绿	17
P3	螺丝刀	蓝	14
P4	螅丝刀	红	14
P5	凸轮	蓝	40
P6	齿轮	红	30

表 6-10 J 表

JNO	JNAME	CITY
Jl	三建	北京
J2	一汽	长春
J3	弹簧厂	天津
J4	造船厂	天津
J5	机车厂	唐山
J6	无线电厂	常州
J7	半导体厂	南京

表 6-11 SPJ 表

SNO	PNO	JNO	QTY
S1	P1	J1	200
S1	P1	J3	100
S1	P1	J4	700

续表

SNO	PNO	JNO	QTY
S1	P2	J2	100
S2	P3	J1	400
S2	P3	J2	200
S2	P3	J4	500
S2	P3	J5	400
S2	P5	J1	400
S2	P5	J2	100
S3	P1	J1	200
S3	P3	J1	200
S4	P5	J1	100
S4	P6	J3	300
S4	P6	J4	200
S5	P2	J4	100
S5	P3	J1	200
S5	P6	J2	200
S5	P6	J4	500

针对4个表试用SQL完成以下各项操作：

(1)找出所有供应商的姓名和所在城市；

(2)找出所有零件的名称、颜色、质量；

(3)找出使用供应商S1所供应零件的工程号码：

(4)找出工程项目J2使用的各种零件的名称及其数量：

(5)找出上海厂商供应的所有零件号码：

(6)找出使用上海产的零件的工程名称；

(7)找出没有使用天津产的零件的工程号码：

(8)把全部红色零件的颜色改成蓝色：

(9)由S5供给J4的零件P6改为由S3供应，请做必要的修改：

(10)从供应商关系中删除S2的记录，并从供应情况关系中删除相应的记录：

(11)请将(S2,J6,P4,200)插入供应情况关系。

上机实验

理解和掌握关系数据库标准SQL，熟练掌握数据查询的语法，能够实现简单查询、连接查询、嵌套查询、集合查询、基于派生表的查询。

第三篇　数据库设计与应用

随着计算机技术的广泛应用，目前从小型的单项事务处理到大型的信息系统都采用数据库技术来保持数据的完整性和一致性，因此在应用系统的设计中，数据库搭建得是否合理变得日趋重要。数据库设计(Database Design)是数据库在应用领域的主要研究课题。本篇将围绕着数据库系统设计的6个基本步骤，以学生学籍管理系统为例，介绍如何从最初的需求分析到完成数据库设计整个过程相关的知识，以及如何基于数据库系统编程，最后对事务管理的基本概念和基础知识以及数据库安全进行阐述。

学习目标

(1)理解数据库系统设计；
(2)理解需求分析的任务和方法；
(3)掌握概念结构设计；
(4)掌握规范化基本理论；
(5)掌握逻辑结构设计；
(6)了解数据库的物理设计；
(7)理解事务的基本概念和性质；
(8)理解并发控制的基本概念和常用技术；
(9)了解数据库的安全防护技术。

第7章　数据库设计

数据库设计是数据库在应用领域的主要研究课题，其目标是在DBMS的支持下，按照数据库设计规范化的要求和用户需求，规划、设计一个结构良好、使用方便、效率较高的数据库应用系统，为用户和各种应用系统提供信息基础设施和高效率的运行环境。目前人们所说的数据库设计，大多是在一个现成的DBMS的支持下进行的，即以一个通用的DBMS为基础开发数据库应用系统。

大型数据库的设计和开发是一项庞大的工程，其开发周期较长，必须把软件工程的原理和方法应用到数据库设计中来，采用规范的设计方法，根据用户的需求，进行分析、归纳、抽象，最终设计出符合实际情况的数据模型，选择一种符合要求的数据库管理系统，最终实现对数据模型及数据的管理。本章主要讨论基于关系数据库管理系统的关系数据库设计问题。

7.1　数据库设计概述

7.1.1　数据库和信息系统

在数据库领域内，通常把使用数据库的各类信息系统都称为数据库应用系统，例如，以数据库为基础的各种管理信息系统、办公自动化系统、地理信息系统、电子政务系统、电子商务系统等。

数据库与信息系统的关系如下：

(1)数据库是信息系统的核心和基础，把信息系统中大量的数据按一定的模型组织起来，提供存储、维护、检索数据的功能，使信息系统可以方便、及时、准确地从数据库中获得所需的信息。

(2)数据库是信息系统的各个部分能否紧密地结合在一起以及如何结合的关键所在。

(3)数据库设计是信息系统开发和建设的重要组成部分。

7.1.2　数据库设计的概念

数据库设计，广义地讲，是数据库及其应用系统的设计，即设计整个数据库应用系统，狭义地讲，是设计数据库本身，即设计数据库的各级模式并建立数据库，这是数据库应用系统设计的一部分。本书的重点是介绍狭义的数据库设计。当然，设计一个好的数据库与设计一个好的数据库应用系统是密不可分的，一个好的数据库结构是应用系统的基础，特别是在实际的系统开发项目中，两者更是密切相关、并行进行的。

下面给出数据库设计的一般定义。

数据库设计是指对于一个给定的应用环境，构造（设计）优化的数据库逻辑模式和物理结构并据此建立数据库及其应用系统，使之能够有效地存储和管理数据，满足各种用户的应用需求（信息管理要求和数据操作要求）。信息管理要求是指在数据库中应该存储和管理哪些数据对象；数据操作要求是指对数据对象需要进行哪些操作，如查询、增、删、改、统计等操作。

数据库设计的目标是为用户和各种应用系统提供一个信息基础设施和高效的运行环境。高效的运行环境指数据库中数据的存取效率、数据库存储空间的利用率、数据库系统运行管理的效率等都是高的。

7.1.3 数据库设计的评判准则

评判数据库设计结果好坏的主要准则如下。

1. 完备性

数据库应能表示应用领域所需的所有信息，满足数据存储需求，满足信息需求和处理需求，同时数据是可用的、准确的、安全的。

2. 一致性

数据库中的信息是一致的，没有语义冲突和值冲突。尽量减少冗余数据，如果可能，那么同一数据只能保存一次，以保证数据的一致性。

3. 优化

数据库应该规范化和高效率，易于各种操作，满足用户的性能需求。

4. 易维护

好的数据库维护工作比较少。需要维护时，改动比较少而且方便，扩充性好，不影响数据库的完备性和一致性，也不影响数据库性能。

大型数据库的设计和开发是一项庞大的工程，是一门涉及多个学科的综合性技术，其开发的周期长、耗资多、风险大。对于从事数据库设计的专业人员来讲，应该具备多方面的知识和技术：

(1)数据库的基本知识和数据库设计技术。

(2)计算机科学的基础知识和程序设计的方法与技巧。

(3)软件工程的原理和方法。

(4)应用领域的知识。

在设计过程中，把数据库的设计和对数据库中数据处理的设计紧密结合起来，将这两个方面的需求分析、抽象、设计、实现在各个阶段同时进行，相互参照，相互补充，以完善这两方面的设计。

7.1.4　数据库设计的特点

数据库设计和一般的软件系统的设计、开发和运行与维护有许多相同之处，更有其自身的一些特点。

1. 数据库设计的基本规律

“三分技术，七分管理，十二分基础数据”是数据库设计的特点之一。

在数据库设计中不仅涉及技术，还涉及管理。要设计好一个数据库应用系统，开发技术固然重要，但是相比之下管理更加重要。这里的管理不仅仅包括数据库设计作为一个大型的工程项目本身的项目管理，还包括该企业（即应用部门）的业务管理。

企业的业务管理更加复杂，也更重要，对数据库结构的设计有直接影响。这是因为数据库结构（即数据库模式）是对企业中业务部门数据以及各业务部门之间数据联系的描述和抽象。业务部门数据以及各业务部门之间数据的联系是和各部门的职能、整个企业的管理模式密切相关的。

“十二分基础数据”则强调了数据的收集、整理、组织和不断更新是数据库设计中的重要环节。人们往往忽视基础数据在数据库设计中的地位和作用。基础数据的收集、入库是数据库设计初期工作量最大、最烦琐，也最细致的工作，在以后数据库的运行过程中更需要不断地把新数据加到数据库中，把历史数据加入数据仓库中，以便进行分析挖掘，改进业务管理，提高企业竞争力。

2. 结构（数据）设计和行为（处理）设计相结合

数据库设计应该和应用系统设计相结合。也就是说，在整个设计过程中要把数据库结构设计和对数据的处理设计密切结合起来。

在早期的数据库应用系统开发过程中，常常把数据库设计和应用系统的设计分离开来，如图 7－1 所示。由于数据库设计有其专门的技术和理论，因此需要专门来讲解数据库设计。但这并不等于数据库设计和在数据库之上开发应用系统是相互分离的，相反，必须强调设计过程中数据库设计和应用系统设计的密切结合，并把它作为数据库设计的重要特点。

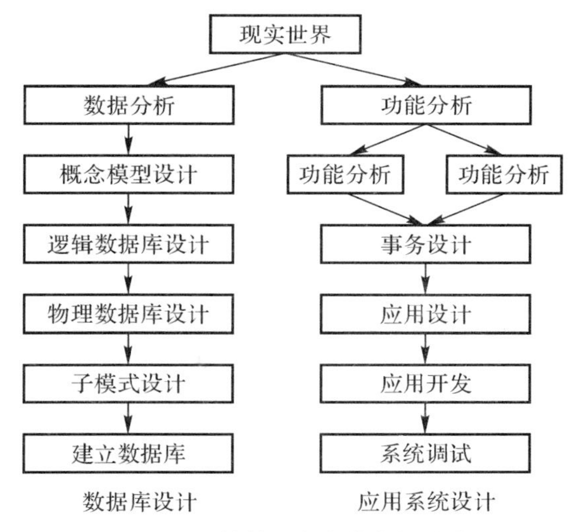

图 7－1　结构和行为分离的设计

传统的软件工程忽视对应用中数据语义的分析和抽象。例如，结构化设计（Structure Design，SD）方法和逐步求精的方法着重于处理过程的特性，只要有可能，就尽量推迟数据结构设计的决策。这种方法对于数据库应用系统的设计显然是不妥的。

早期的数据库设计致力于数据模型和数据库建模方法的研究，侧重结构特性的设计而忽视了行为设计对结构设计的影响，这种方法也是不完善的。

本书则强调在数据库设计中要把结构特性和行为特性结合起来。

3. 数据库设计和应用系统设计相结合

数据库设计的目的是在其上建立应用系统。与应用系统设计相结合，满足应用系统的需求，因此数据库设计人员要与应用系统设计人员保持良好的沟通和交流。

4. 与具体应用环境相关联

数据库设计置身于实际的应用环境，是为了满足用户的信息需求和处理需求，脱离实际的应用环境，空谈数据库设计，无法判定设计好坏。

7.1.5 数据库设计方法

早期数据库设计主要采用手工与经验相结合的方法。设计质量往往与设计人员的经验和水平有直接的关系。数据库设计属于方法学的范畴，是数据库应用研究的主要领域，不同的数据库设计方法，采用不同的设计步骤。在软件工程之前，主要采用手工试凑法。这种方法主要凭借设计人员的经验和水平，但数据库设计是一种技艺而不是工程技术，且随着信息技术的发展，信息结构日趋复杂，应用环境日趋多样，如果缺乏科学理论和工程方法的支持，那么设计质量难以保证。常常是数据库运行一段时间后又不同程度地发现各种问题，需要进行修改甚至重新设计，增加了系统维护的代价。如果系统的扩充性不好，那么经过一段时间运行后，还要重新设计。

为此，人们努力探索，提出了各种数据库设计方法。为了改进手工试凑法，人们运用软件工程的思想和方法，使设计过程工程化，提出了各种设计准则和规程，形成了一些规范化设计方法，例如，新奥尔良（New Orleans）方法、基于 E－R 模型的设计方法、3NF（第三范式）的设计方法、面向对象的数据库设计方法、统一建模语言（Unified Model Language，UML）方法等。

数据库工作者一直在研究和开发数据库设计工具，经过多年的努力，数据库设计工具已经实用化和产品化。这些工具软件可以辅助设计人员完成数据库设计过程中的很多任务，已经普遍地应用于大型数据库设计之中。

7.1.6 数据库设计的基本步骤

目前，数据库设计一般都根据软件的生命周期理论，分为 6 个阶段进行，如图 7－2 所示，即需求分析阶段、概念结构设计阶段、逻辑结构设计阶段、物理结构设计阶段、数据库实施阶段、数据库运行和维护阶段。其中，需求分析和概念设计独立于任何的 DBMS 系统，而逻辑结构设计和物理结构设计则与具体的 DBMS 有关。数据库设计的基本思想是过程迭代和逐步求精，整个设计过程是 6 个阶段的不断重复。

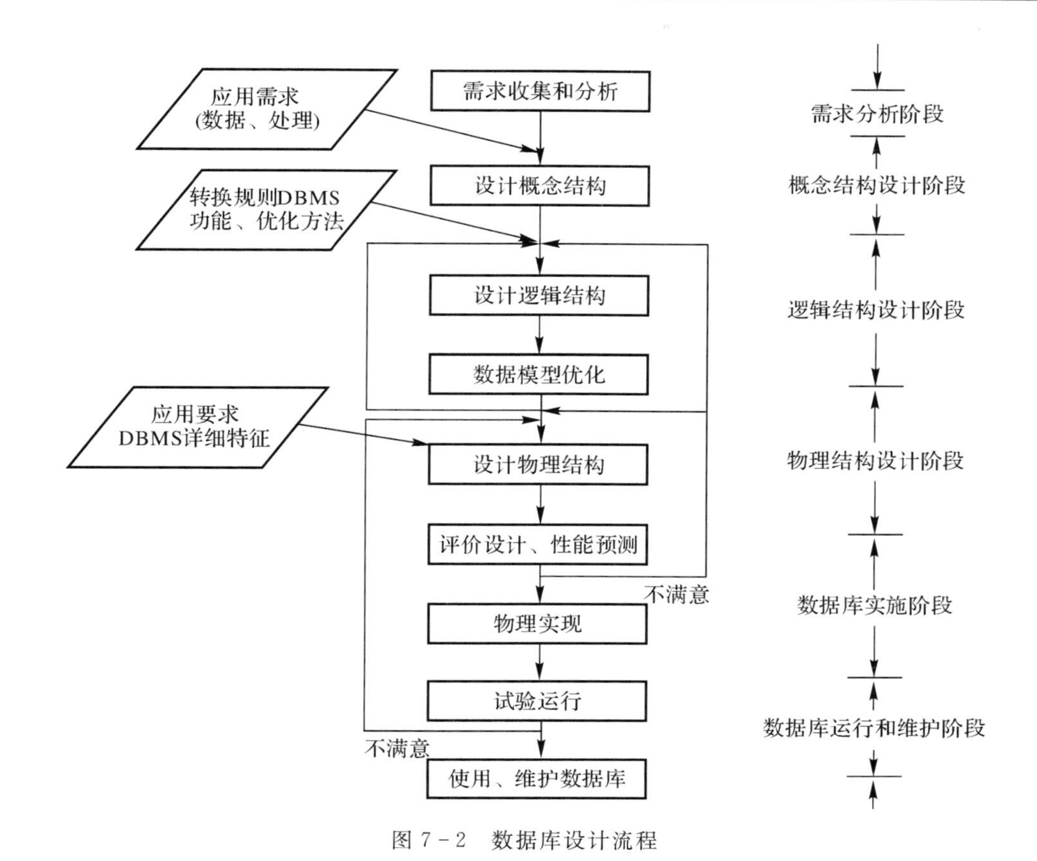

图 7－2　数据库设计流程

数据库设计开始之前，首先必须选定参加设计的人员，包括系统分析人员、数据库设计人员、应用开发人员、数据库管理员和用户代表。系统分析和数据库设计人员是数据库设计的核心人员，将自始至终参与数据库设计，其水平决定了数据库系统的质量。用户和数据库管理员在数据库设计中也是举足轻重的，主要参加需求分析与数据库的运行和维护，其积极参与(不仅仅是配合)不仅能加速数据库设计，而且也是决定数据库设计质量的重要因素。应用开发人员(包括程序员和操作员)分别负责编制程序和准备软硬件环境，他们在系统实施阶段参与进来。

如果所设计的数据库应用系统比较复杂，那么还应该考虑是否需要使用数据库设计工具以及选用何种工具，以提高数据库设计质量并减少设计工作量。

1. 需求分析阶段

进行数据库设计首先必须准确了解与分析用户需求(包括数据与处理)。需求分析是整个设计过程的基础，是最困难和最耗费时间的一步。作为"地基"的需求分析是否做得充分与准确，决定了在其上构建数据库"大厦"的速度与质量。需求分析做得不好，可能会导致整个数据库设计返工重做。

该阶段主要目的是要获得数据库设计所必需的数据信息。这一阶段应与系统用户相互交流，了解他们对数据的要求及已有的业务流程，并把这些信息用数据流图和数据字典等图表或文字的形式记录下来，最终得到数据字典描述的数据需求和数据流图描述的处理需求。

2. 概念结构设计阶段

概念结构设计是整个数据库设计的关键，它通过对用户需求进行综合、归纳与抽象，形成一个独立于具体数据库管理系统的概念模型，是对现实世界的可视化描述，属于信息世界，是逻辑结构设计的基础。

该阶段要对需求分析中收集的用户需求进行综合、归纳与抽象，可以用 E－R 图表示，确定实体、属性及它们之间的联系，将各个用户的局部视图合并成一个总的全局视图，形成一个独立于具体 DBMS 的概念模型。一般来说，概念设计的目的是描述数据库的信息内容。

3. 逻辑结构设计阶段

逻辑结构设计是将概念结构转换为某个数据库管理系统所支持的数据模型，并对其进行优化，同时为各种用户和应用设计外模式。

该阶段主要把概念结构设计阶段设计好的基本 E－R 图转换为与选用 DBMS 产品所支持的数据模型相符合的逻辑结构。它包括数据项、记录与记录间的联系、安全性和一致性约束等。导出的逻辑结构是否与概念模式一致，从功能和性能上是否满足用户的要求，要进行模式评价。如果达不到用户要求，那么还要反复、修正或重新设计。

4. 物理结构设计阶段

物理结构设计是为逻辑数据模型选取一个最适合应用环境的物理结构（包括存储结构和存取方法），形成数据库物理模式（内模式）。

该阶段主要为一个给定的逻辑数据模型选取一个最符合应用要求的物理结构，根据 DBMS 的特点和处理的需要进行物理存储的安排，建立索引，形成数据库的内模式。

5. 数据库实施阶段

在数据库实施阶段，设计人员运用数据库管理系统提供的数据库语言及其宿主语言，根据逻辑设计和物理设计的结果建立数据库，编写与调试应用程序，组织数据入库，并进行试运行。

该阶段是建立数据库的实质性阶段，在该阶段将建立实际数据库结构，装入数据、完成编码和进行测试，最终使系统投入使用。

6. 数据库运行和维护阶段

数据库应用系统经过试运行后即可投入正式运行。在数据库系统运行过程中必须不断地对其进行评估、调整与修改。

该阶段是整个设计期间最长的时间段，设计者需要根据系统运行中产生的问题及用户的新需求不断完善系统功能和提高系统的性能，以延长数据库使用时间。

设计一个完善的数据库应用系统是不可能一蹴而就的，在每一设计阶段完成后都要进行设计分析，评价一些重要的设计指标，与用户进行交流，若不满足要求，则应进行修改。在设计过程中，这种评价和修改可能会重复若干次，以求得理想的结果。

由于数据库设计是一个复杂而繁琐的过程，近年来，许多软件厂商通过研究，开发了许多计算机辅助数据库开发工具，如 CA 公司的 ERWin、Sybase 公司的 PowerDesign。在设计过程中适当使用这些工具，可以提高数据设计的效率和质量。

表 7－1 概括地给出了设计过程各个阶段关于数据特性的设计描述。

表 7－1　数据库设计各个阶段的数据设计描述

设计阶段	设计描述
需求分析	数字字典、全系统中数据项、数据结构、数据流、数据存储的描述
概念结构设计	概念模型（E－R 图） 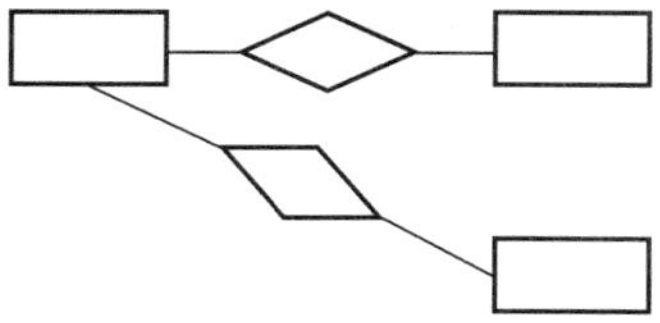 数据字典
逻辑结构设计	某种数据模型 关系　非关系 
物理结构设计	存储安排 存取方法选择 存取路径建立 ⋮ 分区 1 分区 2
数据库实施	创建数据库模式 装入数据 数据库试运行 Creat... Lead...
数据库运行和维护	性能监测、转储/恢复、数据库重组和重构

7.1.7　数据库设计过程中的各级模式

按照 7.1.6 小节的设计过程，数据库设计的不同阶段形成数据库的各级模式，如图7－3 所示。在需求分析阶段综合各个用户的应用需求；在概念结构设计阶段形成独立于机器特点、独立于各个关系数据库管理系统产品的概念模式，在本篇中就是 E－R 图；在逻辑结构设计阶段将 E－R 图转换成具体的数据库产品支持的数据模型，如关系模型，形成数据库逻辑模式，然后根据用户处理的要求、安全性的考虑，在基本表的基础上再确立必要的视图，形成数据的外模式；在物理结构设计阶段，根据关系数据库管理系统的特点和处理的需要进行物理存储安排，建立索引，形成数据库内模式。

下面就以图 7－2 的设计流程为主线，讨论数据库设计各阶段的设计内容、设计方法和工具。

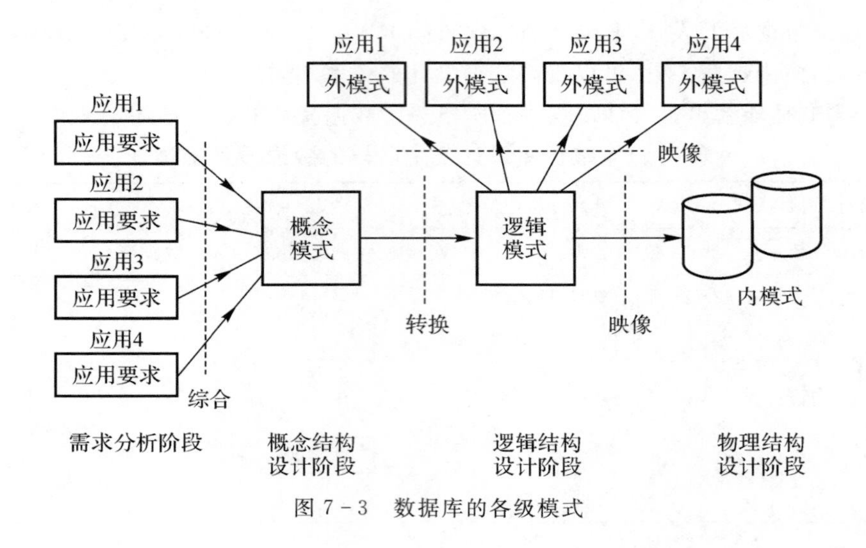

图 7-3　数据库的各级模式

7.2　需求分析

需求分析简单地说就是分析用户的要求，确定系统需完成的工作，并对系统提出准确、清晰、具体的要求。需求分析是设计数据库的起点，需求分析结果是否准确反映用户的实际要求将直接影响到后面各阶段的设计，并影响到设计结果是否合理和实用。

7.2.1　需求分析的任务

需求分析的任务是通过详细调查现实世界要处理的对象（组织、部门、企业等），充分了解原系统（手工系统或计算机系统）的工作概况，明确用户的各种需求，然后在此基础上确定新系统的功能。新系统必须充分考虑今后可能的扩充和改变，不能仅仅按当前应用需求来设计数据库，如图 7-4 所示。

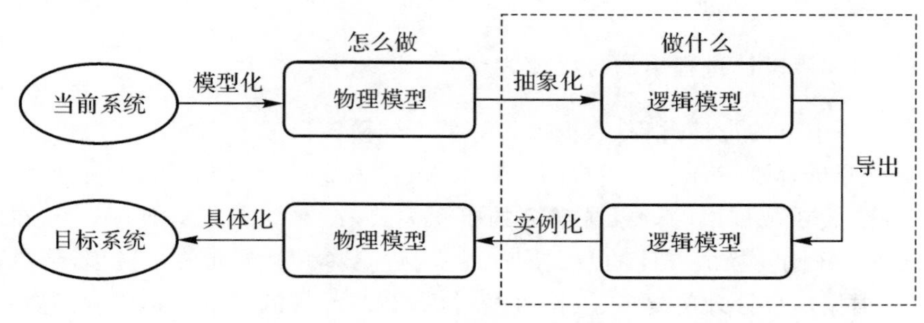

图 7-4　需求分析的任务

调查的重点是“数据”和“处理”，通过调查、收集、分析，获得用户对数据库的如下要求：

（1）信息要求：指用户需要从数据库中获得信息的内容与性质。由信息要求可以导出数据要求，即在数据库中需要存储哪些数据，这些数据的性质是什么，数据从哪儿来。由信息要求导出数据要求，从而确定数据库中需要存储哪些数据，进而形成数据字典。

(2)处理要求：指用户要完成的数据处理功能，对处理性能的要求。处理的对象是什么，处理的方法和规则，处理有什么要求，如是联机处理还是批处理，处理周期多长，处理量多大等，使用数据流图进行描述。

(3)性能要求：指用户对新系统性能的要求，如系统的响应时间、系统的容量、可靠性等。根据用户的这些需求确定需要在数据库中存储什么数据，需要完成什么功能，对处理的响应时间有什么要求。

(4)安全性与完整性要求。

确定用户的最终需求是一件很困难的事情，这是因为从用户的角度来看，很多用户缺少计算机知识，无法清楚计算机哪些能做，哪些不能做，因此往往不能准确地表达自己的需求，在设计的整个过程中需求不断改变。从设计人员角度，虽然熟悉计算机知识，但缺少用户的专业知识，不容易理解用户的真正的需求，甚至误解用户需求。因此用户和设计人员要经常深入交流，才能逐步地完善用户的实际需求。

7.2.2　需求分析的过程及方法

1. 需求调查

进行需求分析首先要调查清楚用户的实际要求，与用户达成共识，然后分析与表达这些需求。

调查用户需求的具体步骤如下：

(1)调查组织机构情况：包括了解该组织的部门组成情况、各部门的职责等，为分析信息流程做准备。

(2)调查各部门的业务活动情况：包括了解各部门输入和使用什么数据，如何加工处理这些数据，输出什么信息，输出到什么部门，输出结果的格式是什么等，这是调查的重点。

(3)在熟悉业务活动的基础上，协助用户明确对新系统的各种要求，包括信息要求、处理要求、安全性与完整性要求，这是调查的又一个重点。

(4)确定新系统的边界：对前面调查的结果进行初步分析，确定哪些功能由计算机完成或将来准备让计算机完成，哪些活动由人工完成。由计算机完成的功能就是新系统应该实现的功能。

在调查过程中，可以根据不同的问题和条件使用不同的调查方法。常用的调查方法包括：

(1)跟班作业。通过亲身参加业务工作来了解业务活动的情况。这种方法能比较准确地了解用户的业务活动和处理模式，但是比较耗费时间。如果单位自主建设数据库系统，自行进行数据库设计，或者在时间上允许使用较长的时间，可以采用跟班作业的调查方法。

(2)开调查会。通过与用户座谈来了解业务活动情况及用户需求。一般要求调查人员具有较好的业务背景，如原来设计过类似的系统，被调查人员有比较丰富的实际经验，双方能就具体问题有针对性地交流和讨论。

(3)问卷调查。将设计好的调查表发放给用户，供用户填写。调查表的设计应合理，发放时应进行登记，并规定交表的时间，调查表的填写要有样板，以防用户填写的内容过于简单。同时要将相关数据的表格附在调查表中。如果调查表设计得合理，那么这种方法是很有效的。

(4)访谈询问。针对调查表或调查会的具体情况，仍有不清楚的地方，可以访问有经验的业务人员，询问其对业务的理解和处理方法。

(5)学习文件。及时了解、掌握与用户业务相关的政策和业务规范等文件。

(6)使用旧系统。如果用户已经使用计算机系统协助业务处理，那么可以通过使用旧系统，掌握已有的需求，了解用户变化和新增的需求。

(7)查阅记录。查阅与原系统有关的数据记录。

以上的调查方法可以同时采用，主要目的是全面、准确地收集用户的需求。同时，用户的积极参与是调查能否达到目的的关键。调查过程中，应和用户建立良好的沟通，给用户讲解一些计算机的实现方式、原理、术语，减少设计人员和用户之间交流障碍，让用户明白设计人员的设计思想，并使用户具备一定的发现设计是否符合自己要求的能力。

另外，还可以根据软件工程思想，采用原型法来设计开发。给用户提供一些原型，让用户在原型的基础上，提出自己的需求和对原型的改进要求。对设计开发小型数据库应用来说这是一种行之有效的方法。

2. 需求分析

调查了解用户需求以后，还需要进一步分析和表达用户的需求。用户需求分析的方法很多，可以采用结构化分析方法、面向对象分析方法等。在众多分析方法中，结构化分析(Structured Analysis，SA)方法是一种简单实用的方法。SA 方法从最上层的系统组织机构入手，采用自顶向下、逐层分解的方式分析系统，主要采用数据流图对用户需求进行分析，用数据字典和加工说明对数据流图进行补充和说明，用数据流图(Data Flow Diagram，DFD)、数据字典(Data Dictionary，DD)描述系统。

(1)使用数据流图分析信息处理过程。数据流图是一种最常用的结构化分析工具，它从数据传递和加工角度，以图形的方式刻画系统内的数据运动情况，描绘信息和数据从输入到输出的数据流动的过程，反映的是加工处理的对象。因为数据流图是逻辑系统的图形表示，即使不是专业的计算机人员也容易理解，所以是很好的交流工具。

数据流图是有层次之分的，越高层次的数据流图表现的业务逻辑越抽象，越低层次的数据流图表现的业务逻辑则越具体。在 SA 方法中，数据流图要表述出数据来源、数据处理、数据输出以及数据存储，反映数据和处理的关系，可以把一个系统都抽象为如图 7－5 所示的形式。它是最高层次抽象的系统概况，要反映更详细的内容，可将处理功能分解为若干子功能，每个子功能还可以继续分解，直到把系统工作过程表示清楚为止。

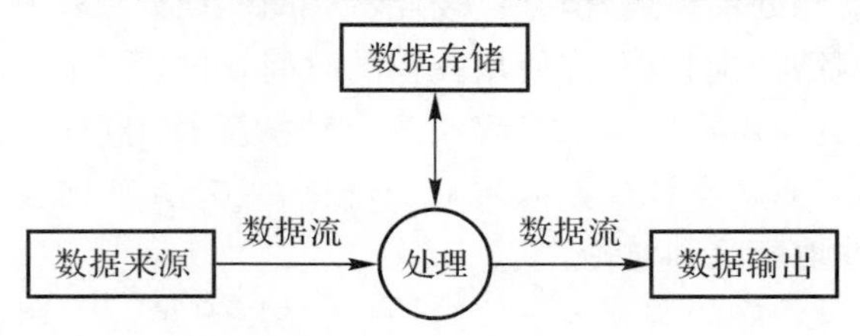

图 7－5　数据流图的基本形式

数据流图是由数据流、数据存储、加工处理、数据的源点和终点4部分组成。

1)数据流:表示含有规定成分的动态数据,可以用箭头"→"表示,箭头方向表示数据流向,箭头上标明数据流的名称,数据流由数据项组成。数据流包括输入数据和输出数据。

2)数据存储:用来保存数据流,可以是暂时的,也可以是永久的,用双划线表示,并标明数据存储的名称。数据流可以从数据存储流入或流出,可以不标明数据流名。

3)加工处理:又称为变换,表示对数据进行的操作,可以用圆"○"表示,并在其内标明加工处理的名称。

4)数据的源点和终点。数据的源点和终点表示数据的来源和去处,代表系统的边界,用矩形"□"表示。

例如,公司销售管理的数据流程如图7-6所示。

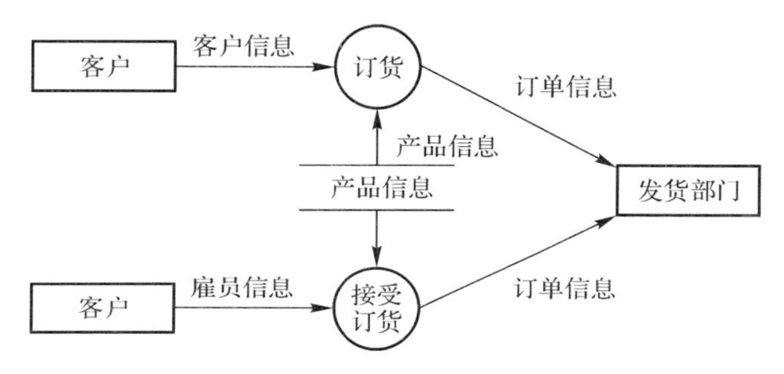

图7-6　公司销售管理的数据流程

对于复杂系统,一张数据流图难以描述且难以理解,往往采用分层数据流图。

(2)使用数据字典汇总各类数据。数据字典是系统中各类数据描述的集合,它对数据流图中的数据进行定义和说明,是进行详细的数据收集和数据分析所获得的最主要成果。它是关于数据库中数据的描述,即元数据,而不是数据本身。数据字典是在需求分析阶段建立,在数据库设计过程中不断修改、充实、完善的,在数据库设计中占有很重要的地位,具有很重要的意义。

数据字典通常包括数据项、数据结构、数据流、数据存储和处理过程5个部分。其中数据项是数据的最小组成单位,若干个数据项可以组成一个数据结构。数据字典通过对数据项和数据结构的定义来描述数据流、数据存储的逻辑内容。

1)数据项。数据项是不可再分的数据单位。对数据项的描述通常包括以下内容:

数据项描述={数据项名,数据项含义说明,别名,数据类型,长度,取值范围,取值含义,与其他数据项的逻辑关系,数据项之间的联系}

其中:"取值范围""与其他数据项的逻辑关系"(如该数据项等于其他几个数据项的和、该数据项值等于另一数据项的值等)定义了数据的完整性约束条件,是设计数据检验功能的依据。

在关系数据库中,数据项对应于表中的一个字段。可以用关系规范化理论为指导,用数据依赖的概念分析和表示数据项之间的联系。即按实际语义写出每个数据项之间的数据依赖,它们是数据库逻辑设计阶段数据模型优化的依据。

在公司销售管理系统中，产品实体含有5个数据项，各数据项描述见表7-2。

表7-2 产品实体各数据项描述

数据项名	含义	别名	数据类型	长度	说明
产品编号	统一商品编码	UPC码	定长字符	12	采用一维条形码
产品名	产品名称	品名	可变长字符	128	
类别名	产品所属类别	分类名	可变长字符	64	
单价	产品价格	价格	浮点数	默认	单位元，保留2位小数
库存量	仓库剩余量	库存	整数	默认	

2)数据结构。数据结构反映了数据之间的组合关系。一个数据结构可以由若干个数据项组成，也可以由若干个数据结构组成，或由若干个数据项和数据结构混合组成。对数据结构的描述通常包括以下内容：

数据结构描述＝{数据结构名，含义说明，组成：{数据项或数据结构}}

3)数据流。数据流是数据结构在系统内传输的路径。对数据流的描述通常包括以下内容：

数据流描述＝{数据流名，说明，数据流来源，数据流去向，组成：{数据结构}，平均流量，高峰期流量}

其中："数据流的来源"是指来自哪个加工处理过程；"数据流的去向"是指数据流将到哪个加工过程中去；"平均流量"是指在单位时间(每天、每周、每月等)里的传输次数；"高峰期流量"是指在高峰时期的数据流量。

4)数据存储。数据存储是数据结构停留或保存的地方，也是数据流的来源和去向之一。它可以是手工文档或手工凭单，也可以是计算机文档。对于关系数据库系统来说，数据存储一般是指一个数据库文件或一个表文件。对数据存储的描述通常包括以下内容：

数据存储描述＝{数据存储名，说明，编号，输入的数据流，输出的数据流，组成：{数据结构}，数据量，存取频率，存取方式}

其中："存取频度"指每小时、每天或每周存取次数及每次存取的数据量等信息；"存取方式"指是批处理还是联机处理、是检索还是更新、是顺序检索还是随机检索等；"输入的数据流"要指出其来源；"输出的数据流"要指出其去向。

5)处理。处理过程的具体处理逻辑一般用判定表或判定树来描述。数据字典中只需要描述处理过程的说明性信息即可，通常包括以下内容：

处理过程描述＝{处理过程名，说明，输入：{数据流}，输出：{数据流}，处理：{简要说明}}

其中："简要说明"主要说明该处理过程的功能及处理要求。功能是指该处理过程用来做什么(而不是怎么做)，处理要求指处理频度要求，如单位时间里处理多少事务、多少数据量、响应时间要求等。这些处理要求是后面物理设计的输入及性能评价的标准。

数据流图和数据字典共同构成数据库应用系统的逻辑模型，没有数据字典，数据流图就不严格；没有数据流图，数据字典也发挥不了作用，只有数据流图和相对应的数据字典结合在一起，才能共同构成应用系统的说明文档。

3. 撰写需求说明书

在数据库设计中，每个开发阶段的结果是具有一定格式的文档，这种文档既是评审的依据，也是后续工作的基础，但文档并不是都集中到一个阶段工作的结尾来做，而是贯穿在整个工作过程中。需求说明书是对项目需求分析的全部描述，为接下来的概念设计和物理设计提供依据。

需求分析的主要成果是软件需求分析说明书（Software Requirement Specification），需求分析说明书为用户、分析人员、设计人员及测试人员之间相互理解和交流提供了方便，是系统设计、测试和验收的主要依据，同时需求分析说明书也起着控制系统演化过程的作用，追加需求应结合需求分析说明书进行考虑。

需求说明书一般包括需求分析的目标和任务、具体需求说明、系统功能和性能、系统运行环境等。此外，需求说明书还应包括在分析过程中得到的数据流图、数据字典等图表说明。

需求分析说明书应具有正确性、无歧义性、完整性、一致性、可理解性、可修改性、可追踪性和注释等。需求分析说明书的基本格式如下：

“公司销售管理系统”需求分析说明书”

1 前言
  1.1 编写目的
  1.2 背景
  1.3 名词定义
  1.4 参考资料
2 数据关系分析
  2.1 数据边界分析
  2.2 数据内部关系分析
  2.3 数据环境分析
3 数据字典
  3.1 数据流图
  3.2 数据项分析
  3.3 数据类分析
  3.4 数据性能需求分析
4 原始资料汇编
  4.1 原始资料汇编之 1
  …………
  4.n 原始资料汇编之 n

编写人员：__________________审核人员：__________________

审批人员：__________________日　　期：__________________

需求说明书在完成后需要经过用户审核确认，充分核实要建立的系统是否符合用户的需求，这个过程需要反复进行，直到双方达成一致，方可进入概念结构的设计。一旦确认，需求分析说明书就变成了开发合同，也成了系统验收的主要依据。明确地把需求收集和分析作为数据库设计的第一阶段是十分重要的。这一阶段收集到的基础数据（用数据字典来表达）是下一步进行概念设计的基础。图 7－7 描述了需求分析的过程。

最后，要强调两点：

（1）需求分析阶段的一个重要而困难的任务是收集将来应用所涉及的数据，设计人员应充分考虑到可能的扩充和改变，使设计易于更改，系统易于扩充。

（2）必须强调用户的参与，这是数据库应用系统设计的特点。数据库应用系统和广泛的用户有密切的联系，许多人要使用数据库，数据库的设计和建立又可能对更多人的工作环境产生重要影响。因此，用户的参与是数据库设计不可分割的一部分。在数据分析阶段，任何调查研究没有用户的积极参与都是寸步难行的。设计人员应该和用户取得共同的语言，帮助不熟悉计算机的用户确立数据库环境下的共同概念，并对设计工作的最后结果承担共同的责任。

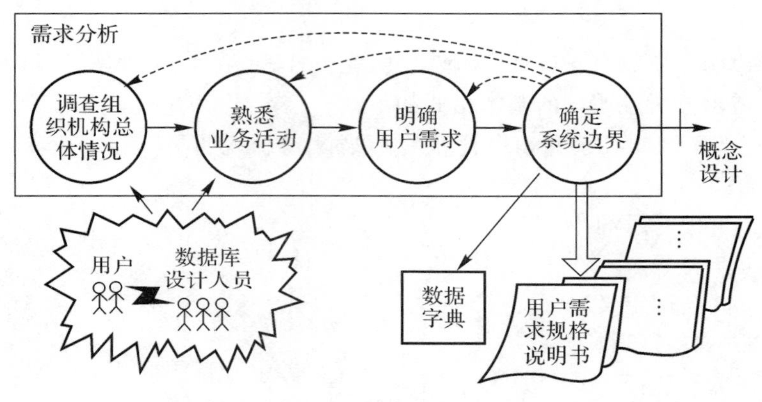

图 7－7　需求分析过程

7.2.3　实例——教学管理系统（需求分析）

教学管理系统主要实现对一般高校的教学工作的信息化管理功能，包括：对教师的基本档案信息和教师的授课信息的增加、修改、删除、查询和统计等功能；对学生的基本档案信息、学习成绩等信息的增加、修改、删除、查询和统计；对课程信息和学生选课信息的管理。

1. 系统需求分析

从教学管理系统功能上来说，用户的需求如下：

（1）一个大学有若干个系，每个系有多名学生，一个学生只属于一个系；每个系有若干门课程，不同系可能有相同的课程；每个学生可以选修多门课程，每门课程可有多个学生选修；每个学生学习每一门课程仅有一份成绩；每个系有若干名教师，一个教师只能属于一个系；每个教师可以讲授多门课程，但是每个学期对每个系的每门课程只能由一名教师讲授。

（2）教学管理人员通过该系统录入系、学生、教师和课程的有关信息。

（3）教师可以通过该系统来设置课程信息和录入学生的成绩，实现对学生成绩的管理。

（4）学生可以通过该系统进行选课。

(5)教学管理人员、教师和学生通过该系统对学生成绩进行查询和统计分析。

具体地说,在教学事务管理过程中,管理人员对新调入的教师登记教师档案,对新入学的学生登记学生档案,每个学期考试结束后登记学生成绩。每个学期末,学生根据系里提供的下一学期所开课程选课。教师接受了一学期任务,并将选课结果和分配的教学任务等信息登记保存。教学管理系统应具有以下功能模块。

教师信息管理:完成对教师档案和教师授课情况的管理(增加、修改、删除、查询)。

学生信息管理:完成对学生档案和学生成绩的管理(增加、修改、删除、查询)。

选课信息管理:完成对课程信息和学生选课信息的管理(增加、修改、删除、查询)。

系信息管理:完成对系信息的管理(增加、修改、删除、查询)。

2. 可行性分析

可行性分析是要分析建立新系统的可能性,主要包括经济可行性分析、技术可行性分析和社会可行性分析。

通过对学校的教学管理工作进行详细调查,在熟悉了教学业务流程后,分析如下。教学管理是一个教学单位不可缺少的部分,教学管理的水平和质量至关重要,直接影响到学校的发展。但传统的手工管理方式效率低,容易出错,保密性差。此外,随着时间的推移,将产生大量的文件和数据,给查找、更新和维护都带来不少困难。使用计算机进行教学管理,优点是检索迅速、检查方便、可靠性高、存储量大、保密性好,减少了错误发生率,极大地提高了教学管理的效率和质量。因此开发"教学管理系统"势在必行,同时从经济、技术、社会三方面分析也是可行的。

3. 模块设计分析

根据前面对用户需求的分析,依据系统功能设计原则,对整个系统进行模块划分,得到图 7-8 所示的功能模块图。

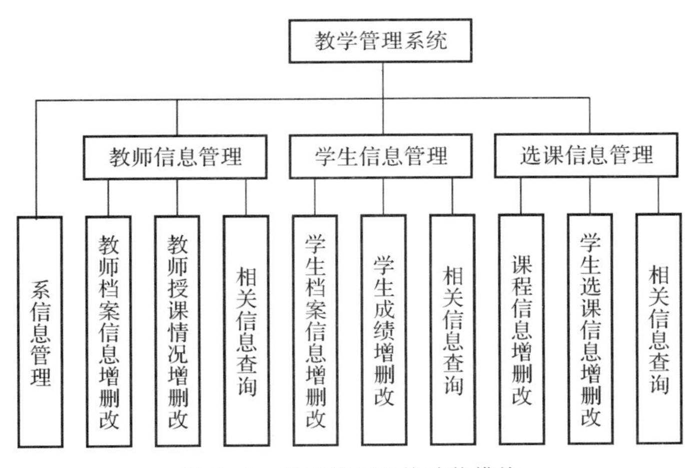

图 7-8　教学管理系统功能模块

教师信息管理模块用于实现教师档案信息(教师编号、姓名、性别、出生日期、政治面貌、学历、职称、系编号、联系电话)和教师授课信息(课程编号、教师编号、系编号、学年、学期、授课地点、授课时间）的登记。若有调入学校的新教师，则为其建立档案并将其基本信息输入到计算机中。同时，该模块还包括对教师档案信息增删改、授课信息增删改、教师相关信息浏览等功能。

学生信息管理模块实现学生档案信息（学号、姓名、性别、出生日期、入学年份、系编号、籍贯、家庭住址）和学生成绩（学号、学年、学期、课程编号、平时成绩、期末成绩、总评成绩）的登记，可将新入学的学生基本信息输入到计算机中，还可以将每一学期所选课的考试成绩录入到计算机中。此外，该模块还提供对学生档案、成绩等相关信息统计、查询和浏览的功能，以及学生档案增删改、学生信息增删改功能。

选课信息管理模块用于实现课程信息（课程编号、课程名、课程类别、学分、学时）和学生选课信息（课程编号、学号）的管理。管理学生选课信息增删改、课程信息增删改以及有关课程等情况的查询等功能。

在这些表中：教师档案实体和教师授课实体通过“教师编号”相关联；学生档案实体和学生成绩实体通过“学号”相关联；课程实体、教师授课实体和学生选课实体通过“课程编号”相关联。

4. 系统化分析

教学管理系统主要用于普通高校，教学管理人员通过该系统可以实现对全校教师、学生信息以及学生选课信息的增加、删除、修改和查询等操作，同时可以通过该系统对学生课程成绩进行登录和汇总分析等。根据这些要求可以得到教学管理系统的数据流图，如图 7－9 所示。

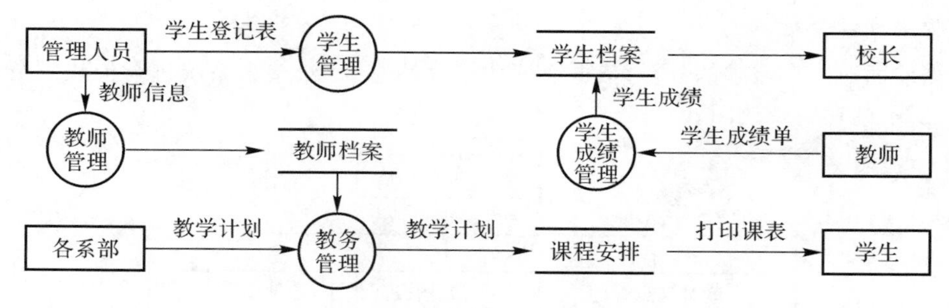

图 7－9　教学管理系统数据流

5. 数据字典

在系统数据流图的基础上，进一步描述所有数据，包括一切动态数据和静态数据的数据结构和相互关系的说明，这是数据分析和数据管理的重要工具，也是数据库设计与实施的参考依据。涉及的数据字典见表 7－3～表 7－8。

表 7－3　涉及系的数据字典

数据项名	数据项含义	数据类型	长度	说明
系编号	系编号	定长字符	8	
系名	系的名称	可变长字符	32	

续表

数据项名	数据项含义	数据类型	长度	说明
系主任	系负责人	可定长字符	32	
电话	联系电话	可定长字符	6	

表7-4　涉及学生的数据字典

学号	学号	定长字符	16	系编号+顺序号
姓名	学生姓名	可变长字符	31	
性别	学生性别	定长字符	2	男、女
身份证	身份证号	定长字符	18	
生日	出生日期	日期	默认	yyyy-mm-dd
入学年份	入学年份	整数	默认	4位年度
所属院系	系编号	定长字符	8	与系信息中的系编号关联
籍贯	籍贯	可变长字符	64	
地址	家庭住址	可变长字符	128	

表7-5　涉及课程的数据字典

数据项名	数据项含义	数据类型	长度	说明
课程号	课程编号	定长字符	16	
课程名	课程名称	可变长字符	32	
课程类别	课程类别	可变长字符	32	
学分	学分	整数	默认	
学时	学时数	整数	默认	为16的倍数

表7-6　涉及教师的数据字典

数据项名	数据项含义	数据类型	长度	说明
编号	教师编号	定长字符	16	
姓名	教师姓名	可变长字符	32	
性别	教师性别	定长字符	2	男、女
生日	出生日期	日期	默认	yyyy-mm-dd
政治面貌	政治面貌	可变长字符	16	
学历	最高学历	可变长字符	16	
职称	现任职称	可变长字符	16	

续表

数据项名	数据项含义	数据类型	长度	说明
所属院系	系编号	定长字符	8	与系信息中的系编号关联
电话	联系电话	可变长字符	16	

表 7－7　成绩信息数据字典

数据项名	数据项含义	数据类型	长度	说明
学号	学号	定长字符	16	与学生信息中的学号关联
课程编号	课程编号	定长字符	16	与课程信息中的课程号关联
学年	学年	整数	默认	4 位年度
学期	学期	整数	默认	
平时成绩	平时成绩	浮点数	默认	保留 2 位小数
期末成绩	期末成绩	浮点数	默认	保留 2 位小数
总评成绩	总评成绩	浮点数	默认	保留 2 位小数

表 7－8　授课信息数据字典

数据项名	数据项含义	数据类型	长度	说明
课程编号	课程编号	定长字符	16	与学生信息中的学号关联
教师编号	教师编号	定长字符	16	与教师信息中的教师编号关联
系编号	系编号	定长字符	8	与系信息中的系编号关联
学年	学年	整数	默认	4 位年度
学期	学期	整数	默认	
授课时间	授课时间	日期	默认	yyyy－mm－dd hh:mm:ss
授课地点	教室名称	可变长字符	64	

7.3　概念结构设计

将需求分析得到的用户需求抽象为信息结构(即概念模型)的过程就是概念结构设计。它是整个数据库设计的关键。

7.3.1　概念模型的基本概念

在需求分析阶段所得到的应用需求应该首先抽象为信息世界的结构，然后才能更好、更准确地用某一数据库管理系统实现这些需求。概念结构设计的目标是在需求分析阶段产生的需求说明书的基础上，按照特定的方法把它们抽象为一个不依赖任何具体机器的数据模型，即概念模式。概念模型的主要特点是：

(1)能真实、充分地反映现实世界，包括事物和事物之间的联系，能满足用户对数据的处理要求，是现实世界的一个真实模型，要求具有较强的表达能力。

(2)易于理解，可以用它和不熟悉计算机的用户交换意见，要求简洁、清晰、无歧义。

(3)易于更改，当应用环境和应用要求改变时，容易对概念模型修改和扩充。

(4)易于向关系、网状、层次等各种数据模型转换。

概念模型不同于需求分析说明书中的业务模型，也不同于机器世界的数据模型，是现实世界到机器世界的中间层，是各种数据模型的共同基础，它比数据模型更独立于机器、更抽象，从而更加稳定。

7.3.2　概念模型的表示方法

概念模型的表示方法很多，其中最为著名且常用的是 P. P. S. Chen 于 1976 年提出的实体-联系方法(Entity - Relationship Approach)。该方法用 E - R 图来描述现实世界的概念模型，E - R 方法也称为 E - R 模型。

1.3.1 小节已经简单介绍了 E - R 模型涉及的主要概念，包括 E - R 图的要素和建立步骤。下面结合实例针对 E - R 图做进一步讲解。

1. 基本要素

E - R 图是描述概念世界、建立概念模型的实用工具，包括 3 个基本要素。

(1)实体(型)：客观存在并且可以相互区别的事物和活动的抽象，例如一个学生。实体用矩形框表示，在矩形框内写明实体名称。

(2)属性：描述实体和联系的特性，例如学号、姓名、性别等。属性值指属性的具体取值，例如 2005216001001，赵成刚，男。属性用椭圆表示，并用无向边将其与相应的实体连接起来。

(3)联系：用菱形表示，菱形框内写明联系名，并用无向边分别与有关实体连接起来，同时在菱形的无向边表明联系的类型(如 1∶1 或者 1∶n，或 m∶n)。

2. 实体之间的联系

在现实世界中，事物内部以及事物之间是有联系的。实体内部的联系通常是指组成实体的各属性之间的联系，实体之间的联系通常是指不同实体型的实体集之间的联系。

(1)两个实体型之间的联系。两个实体型之间的联系可以分为以下三种：

1)一对一联系(1∶1)。若对于实体集 A 中的每一个实体，实体集 B 中至多有一个(也可以没有)实体与之联系，反之亦然，则称实体集 A 与实体集 B 具有一对联系，记为1∶1。

例如，学校里一个班级只有一个正班长，而一个班长只在一个班中任职，则班级与班长之间具有一对一联系。

2)一对多联系(1∶n)。对于实体集 A 中的每一个实体，实体集 B 中有 n 个实体($n \geq 0$)与之联系，反之，对于实体集 B 中的每一个实体，实体集 A 中至多只有一个实体与之联系，则称实体集 A 与实体集 B 有一对多联系，记为 1∶n。

例如，一个班级中有若干名学生，而每个学生只在一个班级中学习，则班级与学生之间具有一对多联系。

3)多对多联系（$m:n$）。对于实体集 A 中的每一个实体，实体集 B 中有 n 个实体（$n\geqslant 0$）与之联系，反之，对于实体集 B 中的每一个实体，实体集 A 中也有 m 个实体（$m\geqslant 0$）与之联系，则称实体集 A 与实体集 B 具有多对多联系，记为 $m:n$。

例如，一门课程同时有若干个学生选修，而一个学生可以同时选修多门课程，则课程与学生之间具有多对多联系。

可以用图形来表示两个实体型之间的这三类联系，如图 7－10 所示。

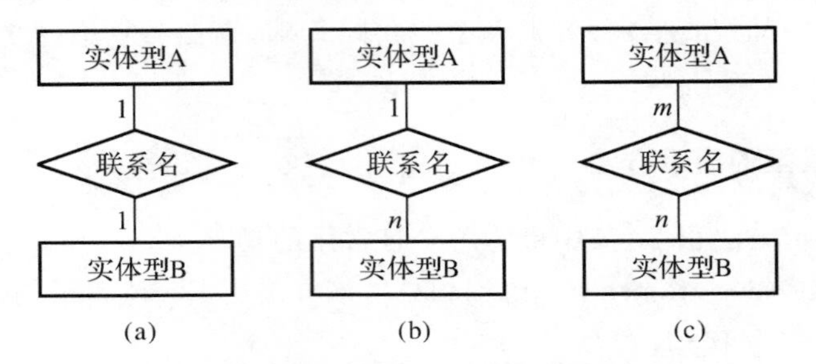

图 7－10　两个实体型之间的三类联系

(2)两个以上的实体型之间的联系。一般地，两个以上的实体型之间也存在着一对一、一对多和多对多联系。

例如，对于课程、教师与参考书三个实体型，若一门课程可以有若干个教师讲授，使用若干本参考书，而每一个教师只讲授一门课程，每一本参考书只供一门课程使用，则课程与教师、参考书之间的联系是一对多联系，如图 7－11(a)所示。

又如，有三个实体型，即供应商、项目、零件，一个供应商可以供给多个项目多种零件，而每个项目可以使用多个供应商供应的零件，每种零件可由不同供应商供给，由此看出供应商、项目、零件三者之间是多对多联系，如图 7－11(b)所示。

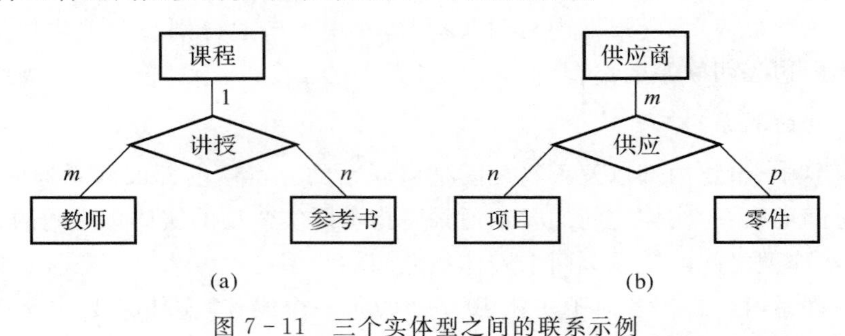

图 7－11　三个实体型之间的联系示例

(3)单个实体型内的联系。同一个实体集内的各实体之间也可以存在一对一、一对多和多对多联系。例如，职工实体型内部具有领导与被领导的联系，即某一职工(干部)“领导”若干名职工，而一个职工仅被另外一个职工直接领导，因此这是一对多联系，如图 7－12 所示。

一般地，把参与联系的实体型的数目称为联系的度。两个实体型之间的联系度为 2，也称为二元联系；三个实体型之间的联系度为 3，称为三元联系；N 个实体型之间的联系度为

N，也称为 N 元联系。

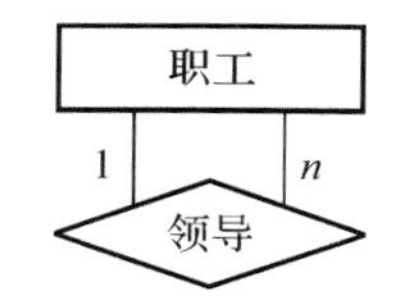

图 7－12　单个实体型内的一对多联系示例

3. E－R 图

E－R 图提供了表示实体型、属性和联系的方法。下面是用 E－R 图来表示某学校学生选课情况的概念模型，如图 7－13 所示。

学生选课涉及的实体及其属性如下。

学生：学号、姓名、年龄、性别、班级。

课程：课程号、授课教师、学时、开课时间。

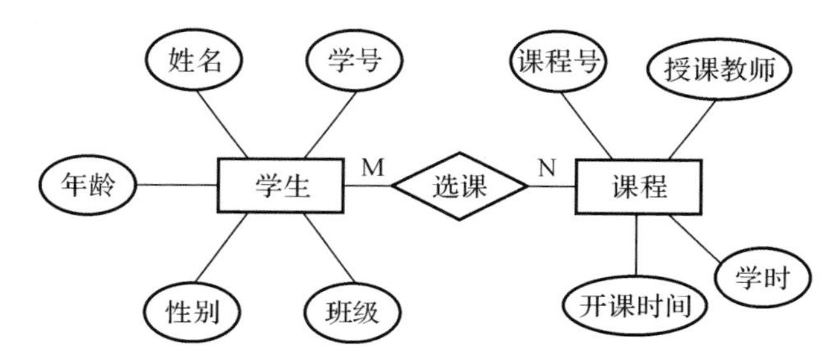

图 7－13　实体、实体属性及实体关系模型图

再如，学生实体具有学号、姓名、性别、出生年份、系、入学时间等属性，用 E－R 图表示，如图 7－14 所示。

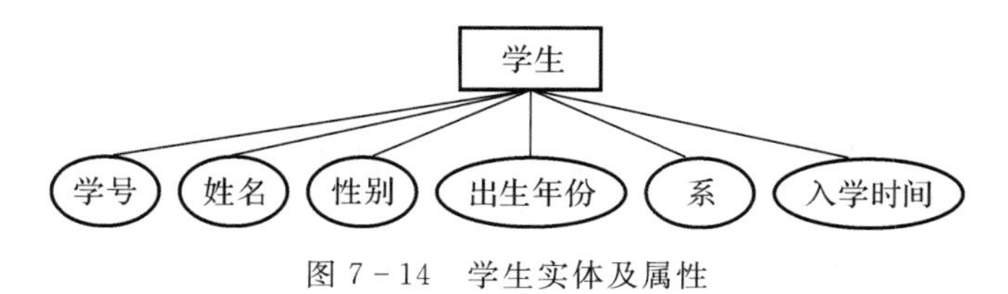

图 7－14　学生实体及属性

需要注意的是，若一个联系具有属性，则这些属性也要用无向边与该联系连接起来。

例如图 7－11(b)中，如果用“供应量”来描述联系“供应”的属性，表示某供应商供应了多少数量的零件给某个项目，那么这三个实体及其之间联系的 E－R 图表示可如图 7－15 所示。

4. 一个实例

下面用 E－R 图来表示某个工厂物资管理的概念模型。

物资管理涉及以下几个实体。

仓库：属性有仓库号、面积、电话号码；

零件：属性有零件号、名称、规格、单价、描述；

供应商：属性有供应商号、姓名、地址、电话号码、账号；

项目：属性有项目号、预算、开工日期；

职工：属性有职工号、姓名、年龄、职称。

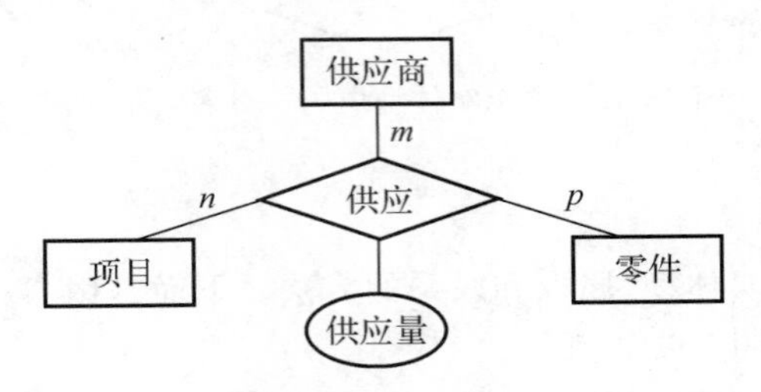

图 7－15　联系的属性

这些实体之间的联系如下：

(1)一个仓库可以存放多种零件，一种零件可以存放在多个仓库中，因此仓库和零件具有多对多联系。用库存量来表示某种零件在某个仓库中的数量。

(2)一个仓库有多个职工当仓库保管员，一个职工只能在一个仓库工作，因此仓库和职工之间是一对多联系。

(3)职工之间具有领导与被领导关系，即仓库主任领导若干保管员，因此职工实体型中具有一对多联系。

(4)供应商、项目和零件三者之间具有多对多联系，即一个供应商可以供给若干项目多种零件，每个项目可以使用不同供应商供应的零件，每种零件可由不同供应商供给。下面给出此工厂的物资管理 E－R 图，如图 7－16 所示。其中，图 7－16(a)为实体属性图，图 7－16(b)为实体联系图，图 7－16(c)为完整的 E－R 图。这里把实体的属性单独画出仅仅是为了更清晰地表示实体及实体之间的联系。

7.3.3　扩展的 E－R 模型

E－R 方法是抽象和描述现实世界的有力工具。用 E－R 图表示的概念模型独立于具体的数据库管理系统所支持的数据模型，是各种数据模型的共同基础，因而比数据模型更一般、更抽象、更接近现实世界。E－R 模型得到了广泛的应用，人们在基本 E－R 模型的基础上进行了某些方面的扩展，使其表达能力更强。

1. ISA 联系

用 E－R 方法构建一个项目的模型时，经常会遇到某些实体型是某个实体型的子类型。例如，研究生和本科生是学生的子类型，学生是父类型。这种父类-子类联系称为 ISA 联系，表示“is a”的语义。例如，图 7－17 中研究生 is a 学生，本科生 is a 学生。ISA 联系用三角形来表示。

ISA 联系一个重要的性质是子类继承了父类的所有属性，当然子类也可以有自己的属性。例如，本科生和研究生是学生实体的子类型，他们具有学生实体的全部属性，研究生子实体型还有“导师姓名”和“研究方向”两个自己的属性。

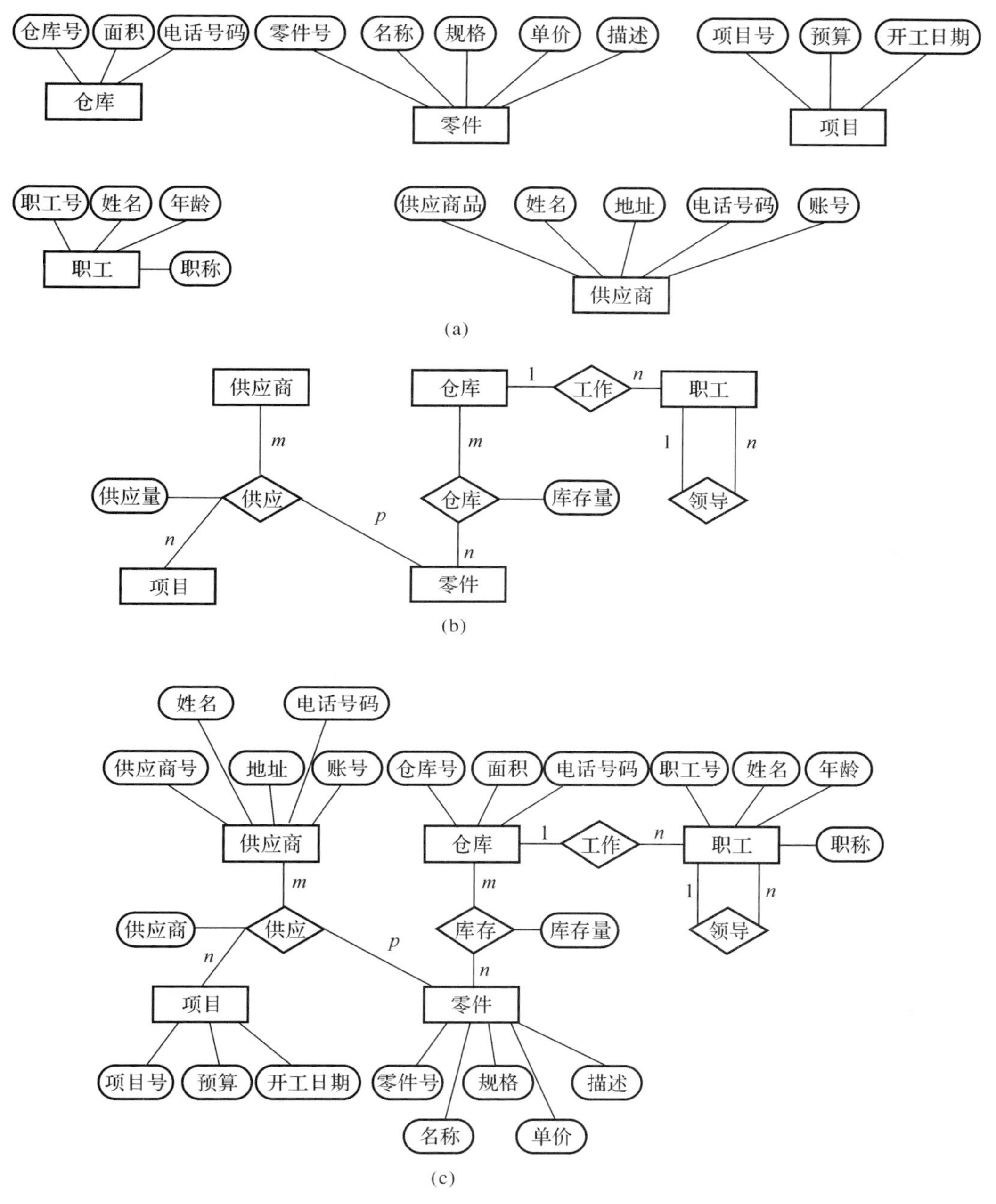

图 7－16　工厂物资管理 E－R 图

(a)实体属性图；(b)实体联系图；(c)完整的 E－R 图

ISA 联系描述了对一个实体型中实体的一种分类方法，下面对分类方法做进一步说明。

(1)类属性。根据分类属性的值把父实体型中的实体分派到子实体型中。例如图7－17中，在 ISA 联系符号三角形的右边加了一个分类属性“学生类别”，它说明一个学生是研究生还是本科生由“学生类别”这个分类属性的值决定。

(2)不相交约束与可重叠约束。不相交约束描述父类中的一个实体不能同时属于多个子类中的实体集,即一个父类中的实体最多属于一个子类实体集,用 ISA 联系三角形符号内加一个叉号“X”来表示。例如,图 7-18 表明一个学生不能既是本科生又是研究生。若父类中的一个实体能同时属于多个子类中的实体集,则称为可重叠约束,子类符号中没有叉号表示是可重叠的。

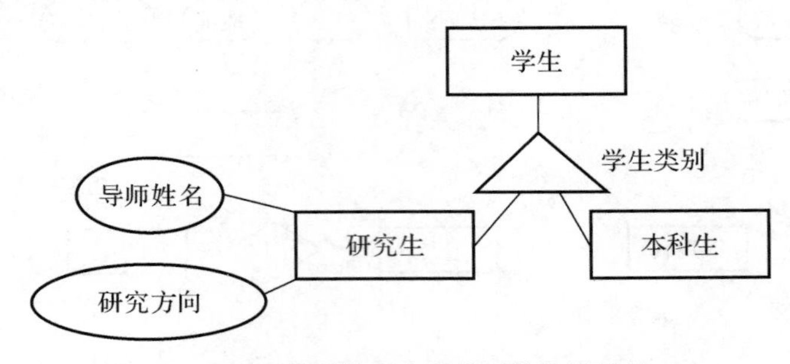

图 7-17　学生的两个子类型的分类属性

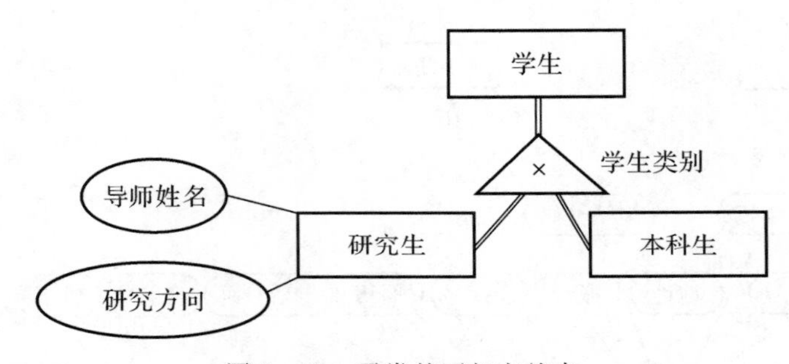

图 7-18　子类的不相交约束

(3)完备性约束。完备性约束描述父类中的一个实体是否必须是某一个子类中的实体,若是,则叫作完全特化(Total Specialization),否则叫作部分特化(Partial Specialization)。完全特化用父类到子类的双线连接来表示,单线连接则表示部分特化。假设学生只有两类,要么是本科生,要么是研究生,二者必居其一,这就是完全特化的例子,如图 7-19 所示。

2.基数约束

基数约束是对实体之间一对一、一对多和多对多联系的细化。参与联系的每个实体型用基数约束来说明实体型中的任何一个实体可以在联系中出现的最少次数和最多次数。约束用一个数对 min..max 表示,0≤min≤max。例如,0..1、1..3、1..*(*代表无穷大)。min=1 的约束叫作强制参与约束,即被施加基数约束的实体型中的每个实体都要参与联系;min=0 的约束叫作非强制参与约束,被施加基数约束的实体型中的实体可以出现在联系中,也可以不出现在联系中。本书中,二元联系的基数约束标注在远离施加约束的实体型,靠近参与联系的另外一个实体型的位置。例如,图 7-19(a)学生和学生证的联系中,一个学生必须拥有一本学生证,一本学生证只能属于一个学生,因此都是 1..1。

在图 7-19(b)中学生和课程是多对多的联系。假设学生实体型的基数约束是 20..30,

表示每个学生必须选修20～30门课程；课程的一个合理的基数约束是0..＊，即一门课程一般会被很多同学选修，但是有的课程可能还没有任何一位同学选修，如新开课。

在图7－19(c)班级和学生的联系中，一个学生必须参加一个班级，并只能参加一个班级，因此是1..1，标在参与联系的班级实体一边。一个班级最少30个学生，最多40个学生，因此是30..40，标在参与联系的学生实体一边。采用这种方式，一是可以方便地读出约束的类型(一对一、一对多、多对多联系)，如班级和学生是一对多联系；二是一些E－R辅助绘图工具也是采用这样的表现形式。

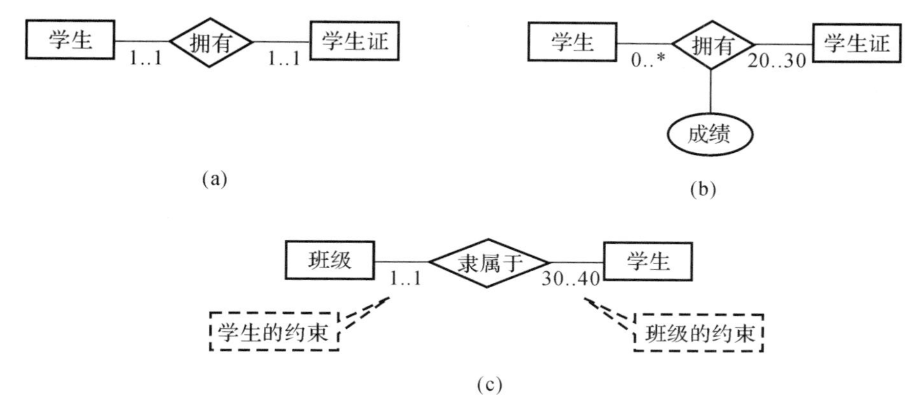

图7－19　一对一、一对多、多对多的基数约束示例

(a)学生与学生证的联系；(b)学生与课程的联系；(c)班级与学生的联系

3. Part－of 联系

Part－of 联系即部分联系，它表明某个实体型是另外一个实体型的一部分。例如汽车和轮子两个实体型，轮子实体是汽车实体的一部分，即Part－of 汽车实体。Part－of 联系可以分为两种情况。一种是整体实体如果被破坏，部分实体仍然可以独立存在，称为非独占的Part－of 联系。例如，汽车实体型和轮子实体型之间的联系，一辆汽车车体被损毁了，但是轮子还存在，可以拆下来独立存在，也可以再安装到其他汽车上。非独占的Part－of 联系可以通过基数约束来表达。在图7－20中，汽车的基数约束是4..4，即一辆汽车要有4个轮子。轮子的基数约束是0..1，这样的约束表示非强制参与联系。例如，一个轮子可以安装到一辆汽车上，也可以没有被安装到任何车辆和独立存在，即一个轮子可以参与一个联系，也可以不参与。因此，在E－R图中用非强制参与联系表示非独占Part－of 联系。

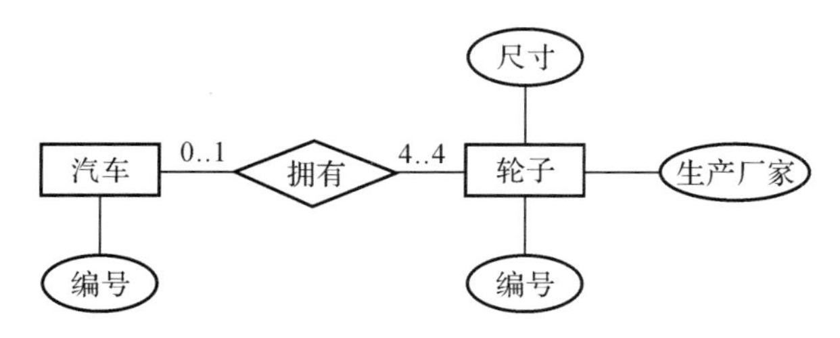

图7－20　用非强制参与联系表示非独占的Part－of 联系

与非独占联系相反,还有一种 Part - of 联系是独占联系。即整体实体如果被破坏,那么部分实体不能存在,在 E - R 图中用弱实体类型和识别联系来表示独占联系。若一个实体型的存在依赖其他实体型的存在,则这个实体型叫作弱实体型,否则叫作强实体型。前面介绍的绝大多数实体型都是强实体型。一般地讲,若不能从一个实体型的属性中找出可以作为码的属性,则这个实体型是弱实体型。在 E - R 图中用双矩形表示弱实体型,用双菱形表示识别联系。

例如,图 7 - 21 所示为某用户从银行贷了一笔款用于购房,这笔款项一次贷出,分期归还。还款就是一个弱实体,它只有还款序号、日期和金额三个属性,第 1 笔还款的序号为 1,第 2 笔还款的序号为 2,以此类推,这些属性的任何组合都不能作为还款的码。还款的存在必须依赖贷款实体,没有贷款自然就没有还款。

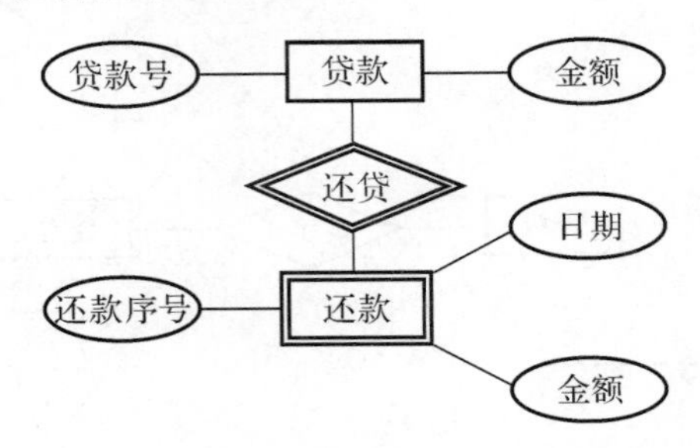

图 7 - 21 弱实体型和识别联系

再看一个例子,房间和楼房的联系,如图 7 - 22 所示,每座楼都有唯一的编号或者名称,每个房间都有一个编号,若房间号不包含楼号,则房间号不能作为码,因为不同的楼房中可能有编号相同的房间,所以房间是一个写实体。例如,信息楼 500 号房间及明德楼 500 号房间,房间号都没有包含楼号,因此该房间号不能作为码。

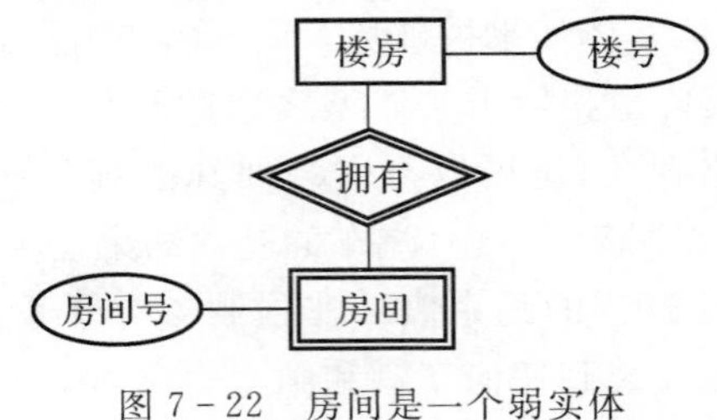

图 7 - 22 房间是一个弱实体

注意:由于 E - R 图的图形元素并没有标准化,不同的教材和不同的构建 E - R 图的工具软件都会有一些差异。

7.3.4 UML

表示 E - R 图的方法有若干种,使用统一建模语言 UML 是其中之一。

UML 是对象管理组织(Object Management Group,OMG)的一个标准,它不是专门针对数据建模的,而是为软件开发的所有阶段提供模型化和可视化支持的规范语言,从需求规格描述到系统完成后的测试和维护都可以用到 UML。UML 可以用于数据建模、业务建模、对象建模、组件建模等，它提供了多种类型的模型描述图(Diagram)，借助这些图可以使得计算机应用系统开发中的应用程序更易理解。关于 UML 的概念、内容和使用方法等可以专门开设一门课程来讲解，已经超出本书范围，此处仅简单介绍如何用 UML 中的类图来建立概念模型(即 E－R 图)。

UML 中的类(Class)大致对应 E－R 图中的实体。由于 UML 中的类具有面向对象的特征，它不仅描述对象的属性，还包含对象的方法(Method)，方法是面向对象技术中的重要概念，在对象关系数据库中支持方法，但 E－R 模型和关系模型都不提供方法，因此本书在用 UML 表示 E－R 图时省略了对象方法的说明。

实体型：用类表示，矩形框中实体名放在上部，下面列出属性名。

实体的码：在类图中在属性后面加“PK”(Primary Key)来表示码属性。

联系：用类图之间的“关联”来表示。早期的 UML 只能表示二元关联，关联的两个类用无向边相连，在连线上面写关联的名称。例如，学生、课程、它们之间的联系以及基数约束的 E－R 图用 UML 表示如图 7－23 所示。现在 UML 也扩展了非二元关联，并用菱形框表示关联，框内写联系名，用无向边分别与关联的类连接起来。

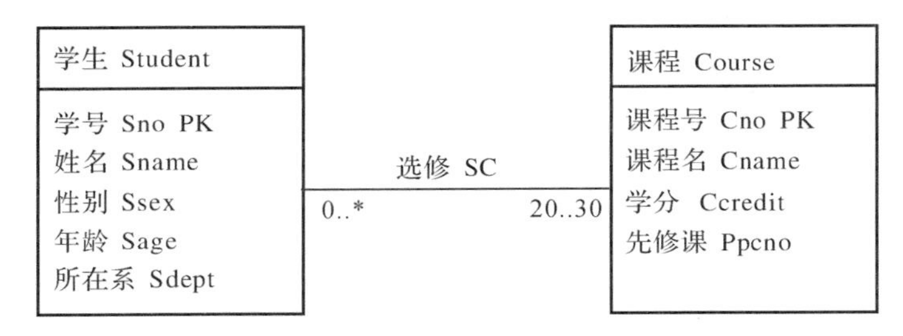

图 7－23　用 UML 的类图表示 E－R 图示例

基数约束：UML 中关联类之间基数约束的概念，表示和 E－R 图中的基数约束类似。

用一个数对 min. . max 表示类中的任何一个对象可以在关联中出现的最少次数和最多次数，例如，0. . 1、1. . 3、1. . *。基数约束的标注方法和 7. 3. 3 小节中一样，在图 7. 17 中学生和课程的基数约束标注表示每个学生必须选修 20～30 门课程，一门课程一般会被很多同学选修，也可能没有同学选修，因此为 0. . *。

UML 中的子类：面向对象技术支持超类-子类概念，子类可以继承超类的属性，也可以有自己的属性。这些概念和 E－R 图的父类-子类联系，或 ISA 联系是一致的。因此很容易用 UML 表示 E－R 图的父类-子类联系。

注意：如果计算机应用系统的设计和开发的全过程是使用 UML 规范，开发人员自然可以采用 UML 对数据建模。若计算机应用系统的设计和开发不是使用 UML，则建议数据库设计采用 E－R 模型来表示概念模型。

7.3.5　概念结构设计的方法

概念结构设计通常采用以下 4 种方法。

(1) 自顶向下。先定义全局概念结构的框架，然后逐步分解细化，如图 7－24 所示。如教师这个视图可以从一般教师开始，分解成高级教师、普通教师等，进一步再由高级教师细化为青年高级教师与中年高级教师等。

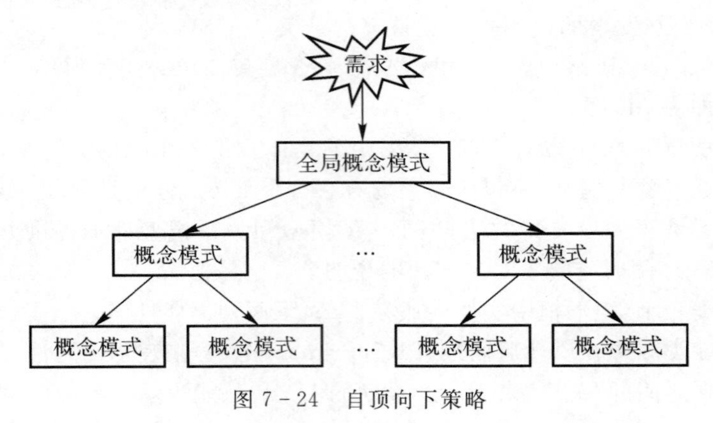

图 7-24　自顶向下策略

(2)自底向上。先定义每个局部应用的概念结构，然后按一定的规则将局部概念结构集成全局的概念结构，如图 7-25 所示。

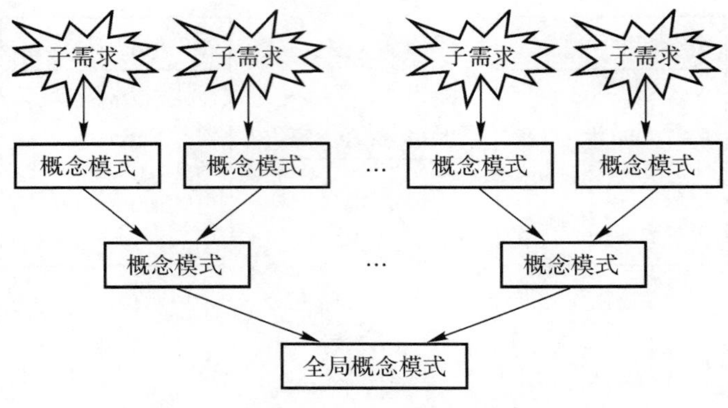

图 7-25　自底向上策略

(3)逐步扩张。首先定义核心的概念结构，然后以核心概念结构为中心，向外部扩充，逐步形成其他概念结构，直至形成全局的概念结构，如图 7-26 所示。如教师视图可从教师开始扩展至教师所担任的课程，上课的教室与学生等。

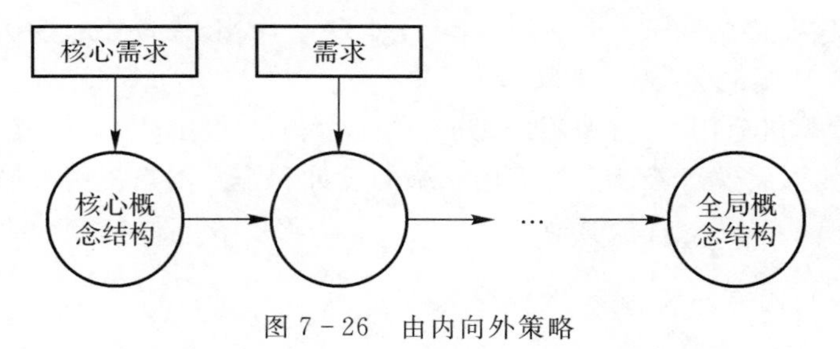

图 7-26　由内向外策略

(4)混合策略。将自顶向下和自底向上方法相结合，用自顶向下的方法设计一个全局概念结构的框架，用自底向上方法设计各个局部概念结构，然后形成总体的概念结构，如图

7-27 所示。

具体采用哪种方法，与需求分析方法有关。

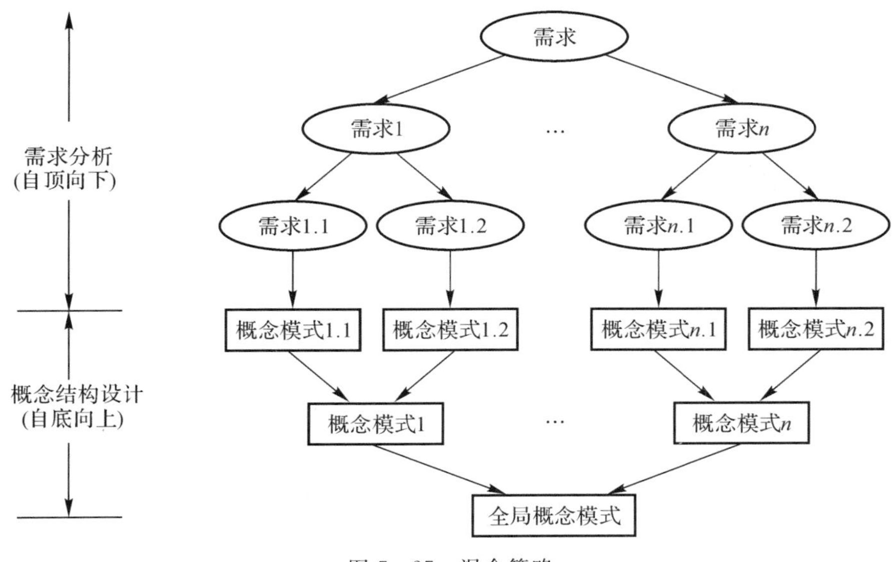

图 7-27　混合策略

7.3.6　概念结构设计

在数据库设计中最常采用的策略是自顶向下地进行需求分析，然后再自底向上地设计概念结构（见图 7-27）。即首先设计各子系统的分 E-R 图，对需求分析阶段收集到的数据进行分类、组织，确定实体、实体的属性、实体之间的联系类型，形成 E-R 图，然后将它们集成起来，得到全局 E-R 图，最后优化全局概念结构模型。

1. 实体与属性的划分原则

首先，如何确定实体和属性这个看似简单的问题常常会困扰设计人员。因为实体与属性之间并没有形式上可以截然划分的界限。

事实上，在现实世界中具体的应用环境常常对实体和属性已经做了自然的大体划分。在数据字典中，数据结构、数据流和数据存储都是若干属性有意义的聚合，这就已经体现了这种划分。可以先从这些内容出发定义 E-R 图，然后再进行必要的调整。在调整中遵循的一条原则是：为了简化 E-R 图的处置，现实世界的事物能作为属性对待的尽量作为属性对待。

那么，符合什么条件的事物可以作为属性对待呢？可以给出两条准则：

(1)作为属性，不能再具有需要描述的性质，即属性必须是不可分的数据项，不能包含其他属性。

(2)属性不能与其他实体具有联系，即 E-R 图中所表示的联系是实体之间的联系。凡满足上述两条准则的事物，一般均可作为属性对待。

例如，职工是一个实体，职工号、姓名、年龄是职工的属性，职称如果没有与工资、岗位津贴、福利挂钩，换句话说，没有需要进一步描述的特性，则根据准则(1)可以作为职工实体的属性，但若不同的职称有不同的工资、岗位津贴和不同的附加福利，则职称作为一个实体看待就更恰当，如图 7－28 所示。

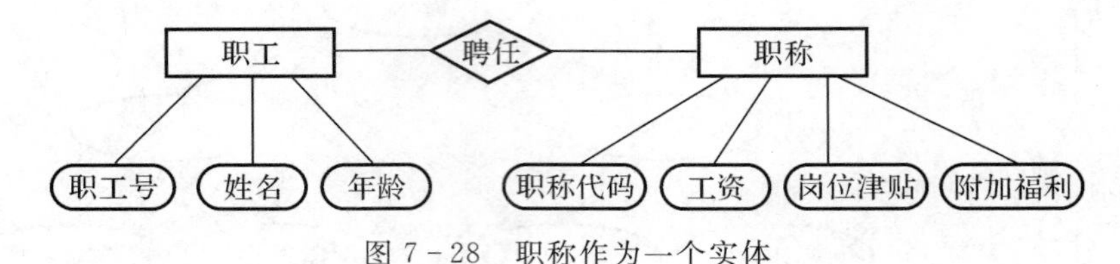

图 7－28　职称作为一个实体

又如，在医院中一个病人只能住在一个病房，病房号可以作为病人实体的一个属性，但若病房还要与医生实体发生联系，即一个医生负责几个病房的病人的医疗工作，则根据准则(2)病房应作为一个实体，如图 7－29 所示。

再如，如果一种货物只存放在一个仓库中，那么就可以把存放货物的仓库的仓库号作为描述货物存放地点的属性，但如果一种货物可以存放在多个仓库中，或者仓库本身又用面积作为属性，或者仓库与职工发生管理上的联系，那么就应把仓库作为一个实体，如图 7－30 所示。

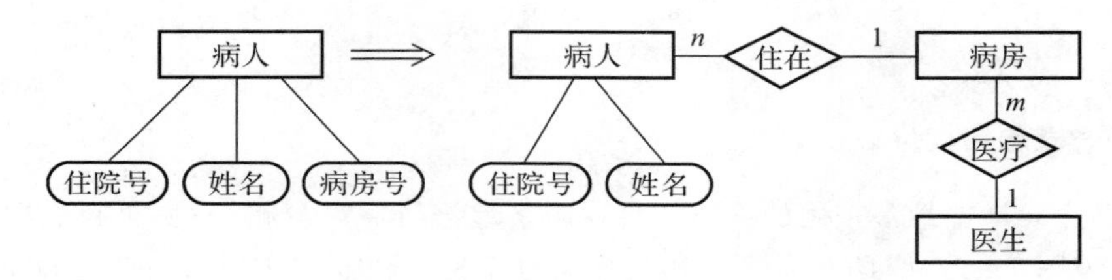

图 7－29　病房作为一个实体

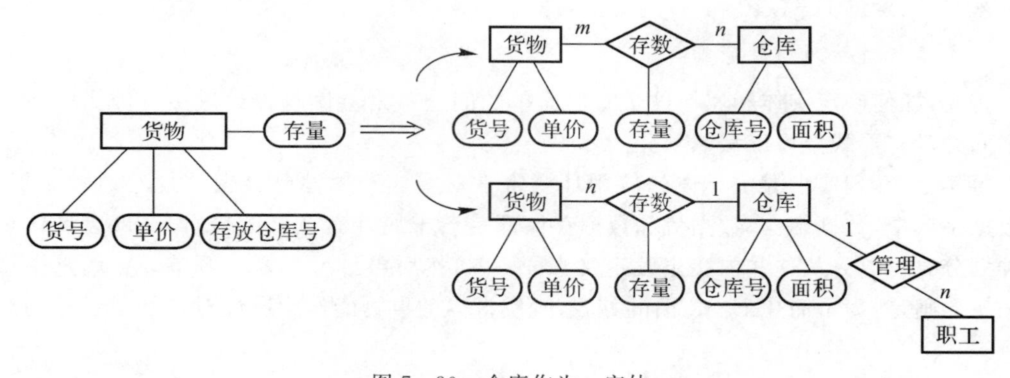

图 7－30　仓库作为一实体

2. 设计局部 E－R 图

一个整体的系统模型可以有多个局部视图，各个部门对于数据的需求和处理方式各不相同，对同一类数据的观点也可能不一样，它们有自己的视图，因此可以先根据需求分析的结果(数据流图、数据字典等)对现实世界的数据进行抽象，设计各个局部概念结构(E－R

图），内容包括确定各局部概念结构的范围，定义各局部概念结构的实体、联系及其属性。

所谓抽象，是在对现实世界有一定认识的基础上，对实际的人、物、事进行人为的处理，抽取人们关心的本质特性，忽略非本质的细节，并把这些特性用各种概念精确地加以描述。常用的抽象方法有3种。

(1)分类(Classification)。定义一组对象的类型，这些对象具有共同的特征和行为，定义对象值和型之间的"is a member of"的语义，是从具体对象到实体的抽象。

例如，在公司销售管理系统中，牛奶是产品，打印纸也是产品，它们都是产品的一员(is a member of 产品)，如图7-31所示，它们具有共同的特征，通过分类可得出"产品"这个实体。

(2)聚集(Aggregation)。聚集定义某一类型的组成部分，抽象了类型和成分之间的"is a part of"的语义。若干属性组成实体就是这种抽象。例如，产品实体是由产品编号、产品名、单价等属性组成，如图7-32所示。

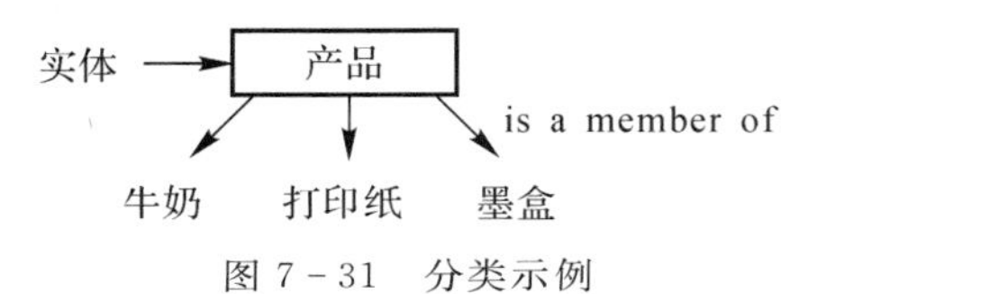

图7-31　分类示例

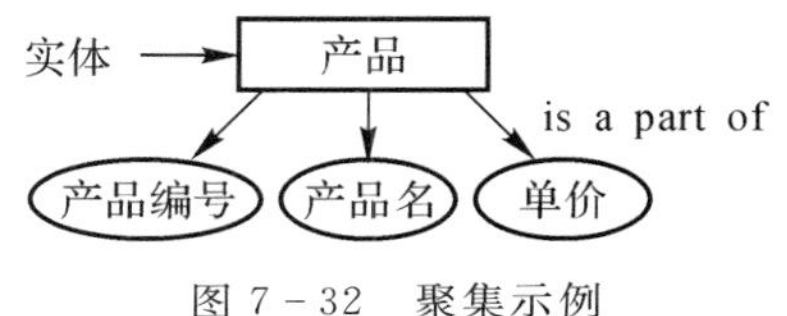

图7-32　聚集示例

(3)概括(Generalization)。概括定义类型之间的一种子集联系，抽象了类型之间的"is a subset of"的语义，是从特殊实体到一般实体的抽象。

例如，在公司销售管理系统中，雇员、客户可以进一步抽象为"用户"，其中雇员和客户是子实体、用户是超实体，如图7-33所示。概括与分类类似，但分类是对象到实体的抽象，概括是子实体到超实体的抽象。

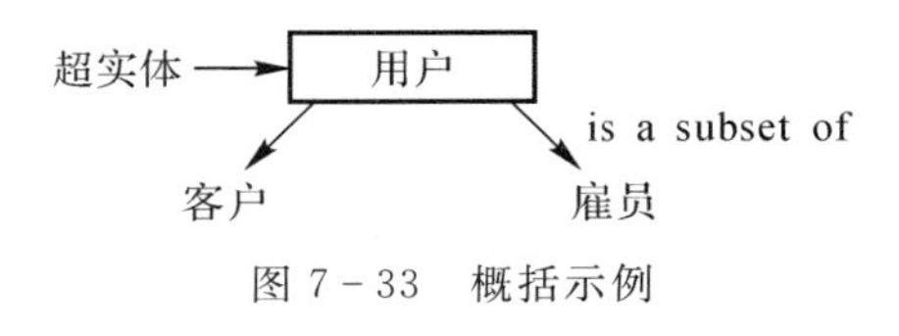

图7-33　概括示例

局部E-R图的设计，一般包括以下4个步骤：确定范围、识别实体、定义属性、确定联系。数据流图和数据字典中的分析结果是确定实体、属性及实体关键字的最重要参考资料。可以先根据数据流图中的数据文件及相关内容来确定视图中的所有实体类型及其属性，然后再做必要的调整。实体类型确定之后可为之命名，使其名称反映实体的语义性质，然后根据语义对每个实体类型中属性间的函数相关性进行分析，并确定能够唯一标识实体的键。

(1)确定范围。范围是指局部E-R图设计的范围。范围划分要自然、便于管理，可以按业务部门或业务主题划分，应与其他范围界限比较清晰，相互影响比较小。范围大小要适度，实体控制在10个左右。

(2)识别实体。在确定的范围内，寻找和识别实体，确定实体的码。在数据字典中按人员、组织、物品、事件等寻找实体。实体找到后，给实体一个合适的名称，给实体正确命名时，可以发现实体之间的差别。

(3)定义属性。属性是描述实体的特征和组成，也是分类的依据。相同实体应该具有相同数量的属性、名称、数据类型。在实体的属性中，有些是系统不需要的属性，要去掉；有的实体需要区别状态和处理标识，要人为增加属性。实体的码是否需要人工定义，实体和属性之间没有截然的划分，能作为属性对待的，尽量作为属性对待。基本原则是：属性是不可再分的数据项，属性中不能包含其他属性；属性不能与其他实体有联系，联系是实体之间的联系。

(4)确定联系。对于识别出的实体，进行两两组合，判断实体之间是否存在联系，联系的类型是 $1:1$,$1:n$,$m:n$。接下来要确定哪些联系是有意义的，哪些联系是冗余的，并消除冗余的联系。如果是 $m:n$ 的实体，那么应增加关联实体，使之成为 $1:n$ 的联系。

确定了实体及实体间的联系后，可用 E-R 图描述出来。形成局部 E-R 模型之后，还必须返回去征求用户意见，使之如实地反映现实世界，同时还要进一步规范化，以求改进和完善。每个局部视图必须满足：对用户需求是完整的，所有实体、属性、联系都是唯一的名称，不许有同名异议的现象，无冗余的联系。

局部 E-R 模型建立以后，对照每个应用进行检查，确保模型能够满足数据流程对数据处理的需求。

【例 7.1】 销售管理子系统 E-R 图的设计。

某工厂开发管理信息系统，经过可行性分析，详细调查确定了该系统由物资管理、销售管理、劳动人事管理等子系统组成。为每个子系统组成了开发小组。

销售管理子系统开发小组的成员经过调查研究、信息流程分析和数据收集，明确了该子系统的主要功能是：处理顾客和销售员送来的订单；工厂是根据订货安排生产的；交出货物同时开出发票；收到顾客付款后，根据发票存根和信贷情况进行应收款处理。通过需求分析，知道整个系统功能围绕“订单”和“应收账款”的处理来实现。数据结构中订单、顾客、顾客应收账目用得最多，是许多子功能、数据流共享的数据，因此先设计该 E-R 图的草图(见图 7-34)。

然后参照需求分析和数据字典中的详尽描述，遵循前面给出的两个准则，进行了如下一些调整。

(1)每张订单由订单号、若干头信息和订单细节组成。订单细节又有订货的零件号、数量等来描述。按照准则(2)，订单细节就不能作为订单的属性处理而应该上升为实体。一张订单可以订若干产品，因此订单与订单细节两个实体之间是 $1:n$ 的联系。

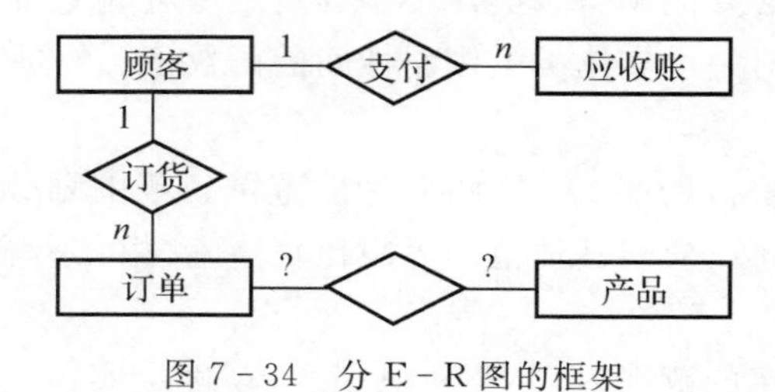

图 7-34　分 E-R 图的框架

(2)原订单和产品的联系实际上是订单细节和产品的联系。每条订货细节对应一个产品描述，订单处理时从中获得当前单价、产品质量等信息。

(3)工厂对大宗订货给予优惠。每种产品都规定了不同订货数量的折扣,应增加一个“折扣规则”实体存放这些信息,而不应把它们放在产品实体中。

最后得到销售管理子系统 E－R 图如图 7－35 所示。

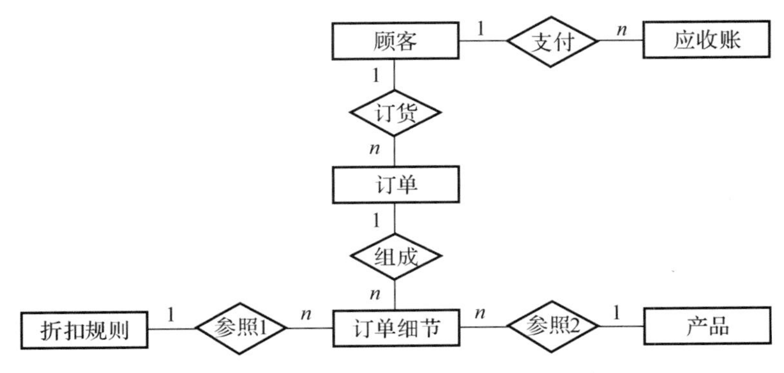

图 7－35　销售管理子系统的 E－R 图

对每个实体定义的属性如下所示。

顾客:{顾客号,顾客名,地址,电话,信贷状况,账目余额}

订单:{订单号,顾客号,订货项数,订货日期,交货日期,工种号,生产地点)

订单细则:{订单号,细则号,零件号,订货数,金额}

应收账款:{顾客号,订单号,发票号,应收金额,支付日期,

支付金额,当前余额,货款限额}

产品:{产品号,产品名,单价,质量}

折扣规则:{产品号,订货量,折扣}

注意:为了节省篇幅,这里省略了实体属性图,实体的码用下画线标出。

3. E－R 图的集成

局部 E－R 图设计好后,下一步就是将所有的局部 E－R 图集成起来,形成一个全局 E－R图。集成阶段的主要任务是归并和重构局部视图,最后得到统一的整体视图。集成后的视图应满足以下要求:

(1)完整性和正确性,即整个视图应包含各局部视图所表达的所有语义,正确地表达与所有局部视图应用相关的数据观点。

(2)最小化,即系统中同一个对象原则上只在一个地方表示。

(3)可理解性,即整体视图对于设计者和用户都应是易于理解的。

视图集成一般有以下两种方式:

(1)多个分 E－R 图一次集成。

(2)逐步集成,如用累加的方式一次集成两个分 E－R 图。

无论采用哪种集成方式,一般都需要两步,如图 7－36 所示。

(1)合并。解决各分 E－R 图之间的冲突,将分 E－R 图合并起来生成初步 E－R 图。

(2)修改和重构。消除不必要的冗余,生成基本 E－R 图。

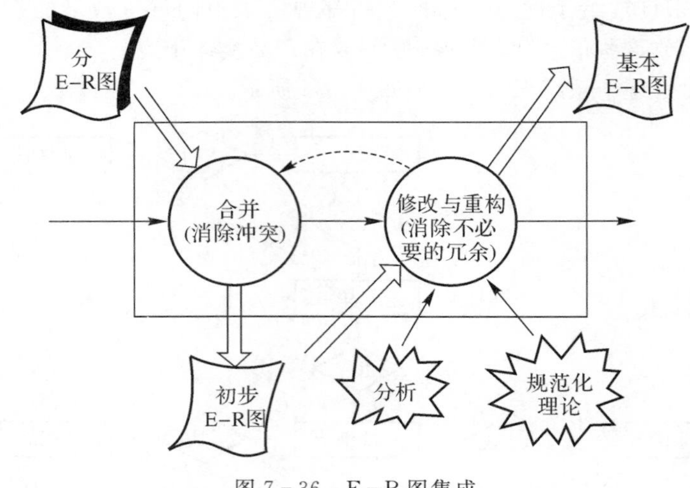

图 7-36　E-R 图集成

下面分别讨论。

(1)合并 E-R 图,生成初步 E-R 图。各个局部应用所面向的问题不同,且通常是由不同的设计人员进行局部视图设计,这就导致各个子系统的 E-R 图之间必定会存在许多不一致的地方,称之为冲突。因此,合并这些 E-R 图时并不能简单地将各个 E-R 图画到一起,而是必须着力消除各个 E-R 图中的不一致,以形成一个能为全系统中所有用户共同理解和接受的统一的概念模型。合理消除各 E-R 图的冲突是合并 E-R 图的主要工作与关键所在。

各子系统的 E-R 图之间的冲突主要有三类:属性冲突、命名冲突和结构冲突。

1)属性冲突。属性冲突主要包含以下两类冲突:

· 属性域冲突,即属性值的类型、取值范围或取值集合不同。例如零件号,有的部门把它定义为整数,有的部门把它定义为字符型,不同部门对零件号的编码也不同。又如年龄某些部门以出生日期形式表示职工的年龄,而另一些部门用整数表示职工的年龄。

· 属性取值单位冲突。例如,零件的质量有的以公斤为单位,有的以斤为单位,有的以克为单位。

属性冲突理论上好解决,但实际上需要各部门讨论协商,解决起来并非易事。

2)命名冲突。命名冲突主要包含以下两类冲突:

· 同名异义,即不同意义的对象在不同的局部应用中具有相同的名字。

· 异名同义(一义多名),即同一意义的对象在不同的局部应用中具有不同的名字。

如对科研项目,财务科称为项目,科研处称为课题,生产管理处称为工程。

命名冲突可能发生在实体、联系一级上,也可能发生在属性一级上。其中属性的命名冲突更为常见。处理命名冲突通常也像处理属性冲突一样,通过讨论、协商等行政手段加以解决。

3)结构冲突。结构冲突主要包含以下三类冲突:

· 同一对象在不同应用中具有不同的抽象。例如,职工在某一局部应用中被当作实体,而在另一局部应用中则被当作属性。解决方法通常是把属性变换为实体或把实体变换为属性,使同一对象具有相同的抽象。但变换时仍要遵循 7.3.6 小节中讲述的两个准则。

·同一实体在不同子系统的 E－R 图中所包含的属性个数和属性排列次序不完全相同。这是很常见的一类冲突,原因是不同的局部应用关心的是该实体的不同侧面。解决方法是使该实体的属性取各子系统的 E－R 图中属性的并集,再适当调整属性的次序。

·实体间的联系在不同的 E－R 图中为不同的类型。如实体 E1 与 E2 在一个 E－R 图中是多对多联系,在另一个 E－R 图中是一对多联系;又如在一个 E－R 图中 E1 与 E2 发生联系,而在另一个 E－R 图中 E1、E2、E3 三者之间有联系。解决方法是根据应用的语义对实体联系的类型进行综合或调整。

例如,图 7－37(a)中零件与产品之间存在多对多联系"构成",图 7－37(b)中产品、零件与供应商三者之间还存在多对多联系"供应",这两个联系互相不能包含,则在合并两个 E－R 图时就应把它们综合起来[见图 7－37(c)]。

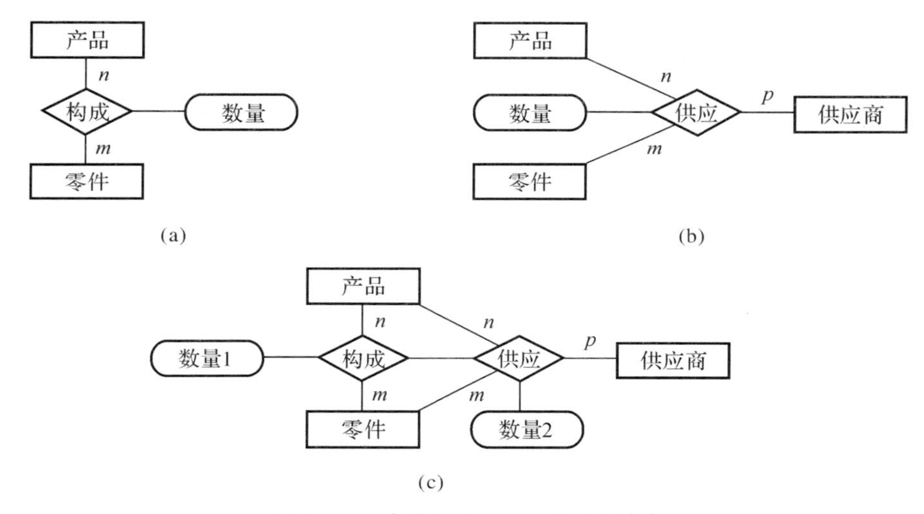

图 7－37　合并两个 E－R 图时的综合

(2)消除不必要的冗余,设计基本 E－R 图。在初步 E－R 图中可能存在一些冗余的数据和实体间冗余的联系。所谓冗余的数据是指可由基本数据导出的数据,冗余的联系是指可由其他联系导出的联系。冗余数据和冗余联系容易破坏数据库的完整性,给数据库维护增加困难,应当予以消除。消除了冗余后的初步 E－R 图称为基本 E－R 图。

消除冗余主要采用分析方法,即以数据字典和数据流图为依据,根据数据字典中关于数据项之间逻辑关系的说明来消除冗余。如图 7－38 中,$Q_3=Q_1\times Q_2$,$Q_4=\sum Q_5$,因此 Q_3 和 Q_4 是冗余数据,可以消去,并且由于 Q_3 消去,产品与材料间 $m:n$ 的冗余联系也应消去。

但并不是所有的冗余数据与冗余联系都必须加以消除,有时为了提高效率,不得不以冗余信息作为代价。因此在设计数据库概念结构时,哪些冗余信息必须消除,哪些冗余信息允许存在,需要根据用户的整体需求来确定。如果人为地保留了一些冗余数据,那么应把数据字典中数据关联的说明作为完整性约束条件。例如,物种部门经常要查询各种材料的库存量，如果每次都要查询每个仓库中此种材料的库存，再对它们求和，那么查询效率就太低了。因此应保留 Q_4，同时把 $Q_4=\sum Q_5$ 定义为 Q_4 的完整性约束条件。每当 Q_5 修改后，就触发该完整性检查，对 Q_4 做相应的修改。

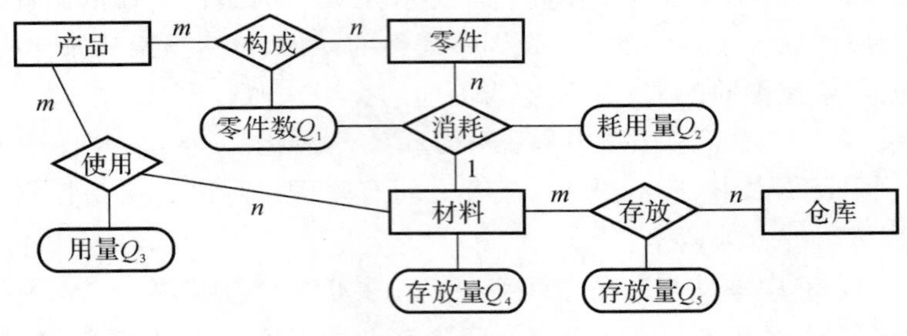

图 7－38　消除冗余

除分析方法外，还可以用规范化理论来消除冗余。在规范化理论中，函数依赖的概念提供了消除冗余联系的形式化工具，具体方法如下：

1)确定分 E－R 图实体之间的数据依赖。实体之间一对一、一对多、多对多联系可以用实体码之间的函数依赖来表示。如图 7－39 中：部门和职工之间一对多的联系可表示为职工号→部门号；职工和产品之间多对多的联系可表示为(职工号，产品号)→工作天数等。于是有函数依赖集 F_L。

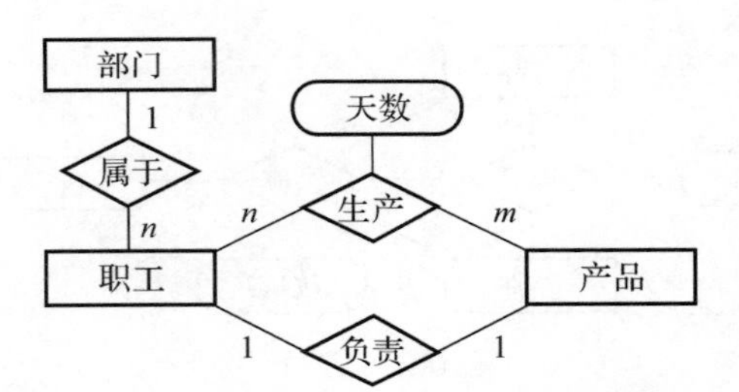

图 7－39　劳动人事管理的分 E－R 图

2) 求 F_L 的最小覆盖 G_L，差集为 $D=F_L-G_L$。

逐一考察 D 中的函数依赖，确定是否是冗余的联系，若是就把它去掉。由于规范化理论受到泛关系假设的限制，应注意下面两个问题：

· 冗余的联系一定在 D 中，而 D 中的联系不一定是冗余的。

· 当实体之间存在多种联系时，要将实体之间的联系在形式上加以区分。图 7－40 中部门和职工之间另一个一对一联系就要表示为：

负责人. 职工号→部门号，部门号→负责人. 职工号

【例 7.2】 某工厂管理信息系统的视图集成。

图 7－16、图 7－35、图 7－39 分别为该厂物资、销售和劳动人事管理的分 E－R 图。图 7－40为该系统的基本 E－R 图。这里基本 E－R 图中各实体的属性因篇幅有限从略。

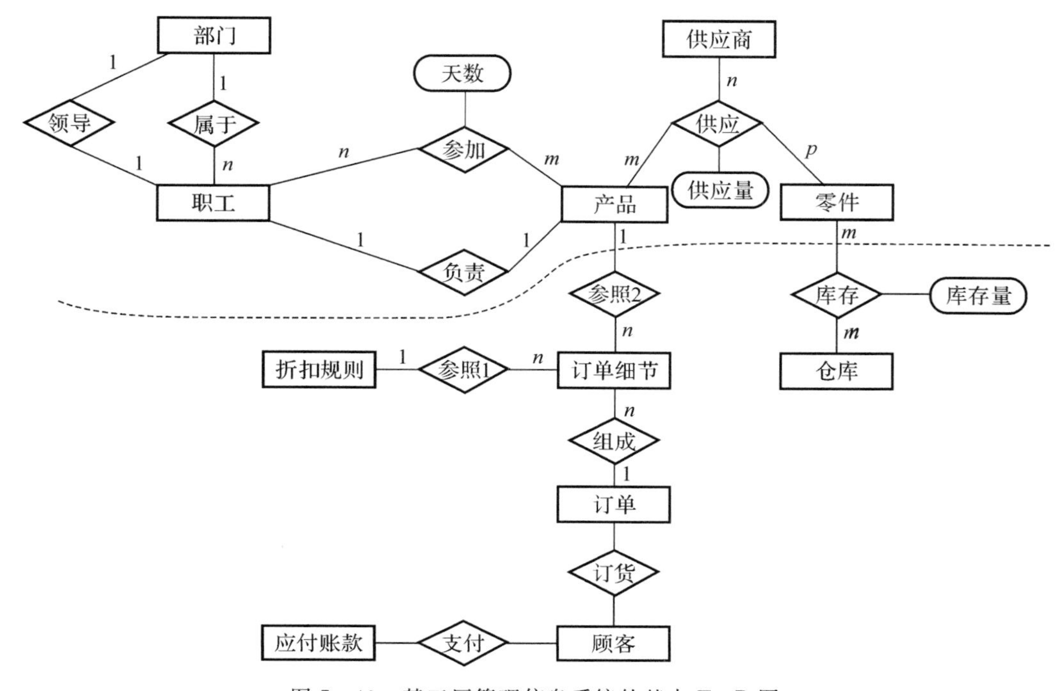

图 7-40　某工厂管理信息系统的基本 E-R 图

集成过程中，解决了以下问题：

· 异名同义，项目和产品含义相同。某个项目实质上是指某个产品的生产，因此统一用产品作实体名。

· 库存管理中，职工与仓库的工作关系已包含在劳动人事管理的部门与职工之间的联系中，所以可以取消。职工之间领导与被领导关系可由部门与职工（经理）之间的领导关系、部门与职工之间的从属关系两者导出，因此也可以取消。

7.3.7　实例——教学管理系统（概念模型）

1. 确定实体

为了利用计算机完成复杂的教学管理任务，必须存储系别、教师、学生、课程、授课、成绩、选课等大量信息，因此教学管理系统中的实体应包含系、教师、课程、学生。

2. 概念模型

经过优化后的教学管理系统的 E-R 图设计实例如图 7-41 所示。

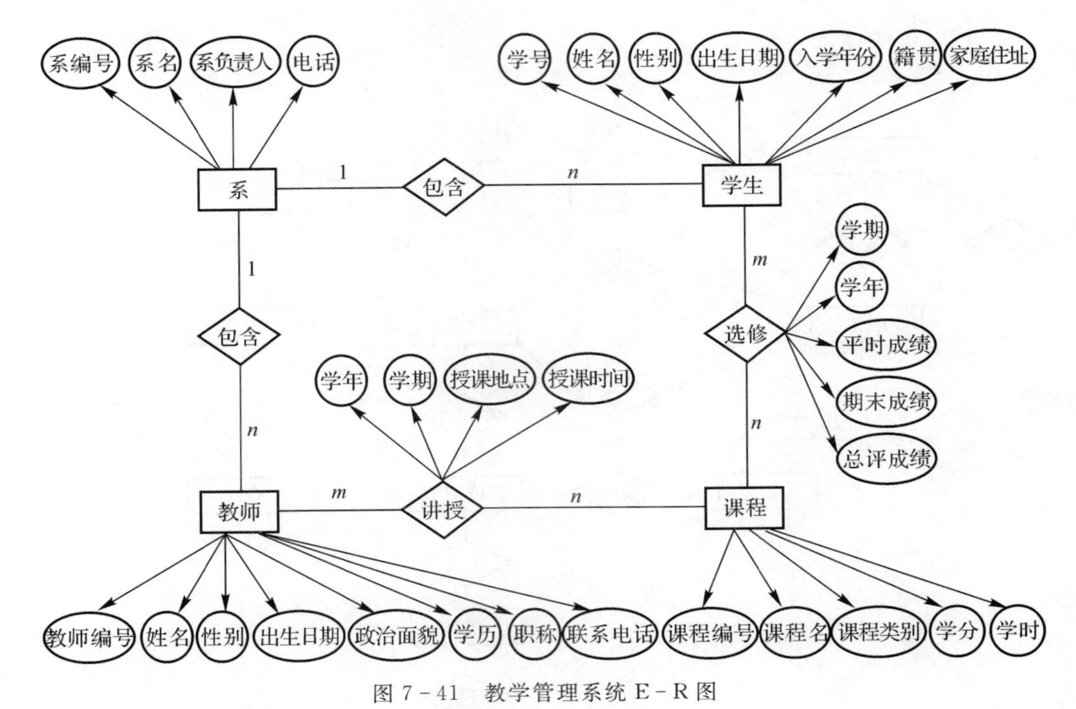

图 7-41　教学管理系统 E-R 图

7.4　规　范　化

为了使数据库设计的方法走向完备，人们研究了规范化理论。关系必须规范化，即关系模型中的每一个关系模式都必须满足一定的要求，规范化有很多层次，对关系最基本的要求是每个属性值必须是不可分割的数据单元，即表中不能再包含表。

7.4.1　问题的提出

前面已经介绍了数据库系统的一般概念，介绍了关系数据库的基本概念、关系模型的三个部分以及关系数据库的标准语言 SQL。但是还有一个很基本的问题尚未讨论：针对一个具体问题，应该如何构造一个适合它的数据库模式，即应该构造几个关系模式，每个关系由哪些属性组成等。这是数据库设计的问题，确切地讲是关系数据库逻辑设计问题。

实际上设计任何种数据库应用系统，不论是层次的、网状的还是关系的，都会遇到如何构造合适的数据模式即逻辑结构的问题。由于关系模型有严格的数学理论基础，并且可以向别的数据模型转换，因此，人们就以关系模型为背景来讨论这个问题，形成了数据库逻辑设计的一个有力工具——关系数据库的规范化理论。规范化理论虽然是以关系模型为背景，但是它对于一般的数据库逻辑设计同样具有理论上的意义。

下面首先回顾一下关系模型的形式化定义。

在第 2 章关系数据库中已经讲过，一个关系模式应当是一个五元组。

$R(U,D,\mathrm{DOM},F)$

其中：关系名 R 是符号化的元组语义；U 为一组属性；D 为属性组 U 中的属性所来自的域；DOM 为属性到域的映射；F 为属性组上的一组数据依赖。

由于 D、DOM 与模式设计关系不大。因此在本章中把关系模式看作个三元组：

$R<U,F>$

当且仅当 U 上的一个关系 r 满足 F 时，r 称为关系模式 $R<U,F>$ 的一个关系。

作为一个二维表。关系要符合一个最基本的条件：每个分量必须是不可分的数据项。满足了这个条件的关系模式就属于第一范式(1NF)。

规范化的原因很多，其主要原因是不规范的关系模式在应用中可能产生很多弊病，导致产生各种存储异常。最常见的存储异常问题如下。

(1)数据冗余，数据库中不必要的重复存储就是数据冗余，要避免这一点，需要数据库设计人员具有丰富的设计经验。

(2)更新异常，由于数据的重复存储，为更新带来很多麻烦，可能导致数据的不一致，直接影响系统的质量和性能。

(3)插入异常，插入元组时出现不能正常插入等的一些不合理现象。

(4)删除异常，删除元组时出现不能正常删除等的一些不合理现象。

而产生上述异常现象的原因就是关系模式设计的不合理所造成的，因此，必须有一个规范可以遵循。

在模式设计中，假设已知一个模式 $S\phi$，它仅由单个关系模式组成。问题是要设计一个模式 SD，它与 $S\phi$ 等价，但在某些指定的方面更好一些。这里通过一个例子来说明一个不好的模式会有些什么问题。分析它们产生的原因，并从中找出设计更好的关系模式的办法。

在举例之前，先非形式地讨论下数据依赖的概念。

数据依赖是一个关系内部属性与属性之间的一种约束关系。这种约束关系是通过属性间值的相等与否体现出来的数据间相关联系。它是现实世界属性间相互联系的抽象，是数据内在的性质，是语义的体现。

人们已经提出了许多种类型的数据依赖，其中最重要的是函数依赖(Functional Dependency，FD)和多值依赖(Multi - Valued Dependency，MVD)。

函数依赖极为普遍地存在于现实生活中。比如描述一个学生的关系，可以有学号(Sno)、姓名(Sname)、系名(Sdept)等几个属性。由于一个学号只对应一个学生，一个学生只在一个系学习。因此在“学号”值确定之后，学生的姓名及所在系的值也就被唯一地确定了。属性间的这种依赖关系类似于数学中的函数，自变量 x 确定后，相应的函数值 y 也就唯一地确定了。

类似的有 Sname＝f(Sno)，Sdept＝f(Sno)，及 Sno 函数决定 Sname，Sno 函数决定 Sdept，或者说 Sname 和 Sdept 函数依赖 Sno，记作 Sno→Sname→，Sno→Sdept。

【例 7.3】 建立一个描述学校教务的数据库，该数据库涉及的对象包括学生的学号(Sno)、所在系(Sdept)、系主任姓名(Mname)、课程号(Cno)和成绩(Grade)。假设用一个单一的关系模式 Student 来表示，则该关系模式的属性集合为

U＝{Sno，Sdept，Mname，Cno，Grade}

根据现实世界的已知事实(语义)可知：

(1)一个系有若干学生,但一个学生只属于一个系。

(2)一个系只有一名(正职)负责人。

(3)一个学生可以选修多门课程,每门课程有若干学生选修。

(4)每个学生学习每一门课程有一个成绩。

于是得到属性组 U 上的一组函数依赖 F(见图 7-42)。

$F=\{Sno\rightarrow Sdept, Sdept\rightarrow Mname, (Sno, Cno)\rightarrow Grade\}$

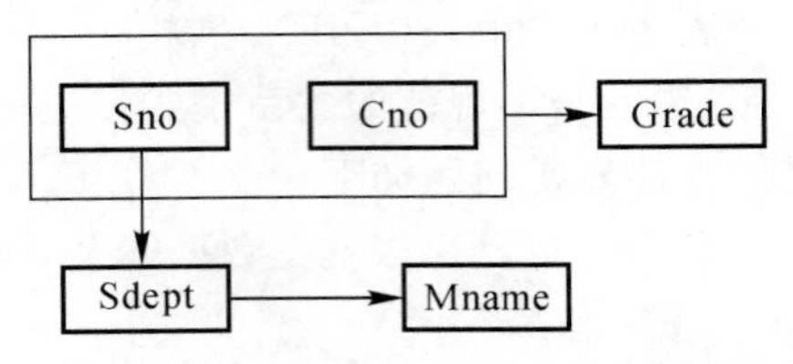

图 7-42 Student 上的一组函数依赖

如果只考虑函数依赖这一种数据依赖,那么可以得到一个描述学生的关系模式 Student<U,F>。表 7-9 是某一时刻关系模式 Student 的一个实例,即数据表。

表 7-9 Student 表

Sno	Sdept	Mname	Cno	Grade
S_1	计算机系	张明	$C1$	95
S_2	计算机系	张明	$C1$	90
S_3	计算机系	张明	$C1$	88
S_4	计算机系	张明	$C1$	70
S_5	计算机系	张明	$C1$	78
⋮	⋮	⋮	⋮	⋮

但是,这个关系模式存在以下问题:

(1)数据冗余。例如,每一个系的系主任姓名重复出现,重复次数与该系所有学生的所有课程成绩出现次数相同,见表 7-8。这将浪费大量的存储空间。

(2)更新异常(Update Anomalies)。由于数据冗余,当更新数据库中的数据时,系统要付出很大的代价来维护数据库的完整性,否则会面临数据不一致的危险。比如,某系更换系主任后,必须修改与该系学生有关的每一个元组。

(3)插入异常(Insertion Anomalies)。若一个系刚成立,尚无学生,则无法把这个系及其系主任的信息存入数据库。

(4)删除异常(deletion anomalies)。若某个系的学生全部毕业了,则在删除该系学生信息的同时,这个系及其系主任的信息也丢掉了。

鉴于存在以上种种问题,可以得出这样的结论:Student 关系模式不是一个好的模式。一个好的模式应当不会发生插入异常、删除异常和更新异常,冗余数据应尽可能少。

为什么会发生这些问题呢?这是因为这个模式中的函数依赖存在某些不好的性质。这正是本章要讨论的问题。假如把这个单一的模式改造一下，分成三个关系模式：

S(Sno，Sdept，Sno→Sdept)；

SC(Sno，Cno，Grade，(Sno，Cno)→Grade)；

DEPT(Sdept，Mname，Sdept→Mname)

这三个模式都不会发生插入异常、删除异常的问题，数据的冗余也得到了控制。

一个模式的数据依赖会有哪些不好的性质，如何改造一个不好的模式，这就是下面要讨论的内容。

7.4.2　函数依赖

关系中属性之间这种相互依赖又相互制约的联系称为数据依赖，数据依赖主要有两种形式，分别为函数依赖和多值依赖。

本节首先讨论一个关系属性间不同的依赖情况，讨论如何根据属性间依赖情况来判定关系是否具有某些不合适的性质，通常按属性间依赖情况来区分关系规范化程度为第一范式、第二范式、第三范式和第四范式等，然后直观地描述如何将具有不合适性质的关系转换为更合适的形式。

7.4.1节关系模式 Studen＜U，F＞中有 Sno→Sdept 成立，也就是说在任何时刻 Student 的关系实例(即 Student 数据表)中，不可能存在两个元组在 Sno 上的值相等，而在 Sdept 上的值不等。因此，表7-10的 Student 表是错误的。因为表中有两个元组在 Sno 上都等于 S_1，而 Sdept 上一个为计算机系，一个为自动化系。

表7-10　一个错误 Student 表

Sno	Sdept	Mname	Cno	Grade
S_1	计算机系	张明	$C1$	95
S_1	自动化系	张明	$C1$	90
S_3	计算机系	张明	$C1$	88
S_4	计算机系	张明	$C1$	70
S_5	计算机系	张明	$C1$	78
⋮	⋮	⋮	⋮	⋮

函数依赖是从数学角度来定义的，在关系中用来刻画关系各属性之间相互制约而又相互依赖的情况。函数依赖普遍存在于现实生活中，例如，描述一个学生的关系，可以有学号、姓名、所在系等多个属性，由于一个学号对应一个且仅一个学生，一个学生就读于一个确定的系，因而在"学号"属性的值确定之后，"姓名"及"所在系"的值也就唯一地确定了，此时，就可以称"姓名"和"所在系"函数依赖"学号"，或者说"学号"函数决定"姓名"和"所在系"，记作：学号→姓名、学号→所在系。下面对函数依赖给出确切的定义。

定义7.1　设 $U\{A1,A2,\cdots,An\}$ 是属性集合，$R(U)$ 是属性集 U 上的关系模式，X、Y 是 U 的子集。若对于 $R(U)$ 的任意一个可能的关系 r，r 中不可能存在两个元组在 X 上的属性值相等，而在 Y 上的属性值不等，则称 X 函数确定 Y 或 Y 函数依赖 X，记作 $X \to Y$。

例如，对于 Student(Sno，Major)，假定每个学生都有唯一的学号 Sno，每个学生有且只有一个专业 Major，则只要给定 Sno 的值，就可以弄清楚该学生的专业。“专业”函数依赖“学生学号”，或“学生学号”函数决定“学生专业”。函数依赖使用下面的形式来书写 Sno→Major。

函数依赖和别的数据依赖一样是语义范畴的概念，只能根据语义来确定一个函数依赖。例如，姓名→年龄这个函数依赖只有在该部门没有同名人的条件下成立。若允许有同名人，则年龄就不再函数依赖于姓名了。

设计者也可以对现实世界做强制性规定，例如规定不允许同名人出现，因而使姓名→年龄函数依赖成立。这样当插入某个元组时这个元组上的属性值必须满足规定的函数依赖，若发现有同名人存在，则拒绝插入该元组。

对于函数依赖，应该注意以下几点。

(1)函数依赖是指关系模型 R 中所有的元组都要满足的约束条件，而不仅仅是某个或某些元组的特例。

(2)函数依赖并不一定具有可逆性。还以表 Student 为例，若 Sno 决定 Major，则一个特定的 Sno 的值只能和一个特定的 Major 配对。相反，一个 Major 值可以和一个或多个 Sno 值配对(一个专业可以有多名学生)。因此 Major(学生专业)并不能决定 Sno(学生学号)。也就是说，如果 $x \to y$，但反过来不一定 $y \to x$。一般，如果 A 决定 B，那么，A 和 B 之间的关系是一对多关系($1:n$)。

(3)函数依赖中可以包含属性组。考虑关系表 SC(Sno，Cno，Grade)，表中的意思是某位学生(Sno)的某门功课(Cno)的成绩(Grade)。当要查找成绩时，必须事先知道该学生的学号和该门功课的课程号，缺一不可。“学号”和“课程号”的结合决定“成绩”，该函数依赖记作：(Sno，Cno)→Grade。

下面介绍一些术语和记号。

(1)$X \to Y$，但 $Y \not\subseteq X$，则称 $X \to Y$ 是非平凡的函数依赖。

(2)$X \to Y$，但 $Y \subseteq X$，则称 $X \to Y$ 是平凡的函数依赖。对于任一关系模式，平凡函数依赖都是必然成立的，它不反映新的语义。若不特别声明，总是讨论非平凡的函数依赖。

(3)若 $X \to Y$，则 X 称为这个函数依赖的决定属性组，也称为决定因素(Determinant)。

(4)若 $X \to Y$，$Y \to X$，则记作 $X \leftarrow\rightarrow Y$。

(5)若 Y 函数不依赖 X，则记作 $X \not\to Y$。

函数依赖中还可细分为多种函数依赖，分别介绍如下。

定义 7.2 在 $R(U)$ 中，若 $X \to Y$，并且对于 X 的任何一个真子集 X'，都有 $X' \not\to Y$，则称 Y 对 X 完全函数依赖，记作 $X \xrightarrow{F} Y$。

若 $X \to Y$，但 Y 不完全函数依赖 X，则称 Y 对 X 部分函数依赖(Partial Functional Dependency)，记作 $X \xrightarrow{P} Y$。

所谓完全依赖是说明在依赖关系的决定项(即依赖关系的左项)中没有多余属性，有多余属性就是部分依赖。显然，当且仅当 X 为复合属性组时，才有可能出现部分函数依赖。

例如，设关系模式 R，$R=R$(学号，姓名，班号，课程号，成绩)，可以分析得知：

“(学号，班号，课程号)→成绩”是 R 的一个部分依赖关系。因此有决定项的真子集(学号，课程号)，使得“(学号，课程号)→成绩”成立，且“学号→成绩”或“课程号→成绩”成立，“(学号，课程号)→成绩”是 R 的一个完全依赖关系。

再如，设关系模式 R，$R=R$(课程号，课程名，开课教研室代码)，有课程号→课程名，课程号→开课教研室代码。从另一角度看，只要课程号一定，同时课程名确定，开课教研室也就唯一确定，因此课程号＋课程名→开课教研室代码。但它与前述课程号→开课教研室代码是不同的，因为{课程号，课程名}存在真子集：“课程号”，课程号→开课教研室代码，把课程号＋课程名→开课教研室代码称为“开课教研室代码”部分函数依赖课程号＋课程名。

例 7.3 中(Sno，Cno)$\xrightarrow{F}$Grade 是完全函数依赖，(Sno，Cno)$\xrightarrow{P}$Sdept 是部分函数依赖，因为 Sno→Sdept 成立，而 Sno 是(Sno，Cno)的真子集。

定义 7.3　在 $R(U)$中，若 $X\rightarrow Y(Y\not\subseteq X)$，$Y\not\rightarrow X$，$Y\rightarrow Z$，$Z\not\subseteq Y$，则称 Z 对 X 传递函数依赖(Transitive Functional Dependency)。记为 $X\xrightarrow{传递}Z$。

例 7.3 中有 Sno→Sdept，Sdept→Mname 成立，所以 Sno$\xrightarrow{传递}$Mname。

这里加上条件 $Y\not\rightarrow X$，是因为若 $Y\rightarrow X$，则 $X\longleftrightarrow Y$，实际上是 $X\xrightarrow{直接}Z$，是直接函数依赖而不是传递函数依赖。

7.4.3　码

码是关系模式中的一个重要概念。在第 2 章中已给出了有关码的若干定义，这里用函数依赖的概念来定义码。

定义 7.4　设 K 为 $R<U,F>$中的属性或属性组合，若 $K\xrightarrow{F}U$，则 K 为 R 的候选码(Candidatekey)。

注意 U 是完全函数依赖 K，而不是部分函数依赖 K。若 U 部分函数依赖 K，即 $K\xrightarrow{P}U$，则 K 称为超码(Surpkey)。候选码是最小的超码，即 K 的任意一个真子集都不是候选码。

若候选码多于一个，则选定其中的一个为主码(Primary Key)。

包含在任何一个候选码中的属性称为主属性(Prime Attribute)；不包含在任何候选码中的属性称为非主属性(Nonprime Attribute)或非码属性(Non-key Attribute)。最简单的情况，单个属性是码；最极端的情况，整个属性组是码，称为全码(All-key)。

在后面的章节中主码或候选码都简称为码。读者可以根据上下文加以识别。

【例 7.4】　关系模式 S(<u>Sno</u>，Sdept，Sage)中单个属性 Sno 是码，用下画线显示出来。SC(<u>Sno</u>，<u>Cno</u>，Grade)中属性组合(Sno，Cno)是码。

【例 7.5】　关系模式 $R(\underline{P、W、A})$中，属性 P 表示演奏者，W 表示作品，A 表示听众。假设一个演奏者可以演奏多个作品，某一作品可被多个演奏者演奏，听众也可以欣赏不同演奏者的不同作品，这个关系模式的码为(P,W,A)，即 All-key。

定义 7.5　关系模式 R 中属性或属性组 X 并非 R 的码，但 X 是另一个关系模式的码，

则称 X 是 R 的外部码(Foreign key),也称外码。

如在 SC(Sno,Cno,Grade)中,Sno 不是码,但 Sno 是关系模式 S(Sno,Sdept,Sage)的码,则 Sno 是关系模式 SC 的外码。

主码与外码提供了一个表示关系间联系的手段。

7.4.4 范式

关系数据库中的关系是要满足一定要求的,满足不同程度要求的为不同范式。满足最低要求的叫第一范式,简称为 1NF;在第一范式中满足进一步要求的为第二范式,其余以此类推。

有关范式理论的研究主要是 E. F. Codd 做的工作。1971—1972 年,Codd 系统地提出了 1NF、2NF、3NF 的概念,讨论了规范化的问题。1974 年,Codd 和 Boyce 共同提出了一个新范式,即 BCNF。1976 年,Fagin 提出了 4NF。后来又有研究人员提出了 5NF。

所谓"第几范式"原本是表示关系的某一种级别,因此常称某一关系模式 R 为第几范式。现在则把范式这个概念理解成符合某一种级别的关系模式的集合,即 R 为第几范式就可以写成 $R \in x\text{NF}$。

对于各种范式之间的关系有 $5NF \subset 4NF \subset BCNF \subset 3NF \subset 2NF \subset 1NF$ 成立,如图7-43所示。

一个低一级范式的关系模式通过模式分解(Schema Decomposition)可以转换为若干个高一级范式的关系模式的集合,这种过程就叫规范化(Normalization)。

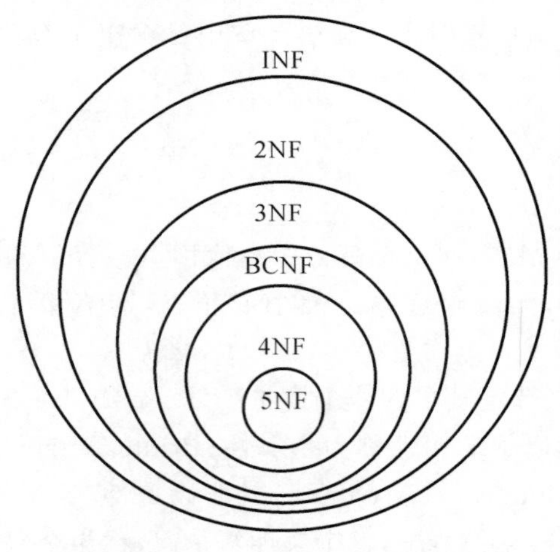

图 7-43 各种范式之间的关系

1. 1NF

在关系模式 R 中的每一个具体关系,若每个属性值都是不可再分的最小数据单位,则称 R 是第一范式的关系,记为 $R \in 1NF$。

例如,学生选课数据库中将学生、系、课程,选课成绩等所有的信息一起存放,即有关系模式:

StudData(Sno,Sname,Ssex,Ssage,Dno,Dname,Cno,Cname,Credits,Grade)

这个关系的主键(Sno, Cno),关系 StudData 就是属于第一范式的,可记作 StudData∈1NF。

在任何一个关系数据库中,所有的关系必须都是属于第一范式的关系。不满足第一范式要求的数据库模式就不能称之为关系数据库模式。已经知道只满足第一范式要求的关系并不是个好的关系,比如 StudData 关系,存在数据冗余、更新异常、插入异常和删除异常等问题,需要进一步规范化。

2. 2NF

定义 7.6　若 $R \in$ 1NF,且每一个非主属性完全函数依赖于任何一个候选码,则 $R \in$ 2NF。

下面举一个不是 2NF 的例子。

【例 7.6】　有关系模式 $S-L-C$(Sno,Sdept,Sloc,Cno,Grade),其中 Sloc 为学生的住处,并且每个系的学生住在同一个地方。$S-L-C$ 的码为(Sno,Cno)。则函数依赖有

(Sno,Cno)$\xrightarrow{F}$Grade

Sno→Sdept,(Sno,Cno)$\xrightarrow{P}$Sdept

Sno→Sloc,(Sno,Cno)$\xrightarrow{P}$Sloc

Sdept→Sloc(每个系的学生只住一个地方)

函数依赖关系如图 7-44 所示。

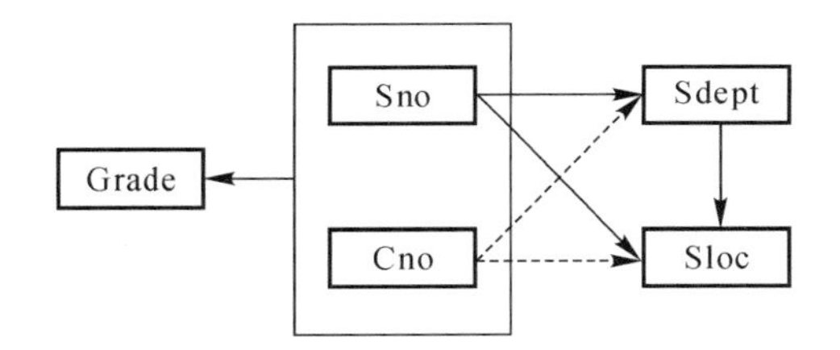

图 7-44　函数依赖示例

图中用虚线表示部分函数依赖。另外,Sdept 还函数确定 Sloc,这一点在讨论第二范式时暂不考虑。可以看到非主属性 Sdept、Sloc 并不完全函数依赖码。因此 $S-L-C$(Sno, Sdept,Sloc,Cno,Grade)不符合 2NF 定义,即 $S-L-C \notin$ 2NF。

一个关系模式 R 不属于 2NF,就会产生以下几个问题:

(1)插入异常。若要插入一个学生 Sno=S7,Sdept=PHY,Sloc=BLD2,但该生还未选课,即这个学生无 Cno,则这样的元组就插不进 $S-L-C$ 中。因为插入元组时必须给定码值,而这时码值的一部分为空,因而学生的固有信息无法插入。

(2)删除异常。假定某个学生只选一门课,如 $S4$ 就选了一门课 $C3$,现在 $C3$ 这门课他也不选了,那么 $C3$ 这个数据项就要删除。而 $C3$ 是主属性,删除了 $C3$,整个元组就必须一起删除,使得 $S4$ 的其他信息也被删除了,从而造成删除异常,即不应删除的信息也删除了。

(3)修改复杂。某个学生从数学系(MA)转到计算机科学系(CS),这本来只需修改此学

生元组中的 Sdept 分量即可，但因为关系模式 $S-L-C$ 中还含有系的住处 Sloc 属性，学生转系将同时改变住处，所以还必须修改元组中的 Sloc 分量。此外，如果这个学生选修了 k 门课，Sdept、Sloc 重复存储了 k 次，不仅存储冗余度大，而且必须无遗漏地修改 k 个元组中全部 Sdept、Sloc 信息，造成修改的复杂化。

消除部分函数依赖的方法就是将关系分解，使其新的关系中非主属性与候选键之间不存在部分函数依赖。分解的方法是投影。具体地说就是：用组成候选键的属性集合的每一个非空真子集作为主键构成一个新关系；对于每个新关系，将完全依赖或传递依赖此主键的属性放置到此关系中。

分析上面的例子可以发现问题在于有两类非主属性：一类如 Grade，它对码是完全函数依赖；另一类如 Sdept、Sloc，它们对码不是完全函数依赖。解决的办法是用投影分解把关系模式 $S-L-C$ 分解为两个关系模式：SC(Sno，Cno，Grade)和 $S-L$(Sno，Sdept，Sloc)。

关系模式 SC 与 $S-L$ 中属性间的函数依赖可以用图 7-45、图 7-46 表示如下。

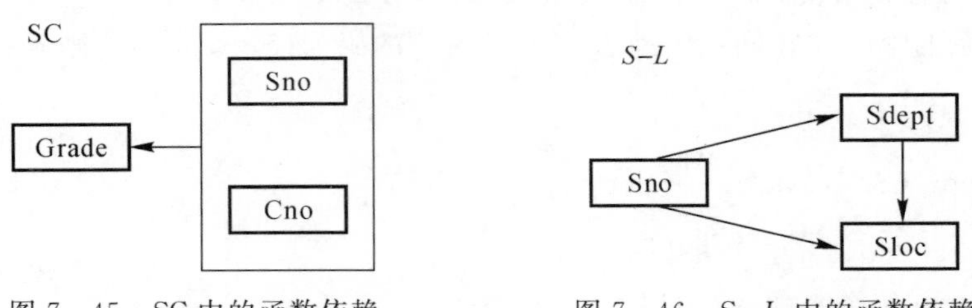

图 7-45　SC 中的函数依赖　　　图 7-46　$S-L$ 中的函数依赖

关系模式 SC 的码为(Sno，Cno)，关系模式 $S-L$ 的码为 Sno，这样就使得非主属性对码都是完全函数依赖了。

3. 3NF

定义 7.7　设关系模式 $R<U,F>\in$ 1NF，若 R 中不存在这样的码 X，属性组 Y 及非主属性 $Z(Z\supsetneq Y)$ 使得 $X\rightarrow Y$，$Y\rightarrow Z$ 成立，$Y\not\rightarrow X$，则称 $R<U,F>\in$ 3NF。

由定义 7.7 可以证明，若 $R\in$ 3NF，则每一个非主属性既不传递依赖于码，也不部分依赖于码。也就是说，可以证明如果 R 属于 3NF，则必有 R 属于 2NF。

在图 7-47 中关系模式 SC 没有传递依赖，而图 7-48 中关系模式 $S-L$ 存在非主属性对码的传递依赖。在 $S-L$ 中，由 Sno$\rightarrow$Sdept(Sdept$\not\rightarrow$Sno)，Sdept$\rightarrow$Sloc，可得 Sno $\xrightarrow{传递}$ Sloc。因此 SC$\in$3NF，而 $S-L\notin$3NF。

一个关系模式 R 若不是 3NF，就会产生与 2NF 相类似的问题。一个关系 R 若仅属于 2NF 但不属于 3NF，仍然存在数据冗余过多、删除异常和插入异常等问题。

解决的办法仍然是分解，以消除传递依赖。具体方法如下。

(1)对于不是候选键的每个决定因子，从原关系中删去依赖它的所有属性。

(2)对原关系中不是候选键的每个决定因子，新建一个关系，新关系中包含依赖该决定因子的属性。

(3)将该决定因子加入新关系并作为新关系的主键。

将 $S-L$ 分解为：$S-D$(Sno，Sdept)和 $D-L$(Sdept，Sloc)。分解后的关系模式 $S-D$ 与

$D-L$ 中不再存在传递依赖。

对于一般的数据库应用来说，设计出的关系符合第三范式标准就够了。因为一般来说，满足 3NF 的关系已能消除冗余和各种异常现象，获得较满意的效果。

4. BCNF

BCNF(Boryce Codd Normal Form)是由 Boyce 与 Codd 提出的，比上述的 3NF 又进了一步，通常认为 BCNF 是修正的第三范式，有时也称为扩充的第三范式。

定义 7.8　关系模式 $R<U,F>\in$ 1NF，若 $X\rightarrow Y$ 且 $Y\not\subseteq X$ 时 X 必含有码，则 $R<U,F>\in$ BCNF。

也就是说，关系模式 $R<U,F>$ 中，若每一个决定因素都包含码，则 $R<U,F>\in$ BCNF。

由 BCNF 的定义可以得到结论，一个满足 BCNF 的关系模式有：

(1)所有非主属性对每一个码都是完全函数依赖。

(2)所有主属性对每一个不包含它的码也是完全函数依赖。

(3)没有任何属性完全函数依赖于非码的任何一组属性。

由于 $R\in$ BCNF，按定义排除了任何属性对码的传递依赖于部分依赖，所以 $R\in$ 3NF。严格的证明留给读者完成。但是若 $R\in$ 3NF，R 未必属于 BCNF。

下面用几个例子说明属于 3NF 的关系模式有的属于 BCNF，但有的不属于 BCNF。

【例 7.7】　考察关系模式 C(Cno，Cname，Pcno)，它只有一个码 Cno，这里没有任何属性对 Cno 部分依赖或传递依赖，因此 $C\in$ 3NF。同时 C 中 Cno 是唯一的决定因素，因此 $C\in$ BCNF。对于关系模式 SC(Sno，Cno，Grade)可做同样分析。

【例 7.8】　关系模式 S(Sno，Sname，Sdept，Sage)，假定 Sname 也具有唯一性，那么 S 就有两个码，这两个码都由单个属性组成，彼此不相交。其他属性不存在对码的传递依赖与部分依赖，因此 $S\in$ 3NF。同时 S 中除 Sno、Sname 外没有其他决定因素，因此 S 也属于 BCNF。

以下再举几个例子。

【例 7.9】　关系模式 SJP(S,J,P)中，S 是学生，J 表示课程，P 表示名次。每一个学生选修每门课程的成绩有一定的名次，每门课程中每一名次只有一个学生(即没有并列名次)。由语义可得到下面的函数依赖：

$(S,J)\rightarrow P$；$(J,P)\rightarrow S$

因此(S,J)与(J,P)都可以作为候选码。这两个码各由两个属性组成，而且它们是相交的。这个关系模式中显然没有属性对码传递依赖或部分依赖。因此 SJP$\in$ 3NF，而且除(S,J)与(J,P)以外没有其他决定因素，因此 SJP$\in$ BCNF。

【例 7.10】　关系模式 STJ(S,T,J)中，S 表示学生，T 表示教师，J 表示课程。每一教师只教一门课，每门课有若干教师，某一学生选定某门课，就对应一个固定的教师。由语义可得到如下的函数依赖：

$(S,T)\rightarrow T$，$(S,T)\rightarrow J$，$T\rightarrow J$

函数依赖关系可以用图 7-47 表示，这里(S,J)、(S,T)都是候选码。

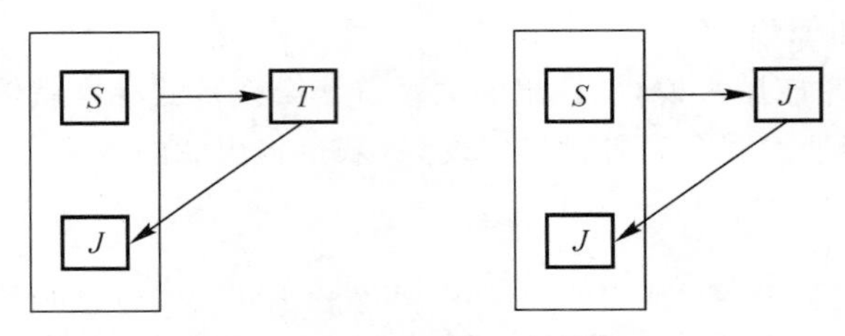

图 7-47　STJ 中函数依赖

STJ 是 3NF，因为没有任何非主属性对码传递依赖或部分依赖，但 STJ 不是 BCNF 关系，因为 T 是决定因素，而 T 不包含码。

对于不是 BCNF 的关系模式，仍然存在不合适的地方。非 BCNF 的关系模式也可以通过分解成为 BCNF。例如 STJ 可分解为 ST(S,T)与 TJ(T,J)，它们都是 BCNF。

3NF 和 BCNF 是在函数依赖的条件下对模式分解所能达到的分离程度的测度。3NF 的"不彻底"性表现在可能存在主属性对码的部分依赖和传递依赖。BCNF 比 3NF 的要求更加严格，其原因主要在于第三范式只涉及非主属性与关键字的函数依赖关系，这在关系模式具有多个候选键，且这些候选键具有公共属性时，并不能完全解决数据冗余、更新异常等问题。一个模式中的关系模式如果都属于 BCNF，那么在函数依赖范畴内它已实现了彻底的分离，已消除了插入和删除的异常。但是，异常还会在函数依赖之外的情况下(主要是多值函数依赖)出现。因此，人们进一步提出了 4NF。

5. 多值依赖

以上完全是在函数依赖的范畴内讨论问题。属于 BCNF 的关系模式是否就很完美了呢？下面来看一个例子。

【例 7.11】 学校中某一门课程由多个教师讲授，他们使用相同的一套参考书。每个教师可以讲授多门课程，每种参考书可以供多门课程使用。可以用一个非规范化的关系来表达教师 T、课程 C 和参考书 B 之间的关系(见表 7-11)。

把这张表变成一张规范化的二维表，见表 7-12。

表 7-11　非规范化关系示例

课程 C	教师 T	参考书 B
物理	{李勇 王军}	{普通物理学 光学原理 物理习题集}
数学	{李勇 张平}	{数学分析 微分方程 高等代数}
计算数学	{张平 周峰}	{数学分析 … …}

续表

课程 C	教师 T	参考书 B
⋮	⋮	⋮

表 7-12　规范化的二维表 Teaching

课程 C	教师 T	参考书 B
物理	李勇	普通物理学
物理	李勇	光学原理
物理	李勇	物理习题集
物理	王军	普通物理学
物理	王军	光学原理
物理	王军	物理习题集
数学	李勇	数学分析
数学	李勇	微分方程
数学	李勇	高等代数
数学	张平	数学分析
数学	张平	微分方程
数学	张平	高等代数
⋮	⋮	⋮

关系模型 Teaching(C,T,B)的码是(C,T,B)，即 All-key，因而 Teaching∈BCNF。但是当某一课程(如物理)增加一名讲课教师(如周英)时，必须插入多个(这里是三个)元组：(物理，周英，普通物理学)，(物理，周英，光学原理)，(物理，周英，物理习题集)。

同样，若某一门课(如数学)要去掉一本参考书(如微分方程)，则必须删除多个(这里是两个)元组：(数学，李勇，微分方程)，(数学，张平，微分方程)。

因此对数据的增删改很不方便，数据的冗余也十分明显。仔细考察这类关系模式，发现它具有一种称为多值依赖(Multi-Valued Dependency，MVD)的数据依赖。

定义 7.9　设 $R(U)$是属性集 U 上的一个关系模式。X、Y、Z 是 U 的子集，并且 $Z=U-X-Y$。关系模式 $R(U)$中多值依赖 $X\rightarrow\rightarrow Y$ 成立，当且仅当对 $R(U)$的任一关系 r，给定的一对(x,z)值，有一组 Y 的值，这组值仅仅取决于 x 值而与 z 值无关。

例如，在关系模式 Teaching 中，对于一个(物理，光学原理)有一组 T 值{李勇，王军}，这组值仅仅取决于课程 C 上的值(物理)。也就是说对于另一个(物理，普通物理学)，它对应的一组 T 值仍是{李勇，王军}，尽管这时参考书 B 的值已经改变了。因此 T 多值依赖于 C，即 $C\rightarrow\rightarrow T$。

对于多值依赖的另一个等价的形式化的定义是：在 $R(U)$的任一关系 r 中，如果存在元

组 t、s 使得 $t[X]=s[X]$，那么就必然存在元组 w、$v\in r$（w、v 可以与 s、t 相同），使得 $w[X]=v[X]=v[X]$，而 $w[Y]=t[Y]$，$w[Z]=s[Z]$，$v[Y]=s[Y]$，$v[Z]=t[Z]$（即交换 s、t 元组的 Y 值所得的两个新元组必在 r 中），则 Y 多值依赖于 X，记为 $X\rightarrow\rightarrow Y$。这里，$X$、$Y$ 是 U 的子集，$Z=U-X-Y$。

若 $X\rightarrow\rightarrow Y$，而 $Z=\varphi$，即 Z 为空，则称 $X\rightarrow\rightarrow Y$ 为平凡的多值依赖。即对于 $R(X,Y)$，若有 $X\rightarrow\rightarrow Y$ 成立，则 $X\rightarrow\rightarrow Y$ 为平凡的多值依赖。

下面再举一个具有多值依赖的关系模式的例子。

【例 7.12】 关系模式 $WSC(W,S,C)$ 中，W 表示仓库，S 表示保管员，C 表示商品。假设每个仓库有若干个保管员，有若干种商品。每个保管员保管所在仓库的所有商品，每种商品被所有保管员保管。列出关系见表 7-13。

按照语义对于 W 的每一个值 W_i，S 有一个完整的集合与之对应而不问 C 取何值。所以 $W\rightarrow\rightarrow S$。

若用图 7-48 来表示这种对应，则对应 W 的某一个值 W_i 的全部 S 值记作 $\{S\}w_i$（表示此仓库工作的全部保管员），全部 C 值记作 $\{C\}w_i$（表示在此仓库中存放的所有商品）。应当有 $\{S\}w_i$ 中的每一个值和 $\{C\}w_i$ 中的每一个 C 值对应。于是 $\{S\}w_i$ 与 $\{C\}w_i$ 之间正好形成一个完全二分图，因此 $W\rightarrow\rightarrow S$。

表 7-13 WSC 表

W	S	C
W1	S1	C1
W1	S1	C2
W1	S1	C3
W1	S2	C1
W1	S2	C2
W1	S2	C3
W2	S3	C4
W2	S3	C5
W2	S4	C4
W2	S4	C5

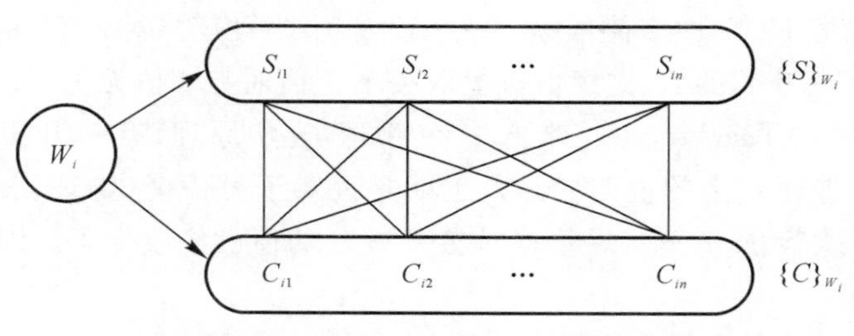

图 7-48 $W\rightarrow\rightarrow S$ 且 $W\rightarrow\rightarrow C$

由于 C 与 S 的完全对称性，因此必然有 $W\rightarrow\rightarrow C$ 成立。

多值依赖具有以下性质：

(1)多值依赖具有对称性，即若 $X\rightarrow\rightarrow Z$，则 $X\rightarrow\rightarrow Z$，其中 $Z=U-X-Y$。

从例7.12容易看出，因为每个保管员保管所有商品，同时每种商品被所有保管员保管，显然若 $W\rightarrow\rightarrow S$，必然 $W\rightarrow\rightarrow C$。

(2)多值依赖具有传递性，即若 $X\rightarrow\rightarrow Y$，$Y\rightarrow\rightarrow Z$，则 $X\rightarrow\rightarrow Z-Y$。

(3)函数依赖可以看作多值依赖的特殊情况，即若 $X\rightarrow Y$，则 $X\rightarrow\rightarrow Y$。这是因为当 $X\rightarrow Y$ 时，对 X 的每一个值 x、Y 有一个确定的值 y 与之对应，因此 $X\rightarrow\rightarrow Y$。

(4)若 $X\rightarrow\rightarrow Y$，$X\rightarrow\rightarrow Z$，则 $X\rightarrow YZ$。

(5)若 $X\rightarrow\rightarrow Y$，$X\rightarrow\rightarrow Z$，则 $X\rightarrow\rightarrow Z-Y$。

(6)若 $X\rightarrow\rightarrow Y$，$X\rightarrow\rightarrow Z$，则 $X\rightarrow\rightarrow Y-Z$，$X\rightarrow-Z-Y$。

多值依赖与函数依赖相比，具有下面两个基本的区别：

(1)多值依赖的有效性与属性集的蓝图有关。若 $X\rightarrow\rightarrow Y$ 在 U 上成立，则在 $W(XY\subseteq W\subseteq U)$ 上定成立；反之则不然。即 $X\rightarrow\rightarrow Y$ 在 $W(W\subset U)$ 上成立，在 U 上并不一定成立。这是因为多值依赖的定义中不仅涉及属性组 X 和 Y，而且涉及 U 中其余属性 Z。

一般地，在 $R(U)$ 上若有 $X\rightarrow\rightarrow Y$ 在 $W(W\subset U)$ 上成立，则称 $X\rightarrow\rightarrow Y$ 为 $R(U)$ 的嵌入型多值依赖。

但是在关系模式 $R(U)$ 中，函数依赖 $X\rightarrow Y$ 的有效性仅取决于 X、Y 这两个属性集的值。只要在 $R(U)$ 的任何一个关系 r 中，元组在 X 和 Y 上的值满足定义7.2，则函数依赖 $X\rightarrow Y$ 在任何属性集 $W(XY\subseteq W\subseteq U)$ 上成立。

(2)若通数依赖 $X\rightarrow Y$ 在 $R(U)$ 上成立，则对于任何 $Y'\subset Y$ 均有 $X\rightarrow Y'$ 成立。而多值依赖 $X\rightarrow\rightarrow Y$ 若在 $R(U)$ 上成立，却不能断言对于任何 $Y'\subset Y$ 有 $X\rightarrow\rightarrow Y'$ 成立。

例如，有关系 $R(A,B,C,D)$ 如下，$A\rightarrow\rightarrow BC$，当然也有 $A\rightarrow\rightarrow D$ 成立。有 R 的一个关系实例，在此实例上 $A\rightarrow\rightarrow B$ 是不成立的，见表7-14。

表7-14　R 的一个实例

A	B	C	D
a_1	b_1	c_1	d_1
a_1	b_1	c_1	d_2
a_1	b_2	c_2	d_1
a_1	b_2	c_2	d_2

6. NF

定义7.20　关系模式 $R<U,F>\in 1NF$，如果对于 R 的每个非平凡多值依赖 $X\rightarrow\rightarrow Y$ $(Y\not\subset X)$，X 都含有码，那么称 $R<U,F>\in 4NF$。

4NF 就是限制关系模式的属性之间不允许有非平凡且非函数依赖的多值依赖。因为根据定义，对于每一个非平凡的多值依赖 $X\rightarrow\rightarrow Y$，$X$ 都含有候选码，于是就有 $X\rightarrow Y$，所以

4NF 所允许的非平凡的多值依赖实际上是函数依赖。

显然，如果一个关系模式是 4NF，那么必为 BCNF。

在前面讨论的关系模式 WSC 中，$W \rightarrow\rightarrow S$，$W \rightarrow\rightarrow C$，它们都是非平凡的多值依赖。而 W 不是码，关系模式 WSC 的码是(W，S，C)，即 all-key。因此 WSC$\notin$4NF。

一个关系模式如果已达到了 BCNF 但不是 4NF，这样的关系模式仍然具有不好的性质。以 WSC 为例，WSC$\notin$4NF，但是 WSC$\in$BCNF。对于 WSC 的某个关系，若某一仓库 W_i 所有 n 个保管员，存放 m 件物品，则关系中分量为 W_i 的元组数目一定有 $m \times n$ 个。每个保管员重复存储 m 次，每种物品重复存储 n 次，数据的冗余度太大，因此还应该继续规范化使关系模式 WSC 达到 4NF。

可以用投影分解的方法消去非平凡且非函数依赖的多值依赖。例如可以把 WSC 分解为 WS(W，S)和 WC(W，C)。在 WS 中虽然有 $W \rightarrow\rightarrow S$。但这是平凡的多值依赖。WS 中已不存在非平凡的非函数依赖的多值依赖，因此 WSC$\in$4NF，同理 WC$\in$4NF。

函数依赖和多值依赖是两种最重要数据依赖。若只考虑函数依赖，则属于 BCNF 的关系模式规范化程度已经是最高的了；若考虑多值依赖，则属于 4NF 的关系模式规范化程度是最高的。事实上，数据依赖中除函数依赖和多值依赖之外，还有其他数据依赖。例如有一种连接依赖。函数依赖是多值依赖的一种特殊情况，而多值依赖实际上又是连接依赖的一种特殊情况。但连接依赖不像函数依赖和多值依赖可由语义直接导出，而是在关系的连接运算时才反映出来。存在连接依赖的关系模式仍可能遇到数据冗余即插入、修改、删除异常等问题。若消除了属于 4NF 的关系模式中存在的连接依赖，则可以进一步达到 5NF 的关系模式。这里不再讨论连接依赖和 5NF，有兴趣的读者可以参阅有关书籍。

7.4.5 规范化小结

在关系数据库中，对关系模式的基本要求是满足第一范式，这样的关系模式就是合法的、允许的。但是，人们发现有些关系模式存在插入、删除异常，以及修改复杂、数据冗余等问题，需要寻求解决这些问题的方法，这就是规范化的目的。

规范化的基本思想是逐步消除数据依赖中不合适的部分，使模式中的各关系模式达到某种程度的“分离”，即“一事一地”的模式设计原则。让一个关系描述一个概念、一个实体或者实体间的一种联系。如果多于一个概念就把它“分离”出去。因此所谓规范化实质上是概念的单一化。

人们认识这个原则是经历了一个过程的。从认识非主属性的部分函数依赖的危害开始，2NF、3NF、BCNF、4NF 的相继提出是这个认识过程逐步深化的标志，图 7-49 可以概括这个过程。

通过逐步地规范化，不断提高模式的级别，人们可以最大限度地消除关系模式中插入、删除和修改的异常。但在数据库的设计实践中，单纯地分解关系，提高关系的范式级别并不一定就能产生合理的方案。

从数据库设计实践的角度给出几条经验原则：

(1)部分函数依赖和传递函数依赖的存在是产生数据冗余、更新异常的重要原因。因此，在关系规范化中，应尽可能消除属性间的这些依赖关系。

(2)非第三范式的 1NF、2NF 以至非规范化的模式,由于它们性能上的弱点,一般不宜作为数据库模式。

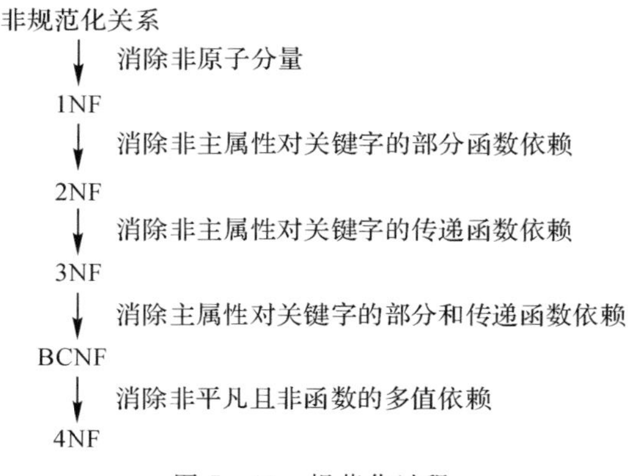

图 7 - 49　规范化过程

(3)由于第三范式的关系模式中不存在非主属性对关键字的部分依赖和传递依赖关系,因而消除了很大一部分冗余和更新异常,具有较好的性能,所以一般要求数据库设计达到 3NF。

如果某个关系有两个或多个事实,它就应该分解为多个关系,每个关系只包含一种事实。每当分解关系时,都应该考虑建立关系之间的关联,加入必要的外健。因为对关系进行的每一次分解都会产生参照完整性约束,所以,每当把一个关系分解为两个或多个时,就要检查这种约束。

7.5　逻辑结构设计

关系数据库设计需要设计出数据库赖以实现的实现模型,现在用的实现模型都是关系模型。因此需要设计一个关系模型。关系模型的数据结构是关系,一个关系用一个关系模式表示。所有的关系模式组成数据库的模式。关系数据库设计就是要设计出数据库的模式,也称逻辑结构或逻辑模型。

概念结构是独立于任何一种数据模型的信息结构,逻辑结构设计的任务就是把概念结构设计阶段设计好的基本 E - R 图转换为与选用数据库管理系统产品所支持的数据模型相符合的逻辑结构。

DBMS 产品可以支持关系、网状、层次三种模型中的某一种,目前的数据库应用系统都采用支持关系数据模型的关系数据库管理系统,Oracle 11g 也是支持关系模型的 DBMS,所以这里只介绍 E - R 图向关系数据模型的转换原则与方法。

7.5.1　E - R 图向关系模型的转换

E - R 图向关系模型的转换要解决的问题是,如何将实体型和实体间的联系转换为关系模式,如何确定这些关系模式的属性和码。

关系模型的逻辑结构是一组关系模式的集合。E－R 图则是由实体型、实体的属性和实体型之间的联系三个要素组成的，因此将 E－R 图转换为关系模型实际上就是要将实体型、实体的属性和实体型之间的联系转换为关系模式，并确定关系模式的属性和码。具体而言，就是转化为选定的 DBMS 支持的数据库对象，如表、字段、视图、主键、外键、约束等数据库对象。一般转换原则如下。

(1)实体的转换。一般将 E－R 图中的一个实体转换为一个关系模式(表)，实体的属性转换为关系的属性，实体的码转换为关系的主键。例如，图 7－50 所示的实体类型“学生”可转换成如下的关系模式：

学生(学号，姓名，性别，年龄，专业)

其中：带下画线的属性为主属性。

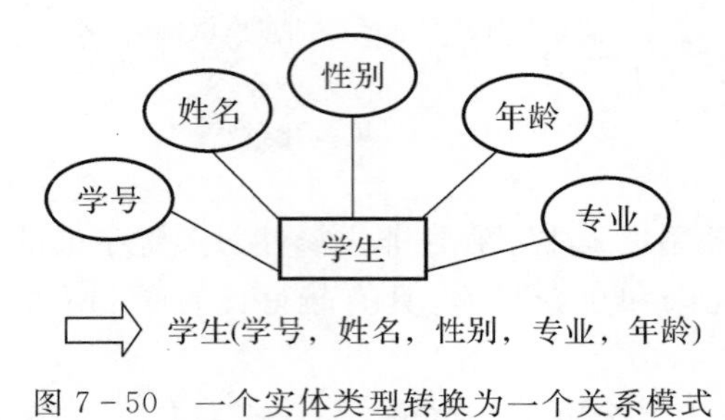

图 7－50　一个实体类型转换为一个关系模式

(2)一个联系转换为一个关系模式，与该联系相连的每个实体型的键以及联系的属性都转换为关系的属性。这个关系的键分为以下几种不同的情况。

1)若联系为 1∶1，有两种转换方式：一是转换为一个独立的关系模式，联系名为关系模式名，与该联系相连的两个实体的关键字及联系本身的属性为关系模式的属性，每个实体的关键字均是该关系模式的候选键；二是与另一端的关系模式合并，可将相关的两个实体分别转换为两个关系，并在任意一个关系的属性中加入另一个关系的主关键字和联系本身的属性，合并后关系的主键不变。1∶1 联系的转换如图 7－51 所示。

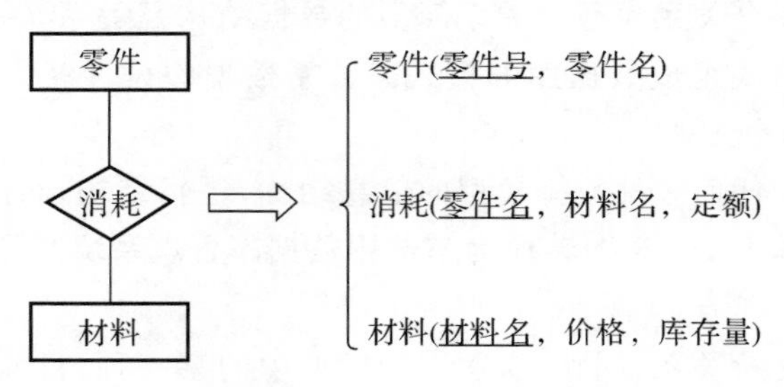

图 7－51　1∶1 联系的转换

2)若联系为 1∶n，也有两种转换方式：一是将 1∶n 联系转换为一个独立的关系模式，联系名为关系模式名，与该联系相连的各实体的关键字及联系本身的属性为关系模式的属性，关系模式的关键字为 n 端实体的关键字；二是将 1∶n 联系与 n 端关系合并，1 端的关键字及联系的属性并入 n 的关系模式即可。1∶n 联系的转换如图 7－52 所示。

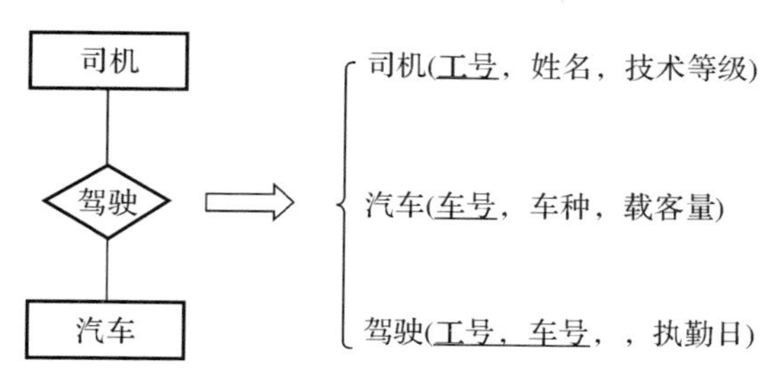

图 7－52　1∶n 联系的转换

3)若联系为 m∶n,关系模式名为联系名,与该联系相连的各实体的关键字及联系本身的属性为关系模式的属性,关系模式的关键字为联系中各实体关键字的并集,如图 7－53 所示。

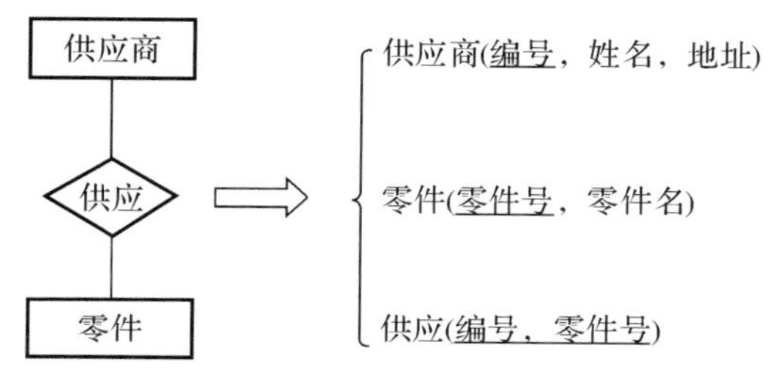

图 7－53　m∶n 联系的转换

4)同一实体集内部的联系,可将该实体集拆分为相互联系的两个子集,然后根据它们相互间不同的联系方式(1∶1,1∶n,m∶n)按上述规则处理。

例如,企业员工实体内部存在领导与被领导的 1∶n 的联系,则将其与员工关系模式合并,并增加一个"经理员工号"属性以存放经理的员工号,如图 7－54 所示。

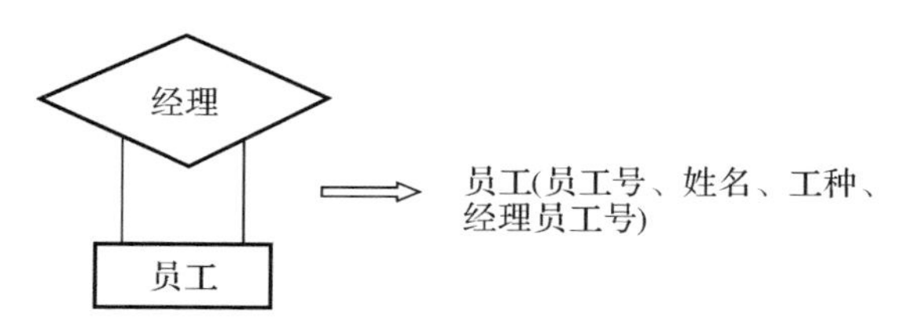

图 7－54　一元关系的转换

5)三个或三个以上实体间的一个多元联系可以转换为一个关系模式。与该多元联系相连的各实体的码以及联系本身的属性均转换为关系的属性,各实体的码组成关系的码或关系码的部分。

6)具有相同码的关系模式可合并。为了减少系统中的关系个数,如果两个关系模式具有相同的主码,那么可以考虑将他们合并为一个关系模式。合并方法是将其中一个关系模式的全部属性加到另一个关系模式中,然后去掉其中的同义属性(可能同名也可能不同名),并适当调整属性的次序。

下面把图 7－42 中虚线上部的 E－R 图转换为关系模型。关系的码用下画线标出。

部门(部门号,部门名,经理的职工号,…)

此为部门实体对应的关系模式。该关系模式已包含联系“领导”所对应的关系模式。经理的职工号是关系的候选码。

职工(职工号、部门号,职工名,职务,…)

此为职工实体对应的关系模式。该关系模式已包含联系“属于”所对应的关系模式。

产品(产品号,产品名,产品组长的职工号,…)

此为产品实体对应的关系模式。

供应商(供应商号,姓名,…)

此为供应商实体对应的关系模式。

零件(零件号,零件名,…)

此为零件实体对应的关系模式。

参加(职工号,产品号,工作天数,…)

此为联系“参加”所对应的关系模式。

供应(产品号,供应商号,零件号,供应量)

此为联系“供应”所对应的关系模式。

7.5.2 数据模型的优化

数据库逻辑设计的结果不是唯一的。完成 E-R 图向关系模型的转换之后,为了进一步提高数据库应用系统的性能,还应该根据应用需要适当地修改、调整数据模型的结构,这就是数据模型的优化。关系数据模型的优化通常以规范化理论为指导,应用规范化理论优化逻辑模型一般要做以下 5 项工作:

(1)确定数据依赖。前文已介绍用数据依赖的概念分析和表示数据项之间的联系,写出每个数据项之间的数据依赖。如果需求分析阶段没有来得及做,那么可以现在补做,即按需求分析阶段所得到的语义,分别写出每个关系模式内部各属性之间的数据依赖以及不同关系模式属性之间的数据依赖。

(2)对于各个关系模式之间的数据依赖进行极小化处理,消除冗余的联系,具体方法已在 7.3 节中讲解。

(3)按照数据依赖的理论对关系模式逐一进行分析,考察是否存在部分函数依赖、传递函数依赖、多值依赖等,确定各关系模式分别属于第几范式。

(4)根据需求分析阶段得到的处理要求分析对于这样的应用环境这些模式是否合适,确定是否要对某些模式进行合并或分解。

必须注意的是,并不是规范化程度越高的关系就越优。例如,当查询经常涉及两个或多个关系模式的属性时,系统经常进行连接运算。连接运算的代价是相当高的,可以说关系模型低效的主要原因就是由连接运算引起的。这时可以考虑将这几个关系合并为一个关系。因此在这种情况下,第二范式甚至第一范式也许是合适的。

又如,非 BCNF 的关系模式虽然从理论上分析会存在不同程度的更新异常或冗余,但若在实际应用中对此关系模式只是查询,并不执行更新操作,则不会产生实际影响。因此对于一个具体应用来说,到底规范化到什么程度需要权衡响应时间和潜在问题两者的利弊决定。

(5)对关系模式进行必要分解，提高数据操作效率和存储空间利用率。常用的两种分解方法是水平分解和垂直分解。

水平分解是把(基本)关系的元组分为若干子集合，定义每个子集合为一个子关系，以提高系统的效率。根据“80/20 原则”，一个大关系中，经常被使用的数据只是关系的一部分，约 20%，可以把经常使用的数据分解出来，形成一个子关系。若关系 R 上具有 n 个事务，而且多数事务存取的数据不相交，则 R 可分解为少于或等于 n 个子关系，使每个事务存取的数据对应一个关系。

垂直分解是把关系模式 R 的属性分解为若干子集合，形成若干子关系模式。垂直分解的原则是，将经常在一起使用的属性从 R 中分解出来形成一个子关系模式。垂直分解可以提高某些事务的效率，但也可能使另一些事务不得不执行连接操作，从而降低了效率。因此是否进行垂直分解取决于分解后 R 上的所有事务的总效率是否得到了提高。垂直分解需要确保无损连接性和保持函数依赖，即保证分解后的关系具有无损连接性和保持函数依赖性。这可以用第 6 章中介绍的模式分解算法对需要分解的关系模式进行分解和检查。

规范化理论为数据库设计人员判断关系模式的优劣提供了理论标准，可用来预测模式可能出现的问题，使数据库设计工作有了严格的理论基础。

7.5.3　设计用户子模式

将概念模型转换为全局逻辑模型后，还应该根据局部应用需求，结合具体关系数据库管理系统的特点设计用户的外模式。

外模式也称为用户子模式，是全局逻辑模式的子集，是数据库用户(包括程序用户和最终用户)能够看见和使用的局部数据的逻辑结构和特征。

目前关系数据库管理系统一般都提供了视图概念，可以利用这一功能设计更符合局部用户需要的用户外模式。此外，也可以通过垂直分解的方式来实现。

定义数据库全局模式主要是从系统的时间效率、空间效率、易维护等角度出发。由于用户外模式与模式是相对独立的，因此在定义用户外模式时可以注重考虑用户的习惯与方便。具体包括以下几方面：

(1)使用更符合用户习惯的别名。在合并各分 E－R 图时曾做过消除命名冲突的工作，以使数据库系统中同一关系和属性具有唯一的名字。这在设计数据库整体结构时是非常必要的。用视图机制可以在设计用户视图时重新定义某些属性名，使其与用户习惯一致，以方便使用。

(2)可以对不同级别的用户定义不同的视图，以保证系统的安全性。假设有关系模式产品(产品号，产品名，规格，单价，生产车间，生产负责人，产品成本，产品合格率，质量等级)，可以在产品关系上建立以下两个视图：为一般顾客建立视图产品 1(产品号，产品名，规格，单价)；为产品销售部门建立视图产品 2(产品号，产品名，规格，单价，车间，生产负责人)。

顾客视图中只包含允许顾客查询的属性；销售部门视图中只包含允许销售部门查询的属性；生产领导部门则可以查询全部产品数据。这样就可以防止用户非法访问本来不允许其查询的数据，保证了系统的安全性。

(3)简化用户对系统的使用。如果某些局部应用中经常要使用某些很复杂的查询,那么为了方便用户,可以将这些复杂查询定义为视图,用户每次只对定义好的视图进行查询,大大简化了用户的使用。

逻辑结构设计的步骤如图 7-55 所示。

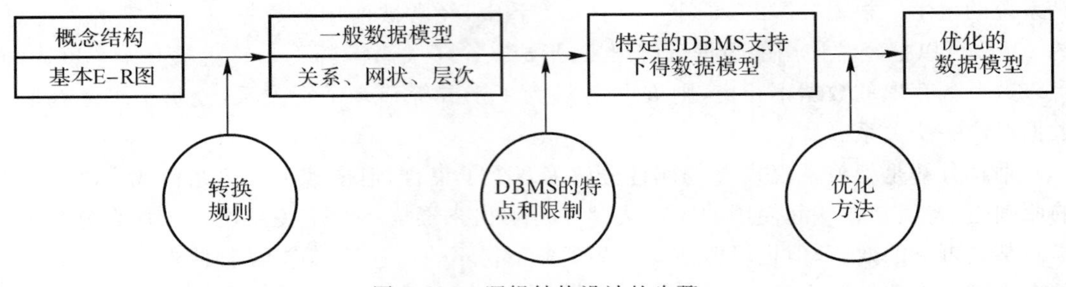

图 7-55 逻辑结构设计的步骤

7.5.4 实例——教学管理系统(关系模型)

将上一节所建立的图 7-41 所示的 E-R 图中的实体和联系转换为关系模式,得出教学管理系统的关系模型,其中主键用单下画线标出,外键用双下画线标出。

系(系编号,系名,系负责人,电话)

学生(学号,姓名,性别,出生日期,入学年份,系编号,籍贯,家庭住址)

课程(课程编号,课程名,课程类别,学分,学时)

教师(教师编号,姓名,性别,出生日期,政治面貌,学历,职称,系编号,联系电话)

授课(授课编号,课程编号,教师编号,系编号,学年,学期,授课地点,授课时间)

成绩(学号,学年,学期,课程编号,平时成绩,期末成绩,总评成绩)

选课(课程编号,学号)

系实体、学生实体、教师实体、课程实体均单独转换成一个关系模式,其中在学生关系和教师关系中增加了"系编号",表示 1:n 关系。学生与课程是多对多的关系,因此单独转换成一个关系模式"选课",并加入两端的键,作为关系的主键。同时学生与课程成绩是多对多的关系,因此单独转换成一个关系模式"成绩",并加入两端的键,作为关系的主键。在授课关系中,"教师编号""课程编号""系编号"是外键,为了保证记录的唯一性,增加了"授课编号"作为主键。这样,根据范式理论,转换成 Oracle 11g 数据库管理系统所支持的实际数据模型见表 7-15~表 7-20。

表 7-15 系信息表(Department)

字段名	字段含义	数据类型	字段长度	备注
DNo	系编号	CHAR	8	主键
DName	系的名称	VARCHAR2	32	
MName	系负责人	VARCHAR2	32	
Telphone	联系电话	VARCHAR2	16	

表 7－16　学生信息表(Student)

字段名	字段含义	数据类型	字段长度	备注
StuNo	学号	CHAR	16	系编号＋顺序号,主键
StuName	学生姓名	VARCHAR2	32	
Sex	学生性别	CHAR	2	男、女
IdCard	身份证号	CHAR	18	
Birthday	出生日期	DATE	默认	yyyy－mm－dd
EDate	入学年份	NUMBER(4)	默认	4位年度
DNo	所属院系	CHAR	8	外键
BirthAddress	籍贯	VARCHAR2	64	
Address	家庭住址	VARCHAR2	128	

表 7－17　课程信息表(Course)

字段名	字段含义	数据类型	字段长度	备注
CNo	课程编号	定长字符	16	主键
CName	课程名称	可变长字符	32	
CKind	课程类别	可变长字符	32	
Credit	学分	整数	默认	
ClassHour	学时数	整数	默认	为16的倍数

表 7－18　教师信息表(Teacher)

字段名	字段含义	数据类型	字段长度	备注
TNo	教师编号	定长字符	16	主键
TName	教师姓名	可变长字符	32	
Sex	教师性别	定长字符	2	男、女
Birthday	出生日期	日期	默认	yyyy－mm－dd
Kind	政治面貌	定长字符	16	
Education	最高学历	可变长字符	16	
Position	现任职称	可变长字符	16	
DNo	所属院系	可变长字符	8	外键
Telephone	联系电话	可变长字符	16	

表 7-19 成绩信息表(Score)

字段名	字段含义	数据类型	字段长度	备注
StuNo	学号	定长字符	16	主键
CNo	课程编号	定长字符	16	主键
TermYear	学年	整数	默认	4 位年度
Semester	学期	整数	默认	
MidScore	平时成绩	浮点数	默认	保留 2 位小数
EndScore	期末成绩	浮点数	默认	保留 2 位小数
TotalScore	总评成绩	浮点数	默认	保留 2 位小数

表 7-20 授课信息表(Teaching)

字段名	字段含义	数据类型	字段长度	备注
TeachNo	授课编号	定长字符	16	主键
CNo	课程编号	定长字符	16	外键
TNo	教师编号	定长字符	16	外键
DNo	系编号	定长字符	8	外键
TermYear	学年	整数	默认	4 位年度
Semester	学期	整数	默认	
TTime	授课时间	日期	默认	yyyy-mm-ddhh:mm:ss
Classroom	授课地点	可变长字符	64	

7.6 物理结构设计

数据库逻辑设计得到的逻辑模型(或逻辑结构)就是数据库的模式。但数据库最终是存储在物理设备上的,数据库在物理设备上的存储结构与存取方法称为数据库的物理结构(内模式),它依赖选定的数据库管理系统。为一个给定的逻辑数据模型选取一个最符合应用要求的物理结构的过程,就是数据库的物理设计。逻辑数据库设计工作完成后,需要为给定的逻辑数据模型选取一个适合应用环境的物理结构,选择合适的存储结构和存取方法,使数据库的事务能够高效率运行,这就进入数据库物理设计阶段。

7.6.1 物理结构设计概述

物理结构设计的目的主要有两点,一是提高数据库的性能,满足用户的性能需求;二是有效地利用存储空间。总之,是为了使数据库系统在时间和空间上最优。

数据库的物理设计通常分为两步:

(1)确定数据库的物理结构,在关系数据库中主要指存取方法和存储结构。

(2)对物理结构进行评价,评价的重点是时间和空间效率。

若评价结果满足原设计要求,则可进入物理实施阶段,否则,就需要重新设计或修改物理结构,有时甚至要返回逻辑设计阶段修改数据模型。

由于物理结构设计与具体的 DBMS 有关,各种产品提供的物理环境、存取方法和存储结构不同,能供设计人员使用的设计变量、参数范围都有很大差别,因此物理结构设计没有通用的方法。在进行物理设计前,需注意如下两个方面的问题。

(1)DBMS 的特点。物理结构设计只能在特定的 DBMS 下进行,必须了解 DBMS 的功能和特点,充分利用其提供的环境和工具,了解其限制条件。

(2)应用环境。需要了解应用环境的具体要求,如各种应用的数据量、处理频率和响应时间等。特别是计算机系统的性能,数据库系统不仅与数据库设计有关,还与计算机系统有关。比如,是单任务系统还是多任务系统,是单磁盘还是磁盘阵列,是数据库专用服务器还是多用途服务器等。还要了解数据的使用频率,对于使用频率高的数据要优先考虑。此外,数据库的物理结构设计是一个不断完善的过程,开始只能是一个初步设计,在数据库系统运行过程中要不断检测并进行调整和优化。

7.6.2　数据库物理设计的内容和方法

不同的数据库产品所提供的物理环境、存取方法和存储结构有很大差别,能供设计人员使用的设计变量、参数范围也很不相同,因此没有通用的物理设计方法可遵循,只能给出一般的设计内容和原则。希望设计优化的物理数据库结构,使得在数据库上运行的各种事务响应时间短、存储空间利用率高、事务吞吐量大。为此,首先对要运行的事务进行详细分析,获得选择物理数据库设计所需要的参数;其次,要充分了解所用关系数据库管理系统的内部特征,特别是系统提供的存取方法和存储结构。

对于关系数据库的物理结构设计主要内容包括以下两个方面。

(1)为关系模式选取存取方法。

(2)设计关系、索引等数据库文件的物理存储结构。

对于数据库查询事务,需要得到如下信息:

1)查询的关系。

2)查询条件所涉及的属性。

3)连接条件所涉及的属性。

4)查询的投影属性。

对于数据更新事务,需要得到如下信息:

1)被更新的关系。

2)每个关系上的更新操作条件所涉及的属性。

3)修改操作要改变的属性值。

除此之外,还需要知道每个事务在各关系上运行的频率和性能要求。例如,事务 T 必须在 10 s 内结束,这对于存取方法的选择具有重大影响。

上述这些信息是确定关系的存取方法的依据。

应注意的是，数据库上运行的事务会不断变化、增加或减少，以后需要根据上述设计信息的变化调整数据库的物理结构。

通常关系数据库物理设计的内容主要包括为关系模式选择存取方法，以及设计关系、索引等数据库文件的物理存储结构。

下面就介绍这些设计内容和方法。

7.6.3 关系模式存取方法选择

数据库系统是多用户共享的系统，对同一个关系要建立多条存取路径才能满足多用户的多种应用要求。物理结构设计的任务之一是根据关系数据库管理系统支持的存取方法确定选择哪些存取方法。

存取方法是快速存取数据库中数据的技术。数据库管理系统一般提供多种存取方法。常用的存取方法为索引方法和聚族(Clustering)方法。

B+树索引和 hash 索引是数据库中经典的存取方法，使用最普遍。

1. B+树索引存取方法的选择

所谓选择索引存取方法，实际上就是根据应用要求确定对关系的哪些属性列建立索引、哪些属性列建立组合索引、哪些索引要设计为唯一索引等。一般来说：

(1)若一个(或组)属性经常在查询条件中出现，则考虑在这个(或这组)属性上建立索引(或组合索引)。

(2)若一个属性经常作为最大值和最小值等聚集函数的参数，则考虑在这个属性上建立索引。

(3)若一个(或一组)属性经常在连接操作的连接条件中出现，则考虑在这个(或这组)属性上建立索引。

关系上定义的索引数并不是越多越好，系统为维护索引要付出代价，查找索引也要付出代价。例如，若一个关系的更新频率很高，这个关系上定义的索引数不能太多。因为更新一个关系时，必须对这个关系上有关的索引做相应的修改。

2. hash 索引存取方法的选择

选择 hash 存取方法的规则如下：若一个关系的属性主要出现在等值连接条件中或主要出现在等值比较选择条件中，而且满足下列两个条件之一，则此关系可以选择 hash 存取方法。

(1)一个关系的大小可预知，而且不变。

(2)关系的大小动态改变，但数据库管理系统提供了动态 hash 存取方法。

3. 聚簇存取方法的选择

为了提高某个属性(或属性组)的查询速度，把这个或这些属性上具有相同值的元组集中存放在连续的物理块中称为聚簇。该属性(或属性组)称为聚簇码(Cluster Key)。

聚簇功能可以大大提高按聚簇码进行查询的效率。例如，要查询信息系的所有学生名单，设信息系有 500 名学生，在极端情况下，这 500 名学生所对应的数据元组分布在 500 个不同的物理块上。尽管对学生关系已按所在系建有索引，由索引很快找到信息系学生的元组标识，避免了全表扫描，然而在由元组标识去访问数据块时就要存取 500 个物理块，执行 500 次 I/O 操作。若将同一系的学生元组集中存放，则每读一个物理块可得到多个满足查询条件的元组，从而显著地减少了访问磁盘的次数。

聚簇功能不但适用于单个关系，也适用于经常进行连接操作的多个关系。即把多个连接关系的元组按连接属性值聚集存放。这就相当于把多个关系按"预连接"的形式存放，从而大大提高连接操作的效率。

一个数据库可以建立多个聚簇，一个关系只能加入一个聚簇。选择聚簇存取方法，即确定需要建立多少个聚簇，每个聚簇中包括哪些关系。

首先设计候选聚簇，一般来说：

(1)对经常在一起进行连接操作的关系可以建立聚簇。

(2)若一个关系的一组属性经常出现在相等比较条件中，则该单个关系可建立聚簇。

(3)若一个关系的一个(或一组)属性上的值重复率很高，则此单个关系可建立聚簇。即对应每个聚簇码值的平均元组数不能太少，太少则聚簇的效果不明显。

然后检查候选聚簇中的关系，取消其中不必要的关系。

(1)从聚簇中删除经常进行全表扫描的关系。

(2)从聚簇中删除更新操作远多于连接操作的关系。

(3)不同的聚簇中可能包含相同的关系，一个关系可以在某一个聚簇中，但不能同时加入多个聚簇。要从这多个聚簇方案(包括不建立聚簇)中选择一个较优的，即在这个聚簇上运行各种事务的总代价最小。

必须强调的是，聚簇只能提高某些应用的性能，而且建立与维护聚簇的开销是相当大的。对已有关系建立聚簇将导致关系中元组移动其物理存储位置，并使此关系上原来建立的所有索引无效，必须重建。当一个元组的聚簇码值改变时，该元组的存储位置也要做相应移动，聚簇码值要相对稳定，以减少修改聚簇码值所引起的维护开销。

因此，当通过聚簇码进行访问或连接是该关系的主要应用，与聚簇码无关的其他访问很少或者是次要的，这时可以使用聚簇。尤其当 SQL 语句中包含有与聚簇码有关的 ORDERBY、GROUPBY、UNION、DISTINCT 等子句或短语时，使用聚簇特别有利，可以省去对结果集的排序操作；否则很可能会适得其反。

7.6.4　确定数据库的存储结构

确定数据库物理结构主要指确定数据的存放位置和存储结构，包括确定关系、索引、聚簇、日志、备份等的存储安排和存储结构，确定系统配置等。

确定数据的存放位置和存储结构要综合考虑存取时间、存储空间利用率和维护代价三方面的因素。这三个方面常常是相互矛盾的，因此需要进行权衡，选择一个折中方案。

1. 确定数据的存放位置

为了提高系统性能，应该根据应用情况将数据的易变部分与稳定部分、经常存取部分和存取频率较低部分分开存放。

例如，数据库数据备份、日志文件备份等由于只在故障恢复时才使用，而且数据量很大，可以考虑存放在磁带上。如果计算机有多个磁盘或磁盘阵列，可以考虑将表和索引放在不同的磁盘上，在查询时，由于磁盘驱动器并行工作，可以提高物理 I/O 读写的效率；也可以将比较大的表分放在两个磁盘上，以加快存取速度，这在多用户环境下特别有效；还可以将日志文件与数据库对象（表、索引等）放在不同的磁盘上，以改进系统的性能。

由于各个系统所能提供的对数据进行物理安排的手段、方法差异很大，因此设计人员应仔细了解给定的关系数据库管理系统提供的方法和参数，针对应用环境的要求对数据进行适当的物理安排。

2. 确定系统配置

关系数据库管理系统产品一般都提供了一些系统配置变量和存储分配参数，供设计人员和数据库管理员对数据库进行物理优化。初始情况下，系统都为这些变量赋予了合理的默认值。但是这些值不一定适合每种应用环境，在进行物理设计时需要重新对这些变量赋值，以改善系统的性能。

系统配置变量很多，例如，同时使用数据库的用户数，同时打开的数据库对象数，内存分配参数，缓冲区分配参数（使用的缓冲区长度、个数），存储分配参数，物理块的大小，物理块装填因子，时间片大小，数据库大小，锁的数目等。这些参数值影响存取时间和存储空间的分配，在物理设计时就要根据应用环境确定这些参数值，以使系统性能最佳。

在物理设计时对系统配置变量的调整只是初步的，在系统运行时还要根据系统实际运行情况做进一步的调整，以期切实改进系统性能。

7.6.5 评价物理结构

数据库物理设计过程中需要对时间效率、空间效率、维护代价和各种用户要求进行权衡，其结果可以产生多种方案。数据库设计人员必须对这些方案进行细致的评价，从中选择一个较优的方案作为数据库的物理结构。

评价物理数据库的方法完全依赖于所选用的关系数据库管理系统，主要是从定量估算各种方案的存储空间、存取时间和维护代价入手，对估算结果进行权衡、比较，选择出一个较优的、合理的物理结构。若该结构不符合用户需求，则需要修改设计。

7.6.6 实例——教学管理系统（物理结构设计）

从逻辑模型转向物理模型设计，遵循传统的数据库设计方法。这个阶段主要完成以下任务。

（1）选择开发工具。

（2）创建数据库及其基本表。先利用数据库管理系统创建数据库，然后在数据库中根据逻辑模型所设计的表来创建数据表。这些数据库表分别是系信息表、学生表、教师表、课程表、成绩表、教师授课表和学生选课表。

（3）创建索引。数据库的数据量巨大，但数据稳定，很少更改，因此可以创建索引来加快信息的检索速度，优化查询的响应时间。在创建数据表时，可以对每一个表都设置主键索引。

7.7 数据库的实施和维护

完成数据库的物理设计之后，设计人员就要用关系数据库管理系统提供的数据定义语言和其他实用程序将数据库逻辑设计和物理设计结果严格描述出来，成为关系数据库管理系统可以接受的源代码，再经过调试产生目标模式，然后就可以组织数据入库了，这就是数据库实施阶段。

7.7.1 建立实际的数据库结构

根据逻辑结构和物理结构设计，使用Oracle 11g提供的命令，创建数据库，建立数据库中所包含的各种数据对象，包括表、视图、索引、触发器等。这部分的工作可以用PL/SQL中的CREATE DATABASE、CREATE TABLE、CREATE VIEW等命令手工编写。这些PL/SQL语句一般都需要保存，形成建立数据库的脚本，一方面方便修改调试，另一方面可以在不同时间或计算机上多次创建数据库。

7.7.2 数据的载入和应用程序的调试

数据库实施阶段包括两项重要的工作，一项是数据的载入，另一项是应用程序的编码和调试。

一般数据库系统中数据量都很大，而且数据来源于部门中的各个不同的单位，数据的组织方式、结构和格式都与新设计的数据库系统有相当的差距。组织数据载入就要将各类源数据从各个局部应用中抽取出来，输入计算机，再分类转换，最后综合成符合新设计的数据库结构的形式，输入数据库。因此这样的数据转换、组织入库的工作是相当费力、费时的。

特别是原系统是手工数据处理系统时，各类数据分散在各种不同的原始表格、凭证、单据之中。在向新的数据库系统中输入数据时还要处理大量的纸质文件，工作量就更大。为提高数据输入工作的效率和质量，应该针对具体的应用环境设计一个数据录入子系统，由计算机来完成数据入库的任务。在源数据入库之前要采用多种方法对其进行检验，以防止不正确的数据入库，这部分的工作在整个数据输入子系统中是非常重要的。

现有的关系数据库管理系统一般都提供不同关系数据库管理系统之间数据转换的工具，若原来是数据库系统，就要充分利用新系统的数据转换工具。

实际情况中，主要有以下几类数据来源。

1. 手工(纸质)数据

用户以前没有使用任何计算机系统协助业务工作，所有的数据都存储在一些报表、档案、凭证、单据、台账中。组织这类数据入库的工作非常艰辛。一方面需要用户按照数据库要求配合整理手工数据，确保手工数据的正确性、一致性、完整性。另一方面需要提供简单有效的录入工具，通过手工录入的方式，将手工数据导入数据库。录入时，需要验证数据，确保数据录入的准确性。

2. 文件型数据

用户已经使用计算机系统协助业务工作，但是没有使用特定的数据库应用系统。数据存在一些文档中，如 Excel、Word 文件。这类数据也需要一些转换工具半自动后自动导入。导入之前也需要用户进行核对。

3. 数据库数据

用户已经使用数据库应用系统协助业务工作，新系统是旧系统的改版或升级，甚至采用的 DBMS 也不同。数据库实施时，需要在了解原系统的逻辑结构的基础上进行数据迁移。

总之，这三种不同来源的数据都需要数据库转移工具或录入工具进行导入，导入时必须保证数据的准确性，都需要用户配合前期的数据整理。

仅仅有数据库是不能提供给普通用户使用的，必须以数据库为基础，开发出数据库应用程序。数据库应用程序的设计应该与数据库设计同时进行，因此在组织数据入库的同时还要调试应用程序。在数据库实施阶段，在数据库结构建立好后，就可以开始编制与调试数据库的应用程序。调试应用程序时由于数据入库尚未完成，可先使用模拟数据。应用程序的设计、编码和调试的方法、步骤在软件工程等课程中有详细讲解，这里就不再赘述了。

7.7.3 数据库的试运行

在原有系统的数据有一小部分已输入数据库后，就可以开始对数据库系统进行联合调试了，这又称为数据库的试运行。

这一阶段要实际运行数据库应用程序，执行对数据库的各种操作，测试应用程序的功能是否满足设计要求。如果不满足，对应用程序部分就要修改、调整，直到达到设计要求为止。

对数据库的测试，重点在两个方面：一是通过应用系统的各种操作，数据库中的数据能否保持一致性，完整性约束是否有效实施；二是数据库的性能指标是否满足用户的性能要求，分析是否达到设计目标。

在对数据库进行物理设计时已初步确定了系统的物理参数值，但一般情况下，设计时的考虑在许多方面只是近似估计，和实际系统运行总有一定的差距，因此必须在试运行阶段实际测量和评价系统性能指标。事实上，有些参数的最佳值往往是经过运行调试后找到的。若测试的结果与设计目标不符，则要返回物理设计阶段重新调整物理结构，修改系统参数，某些情况下甚至要返回逻辑设计阶段修改逻辑结构。

这里特别要强调两点。第一，上面已经讲到组织数据入库是十分费时、费力的事，如果试运行后还要修改数据库的设计，那么还要重新组织数据入库。因此应分期分批地组织数据入库，先输入小批量数据做调试用，待试运行基本合格后再大批量输入数据，逐步增加数据量，逐步完成运行评价。第二，在数据库试运行阶段，由于系统还不稳定，硬、软件故障随时都可能发生，而系统的操作人员对新系统还不熟悉，误操作也不可避免，因此要做好数据库的转储和恢复工作。一旦故障发生，能使数据库尽快恢复，尽量减少对数据库的破坏。

7.7.4 数据库的维护

数据库试运行合格后，数据库开发工作就基本完成，可以投入正式运行了。但是由于应用环境在不断变化，数据库运行过程中物理存储也会不断变化，对数据库设计进行评价、调整、修改等维护工作是一个长期的任务，也是设计工作的继续和提高。

在数据库运行阶段，对数据库经常性的维护工作主要是由数据库管理员完成的。数据库的维护工作主要包括以下几方面。

1. 数据库的转储和恢复

数据库的转储和恢复是系统正式运行后最重要的维护工作之一。数据库管理员要针对不同的应用要求制定不同的转储计划,以保证一旦发生故障能尽快将数据库恢复到某种一致的状态,并尽可能减少对数据库的破坏。

2. 数据库的安全性、完整性控制

在数据库运行过程中,由于应用环境的变化,对安全性的要求也会发生变化,比如有的数据原来是机密的,现在则可以公开查询,而新加入的数据又可能是机密的。系统中用户的密级也会改变。这些都需要数据库管理员根据实际情况修改原有的安全性控制。同样,数据库的完整性约束条件也会变化,也需要数据库管理员不断修正,以满足用户要求。

3. 数据库性能的监督、分析和改造

在数据库运行过程中,监督系统运行,对监测数据进行分析,找出改进系统性能的方法是数据库管理员的又一重要任务。目前有些关系数据库管理系统提供了监测系统性能参数的工具,数据库管理员可以利用这些工具方便地得到系统运行过程中一系列性能参数的值。数据库管理员应仔细分析这些数据,判断当前系统运行状况是否为最佳,应当做哪些改进,例如调整系统物理参数或对数据库进行重组织或重构造等。

4. 数据库的重组织与重构造

数据库运行一段时间后,由于记录不断增、删、改,将会使数据库的物理存储情况变坏,降低数据的存取效率,使数据库性能下降,这时数据库管理员就要对数据库进行重组织或部分重组织(只对频繁增、删的表进行重组织)。关系数据库管理系统一般都提供数据重组织用的实用程序。在重组织的过程中,按原设计要求重新安排存储位置、回收垃圾,减少指针链等,提高系统性能。

数据库的重组织并不修改原设计的逻辑和物理结构,而数据库的重构造则不同,它是指部分修改数据库的模式和内模式。

系统运行一段时间后,由于数据库应用环境发生变化,用户的需求有可能改变,增加了新的应用或新的实体,取消了某些应用,有的实体与实体间的联系也发生了变化等,使原有的数据库设计不能满足新的需求,需要调整数据库的模式和内模式。例如,在表中增加或删除某些数据项,改变数据项的类型,增加或删除某个表,改变数据库的容量,增加或删除某些索引等。当然数据库的重构也是有限的,只能做部分修改。如果应用变化太大,重构也无济于事,那么说明此数据库应用系统的生命周期已经结束,应该设计新的数据库应用系统了。

本章小结

数据库系统的设计是一项十分复杂的系统工程。本章按照规范化的设计方法讲述了数据库设计的6个阶段,包括需求分析阶段、概念结构设计阶段、逻辑结构设计阶段、物理结构设计阶段、数据库实施阶段、数据库的运行和维护阶段,并列举了较多的实例,详细介绍了数据库设计各个阶段的目标,方法以及应注意的事项。每一阶段都有各自的特点和任务。

(1)需求分析部分给出了需求分析需要做的任务和方法。

(2)概念模型设计部分主要介绍了表示方法、特点、4 种设计方法、以自底向下的设计方法的步骤,重点介绍了 E－R 模型的基本概念和图示方法。应重点掌握实体型、属性和联系的概念,理解实体型之间的一对一、一对多和多对多联系,掌握 E－R 模型的设计以及把 E－R 模型转换为关系模型的方法。

(3)逻辑结构设计部分主要探讨了 E－R 图向关系模型的转换和数据模型的优化,并结合实例加深应用。数据依赖是关系数据库设计的中心问题,因此,在规范化部分介绍了其中一种重要的形式函数依赖和 6 个范式。从数据依赖的角度出发,在什么是结构好的关系这一问题上,人们已经做了很多的研究工作。这些工作最终产生了“规范化”理论。在关系数据库的设计实践中,正是通过“规范化”关系使数据的组织合理化。规范化还可用作检查关系是否合乎需要和正确与否的指南。

(4)最后介绍了物理设计,关系数据库的物理模型设计相对于其他模型而言是较为简单的。

其中重点是概念结构的设计和逻辑结构的设计,这也是数据库设计过程中最重要的两个环节。

数据库设计的这 6 个阶段并不是由一个人顺序单向完成的,而是需要多人合作、循序渐进地完成。各阶段都需要在前一阶段设计的基础上,理解前阶段的设计结果,从而进行本阶段的设计,并验证前阶段设计的合理性。如果存在问题,还需要返回前面的步骤,重新设计。

数据库设计是属于方法学的范畴,主要需要掌握基本方法和一般原则,并能在实际工作中运用这些思想设计符合应用需求的数据库模式和数据库应用系统。

习　　题

一、选择题

1. 在概念模型中的客观存在并可相互区别的事物称为(　　)。

A. 元组　　B. 实体

C. 属性　　D. 结点

2. 数据流程图是用于数据库设计中(　　)阶段的工具。

A. 概要设计　　B. 可行性分析

C. 需求分析　　D. 程序编码

3. 关系模式中,满足 2NF 的模式(　　)。

A. 可能是 1NF　　B. 必定是 1NF

C. 必定是 3NF　　D. 必定是 BCNF

4. 在关系数据库设计中,对关系进行规范化处理,使关系达到一定的范式,例如达到 3NF,这是(　　)阶段的任务。

A. 需求分析阶段　　B. 逻辑设计阶段

C. 概念设计阶段　　D. 物理设计阶段

5. 消除了部分函数依赖的1NF的关系模式，必定是（　　）。

A. 1NF　　B. 2NF

C. 3NF　　D. BCNF

6. 概念模型是现实世界的第一层抽象，这一类最著名的模型是（　　）。

A. 层次模型　　B. 关系模型

C. 实体-关系模型　　D. 网状模型

7. 数据库设计中，确定数据库存储结构，即确定关系、索引、聚簇、日志、备份等数据的存储安排和存储结构，这是数据库设计的（　　）。

A. 物理结构设计阶段　　B. 逻辑结构设计阶段

C. 概念结构设计阶段　　D. 需求分析阶段

二、填空题

1. 需求调查和分析的结果最终形成＿＿＿＿＿＿，提交给应用部门，通过评审后作为以后各个设计阶段的依据。

2. 关系数据库的规范化理论是数据库＿＿＿＿＿＿的一个有力工具；E-R模型是数据库的＿＿＿＿＿＿设计的一个有力工具。

3. E-R模型是对现实世界的一种抽象，它的主要成分是＿＿＿＿＿＿、＿＿＿＿＿＿和＿＿＿＿＿＿。

4. 任何DBMS都提供多种存取方法。常用的存取方法有＿＿＿＿＿＿、＿＿＿＿＿＿、＿＿＿＿＿＿等。

三、简答题

1. 试述数据库设计过程。

2. 什么是数据库的概念结构？试述其特点和设计策略。

3. 定义并解释概念模型中以下术语：实体、实体型、实体集、属性、码。

4. 学校中有若干系，每个系有若干班级和教研室，每个教研室有若干教师，其中有的教授和副教授每人各带若干研究生，每个班有若干学生，每个学生选修若干课程，每门课可由若干学生选修。请用E-R图画出此学校的概念模型。

5. 某工厂生产若干产品，每种产品由不同的零件组成，有的零件可用在不同的产品上。这些零件由不同的原材料制成，不同零件所用的材料可以相同。这些零件按所属的不同产品分别放在仓库中，原材料按照类别放在若干仓库中。请用E-R图画出此工厂产品、零件、材料、仓库的概念模型。

6. 什么是数据库的逻辑结构设计？试述其设计步骤。

7. 试把简答题4和简答5中的E-R图转换为关系模型。

8. 学生选课子系统主要用于学生选课注册管理和学生成绩管理。假定某学校只有一种类型的学生，学生注册时提供包括学生的姓名、性别、籍贯、年龄、身份证号码、入学年月，家庭住址、父母姓名，联系电话等基本情况，注册成功后，每一个学生有唯一的一个学号。学校已经开设多门课程，每门课程有唯一的课程编号，并且还有课程名称、课程简介、学分等情况。学期初,每个学生可以选修若干门课程,每门选修课程可以有多个学生选修。请用E-R图画出该系统,然后将E-R模型转换为关系模型。

9.试用规范化理论中有关范式的概念分析简答题4设计的关系模型中各个关系模式的候选码,它们属于第几范式?会产生什么更新异常?

10.规范化理论对数据库设计有什么指导意义?

11.试述数据库物理设计的内容和步骤。

12.数据库物理结构优化包括哪些内容?

13.数据库实施包括哪些工作?

14.数据输入在实施阶段的重要性是什么?如何保证输入数据的正确性?

15.什么是数据库的再组织和重构造?为什么要进行数据库的再组织和重构造?

上机实验

掌握数据库设计基本方法和基本步骤,包括数据库概念结构设计、逻辑结构设计和物理结构设计。能够利用一种数据库设计工具自动生成数据库模式SQL语句,能够在数据库管理系统中执行相应的SQL语句,创建所设计的数据库。

【实验目的】

掌握数据库设计的基本方法和步骤,熟悉数据库设计各个阶段所要完成的任务和实施方法。通过该实验更加清楚地了解数据库设计的过程。

【实验准备】

机器上已安装Oracle 11g。

【实验内容和步骤】

根据实际情况,自选一个小型的数据库应用项目,并深入到应用项目中调研,进行分析和设计,例如可选择学籍管理系统、工资管理系统、教材管理系统和小型超市商品管理系统和图书管理系统等。要求写出数据库设计报告。

在数据库设计报告中包括以下内容:

(1)系统需求分析报告。

(2)使用Word中的画图工具画出概念模型的设计(E-R图)。

(3)关系数据模型的设计,即将E-R图转换为关系模型。

第8章　PL/SQL编程基础

PL/SQL(Procedural Language/SQL，过程化SQL)是Oracle推出的过程化的SQL编程语言，使用PL/SQL可以为SQL引入结构化的程序处理能力，例如，可以在PL/SQL中定义常量、变量、游标、存储过程等，可以使用条件、循环等流程控制语句。PL/SQL的这种特性使得开发人员可以在数据库中添加业务逻辑，并且由于业务逻辑与数据均位于数据库服务器端，因此，比客户端编写的业务逻辑能提供更好的性能。

8.1　PL/SQL编程基础

如果使用基本的SQL语句进行数据操作，没有流程控制语句，那么将无法开发复杂的应用。Oracle PL/SQL是结合了SQL与Oracle自身过程控制的强大语言，PL/SQL不但支持更多的数据类型，拥有自身的变量声明、赋值语句，而且还有条件、循环等流程控制语句。过程控制结构与SQL数据处理能力无缝的结合形成了强大的编程语言，可以创建存储过程、函数、触发器以及程序包。

PL/SQL是一种块结构的语言，它将一组语句放在一个块中，一次性发送给服务器，PL/SQL引擎分析收到的PL/SQL语句块中的内容，把其中的过程控制语句交由PL/SQL引擎自身去执行，把PL/SQL块中的SQL语句交给服务器的SQL语句执行器执行。PL/SQL块发送给服务器后，先被编译然后执行，对于有名称的PL/SQL块(如存储过程、函数、触发器、程序包)可以单独编译，永久地存储在数据库中，随时准备执行。

8.1.1　PL/SQL的优点

1. 支持SQL

SQL是访问数据库的标准语言，通过SQL语句，用户可以操纵数据库中的数据。PL/SQL支持所有的SQL数据操纵命令、游标控制命令、事务控制命令、SQL函数、运算符和伪列。同时PL/SQL和SQL紧密集成，PL/SQL支持所有的SQL数据类型和NULL值。

2. 支持面向对象编程

PL/SQL支持面向对象的编程，在PL/SQL中可以创建类型，可以对类型进行继承，可以在存储过程、函数等中重载方法等。

3. 更好的性能

SQL 是非过程语言，只能一条一条执行，PL/SQL 则是把一个 PL/SQL 块统一进行编译后执行，同时还可以把编译好的 PL/SQL 块存储起来，以备重用，减少了应用程序和服务器之间的通信时间，因此 PL/SQL 是快速而高效的。

4. 可移植性

使用 PL/SQL 编写的应用程序，可以移植到任何操作系统平台上的 Oracle 服务器，同时还可以编写可移植程序库，以在不同环境中重用。

5. 安全性

可以通过存储过程对客户机和服务器之间的应用程序逻辑进行分隔，这样可以限制对 Oracle 数据库的访问，数据库还可以授权和撤销其他用户访问的能力。

8.1.2 如何编写和编译 PL/SQL 程序块

编写和编译 PL/SQL 程序块主要分以下 6 个步骤。

(1)启动 SQL * Plus 工具。

(2)打开 PL/SQL 程序文件，例如：SQL>EDIT c:\plsqlblock1. sql。

(3)在编辑窗口中输入 PL/SQL 语句，在 END;结束符的下一行开头加"/"作为结束标志。

(4)保存刚输入的 PL/SQL 块，关闭编辑窗口。

(5)激活 dbms_output 包，编译和运行块。

SQL > SET SERVEROUTPUT ON;

SQL > START c:\plsqlblock1. sql;

(6)如果编译有错，回到第(3)步检查语法，然后回到第(5)步重新编译。直到成功为止。

8.2 PL/SQL 程序结构

PL/SQL 程序都是以块为基本单位的。

8.2.1 基本块结构

PL/SQL 是一种块结构的语言，一个 PL/SQL 程序包含一个或者多个逻辑块，逻辑块中可以声明变量、常量等，变量在使用之前必须先声明。除了正常的执行程序外，PL/SQL 还提供了专门的异常处理部分进行异常处理。每个 PL/SQL 逻辑块包括 3 部分，语法如下。

```
[DECLARE
    声明变量、常量、游标、自定义异常]--声明语句(1)
BEGIN
    SQL 语句
    PL/SQL 语句
```

——执行语句(2)
[EXCEPTION
　　异常发生时执行的动作]——异常执行语句(3)
END;
其中,各部分内容介绍如下。

(1)声明部分。该部分包含变量、常量等的定义。这部分由关键字 DECLARE 开始,是可选的,如果不声明变量或者常量,那么可以省略这部分。

(2)执行部分。该部分是 PL/SQL 块的指令部分,由关键字 BEGIN 开始,关键字 END 结尾,且 END 后面必须加分号。所有的可执行 PL/SQL 语句都放在这一部分,该部分执行命令并操作变量。其他的 PL/SQL 块可以作为子块嵌套在该部分。PL/SQL 块的执行部分是必选的。

(3)异常处理部分。由关键字 EXCEPTION 开始,如果没有异常处理,那么可以省略这部分。

注释增强了程序的可读性,使得程序更易于理解。这些注释在进行编译时被 PL/SQL 编译器忽略。注释有单行注释和多行注释两种,这与许多高级语言的注释风格是一样的。单行注释由两个连字符(——)开始直到行尾(回车符标志着注释的结束)。多行注释由/* 开头,由 */结尾,这和 C 语言是一样的。

8.2.2　变量定义

1. 变量定义

变量的作用是用来存储数据,可以在过程语句中使用。变量在声明部分可以进行初始化,即赋予初值。变量在定义的同时也可以将其说明成常量并赋予固定的值。变量的命名规则是以字母开头,后跟其他的字符序列,字符序列中可以包含字母、数值、下画线等符号,最大长度为 30 个字符,不区分大小写。不能使用 Oracle 的保留字作为变量名。变量名不能和在程序中引用的字段名重复,如果重复,那么变量名将会被当作字段名来使用。

变量的作用范围是在定义此变量的程序范围内,如果程序中包含子块,那么变量在子块中也有效。但在子块中定义的变量,仅在定义变量的子块中有效,在主程序中无效。

变量定义的方法如下。

DECLARE 变量名 [CONSTANT] 数据类型 [NOT NULL][:=值 | DEFAULT 值];
其中:关键字 CONSTANT 用来说明定义的是常量,如果是常量,那么必须有赋值部分进行赋值,且不可更改;关键值 NOT NULL 用来说明变量不能为空,变量声明为 NOT NULL 时必须指定默认值;:=或 DEFAULT 用来为变量赋初值。需要注意的是,每一行只能声明一个变量。

变量可以在程序中使用赋值语句重新赋值,通过输出语句可以查看变量的值。

在程序中为变量赋值的语法如下。

变量名:=值或 PL/SQL 表达式;

以下是有关变量定义和赋值的例子。

【例 8.1】 变量的定义和初始化。

```
SQL > SET SERVEROUTPUT ON
SQL > DECLARE－－声明部分标识
    v_job VARCHAR2(9);
    v_count BINARY_INTEGER DEFAULT O;
    v_total_sal NUMBER(9,2):=0;
    v_date DATE:=SYSDATE;
    c_tax_rate CONSTANT NUMBER(3,2):=8.25;
    v_valid BOOLEAN NOT NULL:=TRUE;
    BEGIN
        v_job:='MANAGER';－－在程序中赋值
        DBMS_OUTPUT.PUT_LINE(v_job);－－输出变量 v_job 的值
        DBMS_OUTPUT.PUT_LINE(v_count);－－输出变量 v_count 的值
        DBMS_OUTPUT.PUT_LINE(v_date);－－输出变量 v_date 的值
        DBMS_OUTPUT.PUT_LINE(c_tax_rate);－－输出变量 c_tax_rate 的值
END;
/
```

执行结果如下。

```
MANAGER
0
15 - 1 月 - 2013 -
8.25
PL/SQL 过程已成功完成
```

本例共定义了 6 个变量，分别用“:=”赋值运算符或 DEFAULT 关键字对变量进行了初始化。其中：c_tax_rate 为常量，在数据类型前加了“CONSTANT”关键字；v_valid 变量在赋值运算符前面加了关键字“NOT NULL”，强制不能为空。如果变量是布尔型，那么它的值只能是“TRUE”“FALSE”或“NULL”。本例中的 v_valid 布尔变量的值只能取“TRUE”或“FALSE”。

2. 根据表的字段定义变量

变量的声明还可以根据数据库表的字段进行定义或根据已经定义的变量进行定义。方法是在表的字段名或已经定义的变量名后加%TYPE，将其当作数据类型。使用%TYPE 声明变量的类型，保证该变量与表中某字段的数据类型一致。定义字段变量的方法如下。

DECLARE 变量名 表名.字段名 %TYPE;

【例 8.2】 根据表的字段定义变量。

```
SQL > SET SERVEROUTPUT ON
SOL > DECLARE
    v_ename emp.ename%TYPE;－－根据字段定义变量
    BEGIN
```

```
    SELECT ename INTO v_ename FROM emp WHERE empno=7788;
    DBMS_OUTPUT.PUT_LINE(v_ename);--输出变量的值
    END;
/
```

执行结果如下。

```
    SCOTT
    PL/SQL 过程已成功完成..
```

变量 v_ename 是根据表 emp 的 ename 字段定义的，两者的数据类型总是一致的。

如果根据数据库的字段定义了某一变量，后来数据库的字段数据类型又进行了修改，那么程序中的该变量的定义也自动使用新的数据类型。使用该种变量定义方法，变量的数据类型和大小是在编译执行时决定的，这为书写和维护程序提供了很大的便利。

3. 记录变量的定义

还可以根据表或视图的一个记录中的所有字段定义变量，称为记录变量。记录变量包含若干个字段，在结构上同表的一条记录相同，定义方法是在表名后跟%ROWTYPE。记录变量的字段名就是表的字段名，数据类型也一致。

记录变量的定义方法如下。

DECLARE 记录变量名 表名 %ROWTYPE;

获得记录变量的字段的方法是：记录变量名.字段名，如 emp_record.ename。

8.2.3　PL/SQL 中的运算符和函数

PL/SQL 常见的运算符和函数如下。

(1)算术运算：加(+)、减(-)、乘(*)、除(/)、指数(**)。

(2)关系运算：小于(<)、小于等于(<=)、大于(>)、大于等于(>=)、等于(=)、不等于(!=或<>)。

(3)字符运算：连接(||)。

(4)逻辑运算：与(AND)、或(OR)、非(NOT)。

还有如下所示的特殊运算。

IS NULL：用来判断运算对象是否为空，为空则返回 TRUE。

LIKE：用来判断字符串是否与模式匹配。

BETWEEN…AND…：判断值是否位于一个区间。

IN(…)：测试运算对象是否在一组值的列表中。

IS NULL 或 IS NOT NULL 用来判断运算对象的值是否为空，不能用“=”去判断。此外，对空值的运算也必须注意，对空值的算术和比较运算的结果都是空，但对空值可以进行连接运算，结果是另外一部分的字符串。举例如下。

NULL+5 的结果为 NULL。

NULL>5 的结果为 NULL。

NULL||'ABC'的结果为'ABC'。

在 PL/SQL 中可以使用绝大部分 Oracle 函数，但是聚集函数[如 AVG()、MIN()，

MAX()等]只能出现在 SQL 语句中，不能在其他语句中使用，还有 GREATEST()，LEAST()也不能使用。类型转换在很多情况下是自动的，在不能进行自动类型转换的场合需要使用转换函数。

8.3 PL/SQL 控制结构

PL/SQL 程序段中有 3 种控制结构：条件结构、循环结构和顺序结构。

8.3.1 条件结构

1. 分支结构

分支结构是最基本的程序结构，分支结构由 IF 语句实现。使用 IF 语句，根据条件可以改变程序的逻辑流程。IF 语句有如下的形式。

```
IF  条件表达式 1THEN
语句序列 1；
[ELSIF 条件表达式 2THEN
语句序列 2；
ELSE
语句序列 n；]
ENDIF；
```

其中：条件表达式部分是一个逻辑表达式，值只能是真（TRUE）、假（FALSE）或空（NULL）。语句序列为多条可执行的语句。

根据具体情况，分支结构可以有以下几种形式。

```
IF...THEN...ENDIE
IF...THEN...ELSE...ENDIF
IF...THEN...ELSIF...ELSE...ENDIF
```

(1)IF...THEN...ENDIF 形式。这是最简单的 IF 语句，当 IF 后面的判断为真时，执行 THEN 后面的语句，否则跳过这一控制语句。举例如下。

【例 8.3】 若温度大于 30 ℃，则显示“温度偏高”。

```
SQL > SET SERVEROUTPUT ON
SQL > DECLARE
    v_temprature NUMBER(5)：=32；
    v_result BOOLEAN：=FALSE；
    BEGIN
    v_result：=v_temprature>30；
    IF v_result THEN
        DBMS_OUTPUT.PUT_LINE('温度'||v_temprature||'度，偏高')；
    ENDIF；
    END；
```

执行结果如下。

温度32度,偏高

PL/SQL过程已成功完成。

该程序中使用了布尔变量,初值为FALSE,表示温度低于30 ℃。表达式v_temprature>30返回值为布尔型,赋给逻辑变量v_result。若变量v_temprature的值大于30,则返回值为真,否则为假。若v_result值为真,则会执行IF到ENDIF之间的输出语句,否则没有输出结果。试修改温度的初值为25 ℃,重新执行,观察结果。

(2)IF...THEN...ELSE...ENDIF形式。当IF后面的判断为真时,执行THEN后面的语句,否则执行ELSE后面的语句。

【例8.4】 求两个整数a和b的最大值。

```
SQL > SET SERVEROUTPUT ON
SQL > DECLARE
    a NUMBER(5):=32;
    b NUMBER(5):=20;
    v_maxValue NUMBER(5):=0;
    BEGIN
    IF a>b THEN
        v_maxValue=a;
    ELSE
        v_maxValue=b;
    ENDIF;
    DBMS_OUTPUT.PUT_LINE(v_maxValue);
    END;
    /
```

(3)IF...THEN...ELSIF...ELSE...ENDIF形式。

【例8.5】 求两个整数a和b的最大值,需要首先判断a和b是否为空。

```
SQL > SET SERVEROUTPUT ON
SQL > DECLARE
    a NUMBER(5);
    b NUMBER(5);
    v_maxValue NUMBER(5):=0;
    BEGTN
    IF a is NULL or b is NULL THEN
    DBMS_OUTPUT.PUT_LINE('有一个值为空。');
    ELSIF a>b THEN
        v_maxValue=a;
    ELSE
        v_maxValue=b;
```

```
ENDIF;
DBMS_OUTPUT.PUT_LINE(v_maxValue);
END;
/
```

2. 选择结构

CASE 语句适用于分情况的多分支处理，可有以下 3 种用法。

(1)基本 CASE 结构。基本 CASE 结构的语法如下。

```
CASE 选择变量名
WHEN 表达式 1 THEN 语句序列 1
WHEN 表达式 2 THEN 语句序列 2
……
WHEN 表达式 n THEN 语句序列 n
ELSE 语句序列 n+1
END CASE;
```

在整个结构中，选择变量的值同表达式的值进行顺序匹配，若相等，则执行相应的语句序列，若不等，则执行 ELSE 部分的语句序列。

【例 8.6】 使用 CASE 结构实现职务转换。

```
SQL > SET SERVEROUTPUT ON
SQL > DECLARE
    v_job VARCHAR2(10);
    BEGIN
    SELECT job INTO v_job FROM emp WHERE empno=7788;
    CASE v_job
    WHEN'PRESIDENT' THEN DBMS OUTPUT.PUT_ LINE('员职务:总裁');
    WHEN'MANAGER' THEN DBMS_OUTPUT.PUT_ LINE('雇员职务:经理');
    WHEN'SALESMAN' THEN DBMS_OUTPUT.PUT_ LINE('雇员职务:推销员');
    WHEN'ANALYST' THEN DBMS_OUTPUT.PUT_LINE('雇员职务:系统分析员');
    WHEN'CLERK' THEN DBMS_OUTPUT.PUT_LINE('雇员职务:职员');
    ELSE DBMS_OUTPUT.PUT_LINE('雇员职务:未知');
    END CASE;
    END;
    /
```

执行结果如下。

```
雇员职务:系统分析员
PL/SQL 过程已成功完成.
```

以上实例检索雇员 7788 的职务，通过 CASE 结构转换成中文输出。

(2)表达式结构 CASE 语句。在 Oracle 中，CASE 结构还能以赋值表达式的形式出现，它根据选择变量的值求得不同的结果。

它的基本结构如下。

```
变量:=CASE 选择变量名
    WHEN 表达式 1 THEN 值 1
    WHEN 表达式 2 THEN 值 2
    ……
    WHEN 表达式 n THEN 值 n
    ELSE 值 n+1
END;
```

【例 8.7】 使用 CASE 的表达式结构将学生成绩转化为中文输出。

```
SQL > SET SERVEROUTPUT ON
SQL > DECLARE
    v_grade VARCHAR2(10);
    v_result VARCHAR2(10);
    BEGIN
        v_grade:='B';
        v_result:=CASE v_grade
        WHEN'A' THEN '优'
        WHEN'B' THEN '良'
        WHEN'C' THEN '中'
        WHEN'D' THEN '差'
        ELSE'未知'
    END;
    DBMS_OUTPUT.PUT_LINE('评价等级:'||v_result);
    END;
```

执行结果如下。

评价等级:良

PL/SQL 过程已成功完成.

该 CASE 表达式通过判断变量 v_grade 的值,对变量 v_result 赋予不同的值。

(3)搜索 CASE 结构。Oracle 还提供了一种搜索 CASE 结构,它没有选择变量,直接判断条件表达式的值,根据条件表达式决定转向。

```
CASE
    WHEN 条件表达式 1 THEN 语句序列 1
    WHEN 条件表达式 2 THEN 语句序列 2
    WHEN 条件表达式 n THEN 语句序列 n
    ELSE 语句序列 n+1
END CASE;
```

【例 8.8】 使用 CASE 的搜索结构实现学生的成绩转换。

```
SQL > SET SERVEROUTPUT ON
```

```
SQL > DECLARE
        v_grade BINARY_INTEGER:=90;
        BEGIN
        CASE
        WHEN v_grade BETWEEN 90 AND 100 THEN DBMS_ OUTPUT. PUT_
LINE('优秀');
        WHEN v_grade BETWEEN 80 AND 89 THEN DBMS_ OUTPUT. PUT_
LINE('良好');
        WHEN v_grade BETWEEN 70 AND 79 THEN DBMS_ OUTPUT. PUT_
LINE('中等');
        WHEN v_grade BETWEEN 60 AND 69 THEN DBMS_ OUTPUT. PUT_
LINE('及格');
        WHEN v_grade BETWEEN O AND 59 THEN DBMS_ OUTPUT. PUT_
LINE('不及格');
        ELSE THEN DBMS_OUTPUT. PUT_LINE('无效成绩');
END CASE;
END;
```

此结构类似于 IF...THEN...ELSIF...ELSE...ENDIF 结构。由于没有选择变量的存在，所以使用起来更加自由。

8.3.2　循环结构

循环结构是最重要的程序控制结构，用来控制反复执行一段程序。比如若要进行累加，则可以通过适当的循环程序实现。PL/SQL 循环结构可划分为以下 3 种：基本 LOOP 循环、FOR...LOOP 循环和 WHILE...LOOP 循环。

1. 基本 LOOP 循环

基本 LOOP 循环的语法如下。

```
LOOP --循环起始标识
    执行语句;
EXIT [WHEN 条件];
END LOOP;--循环结束标识
```

该循环的作用是反复执行 LOOP 与 END LOOP 之间的语句。

EXIT 用于在循环过程中退出循环，WHEN 用于定义 EXIT 的退出条件。如果没有 WHEN 条件，遇到 EXIT 语句则无条件退出循环。

【例 8.9】 使用基本 LOOP 循环求 $1^2+2^2+3^2+\cdots+10^2$ 的值。

```
SQL > SET SERVEROUTPUT ON
SQL > DECLARE
    v_total NUMBER(5) :=0;
    v_count NUMBER(5) :=1;
```

```
BEGIN
LOOP
        v_total:=v_total+v_count**2;
        EXIT WHEN v_count=10;--退出条件
        v_count:=v_count+1;
END LOOP;
DBMS_OUTPUT.PUT_LINE(v_total);
END;
```

基本循环一定要使用 EXIT 退出，否则就会成为死循环。

2.FOR...LOOP 循环

FOR...LOOP 循环是固定次数循环，语法如下。

```
FOR 控制变量 IN [REVERSE] 下限.. 上限 LOOP
    执行语句;
END LOOP;
```

循环控制变量是隐含定义的，不需要声明。

下限和上限用于指明循环次数。正常情况下循环控制变量的取值由下限到上限递增，REVERSE 关键字表示循环控制变量的取值由上限到下限递减。

【例 8.10】 使用 FOR...LOOP 循环求 $1^2+2^2+3^2+\cdots+10^2$ 的值。

```
SQL > SET SERVEROUTPUT ON
SQL > DECLARE
    v_total NUMBER(5):=0;
    BEGIN
    FOR v_count IN 1..10 LOOP
        v_total:= v_total+v_count**2;
    END LOOP;
    DBMS OUTPUT.PUT_LINE(v_total);
    END;
```

该程序在循环中使用了循环控制变量 v_count，该变量隐含定义。在每次循环中根据循环控制变量 v_count 的值，对其求平方再相加。

3.WHILE...LOOP 循环

WHILE 循环是有条件循环，其格式如下。

```
WHILE 条件
LOOP
    执行语句;
END LOOP;
```

当条件满足时，执行循环体；当条件不满足时，则循环结束。若第一次判断条件为假，则不执行循环体。

【例 8.11】 使用 WHILE...LOOP 循环求 $1^2+2^2+3^2+\cdots+10^2$ 的值。

```
SQL > SET SERVEROUTPUT ON
SQL > DECIARE
      v_total NUMBER(5):= 0;
      v_count NUMBER(5):= 1;
      BEGIN
      WHILE v_count < 11 LOOP
            v_total := v_total + v_count * * 2;
            v_count := v_count + 1;
      END LOOP;
      DBMS_OUTPUT.PUT_LINE(v_total);
      END;
```

4. 多重循环

循环可以嵌套，以下是一个二重循环的例子。

【例 8.12】 使用二重循环求 1! +2! +…+10! 的值。

可以通过多种算法求解该例子，其中第 1 种算法如下。

```
SQL > SET SERVEROUTPUT ON
SQL > DECLARE
      v_total NUMBER(8):=0;
      v_count NUMBER(5):=0;
      j NUMBER(5);
      BEGIN
      FOR i IN 1..10 LOOP
            J :=1;
            v_count :=1;
      WHILE j<=i LOOP
            v_count := v_count *j;
            j := j+1;
      END LOOP;——内循环求 n!
      v_total := v_total + v_count;
END LOOP;——外循环求总和
DBMS_OUTPUT.PUT_LINE(v_total);
END;
```

第 2 种算法如下。

```
SQL > SET SERVEROUTPUT ON
SOL > DECLARE
      v_total NUMBER(8):= 0;
      v_count NUMBER(5):= 1;
```

```
BEGIN
FOR i IN 1..10 LOOP
        v_count := v_count * i; --求 n!
        v_total := v_total + v_count;
END LOOP; --循环求总和
DBMS_OUTPUT.PUT_LINE(v_total);
END;
```

第 1 种算法的程序内循环使用 WHILE 循环求阶层，外循环使用 FOR 循环求总和。第 2 种算法是简化的算法，根据是 n！ =n×(n－1)！。

8.3.3　GOTO 语句

GOTO 语句的格式如下。

GOTO 标签标记；

这是个无条件转向语句。执行 GOTO 语句时，控制会立即转到由标签标记的语句(使用<<>>声明)，PL/SQL 中对 GOTO 语句有一些限制，对于块、循环、IF 语句而言，从外层跳转到内层是非法的。

【例 8.13】 使用 GOTO 语句的例子。

```
SQL > DECLARE
      x NUMBER(3);
      y NUMBER(3);
      v_counter NUMBER(2);
      BEGIN
      x := 100;
      FOR v_counter IN 1 .. 10 LOOP
            IF v_counter = 4 THEN
              GOTO end_of_loop;
            END IF;
            x := x+10;
      END LOOP;
      <<end_of_loop>>
      y:= x;
      DBMS_OUTPUT.PUT_LINE('y:' || y);
      END;
```

输出结果为“y:130”。

8.4 异常处理

8.4.1 异常处理的语法

异常处理(EXCEPTION)是用来处理正常执行过程中未预料的事件，程序块的异常处理是处理预定义的错误和自定义错误，当 PL/SQL 程序块一旦产生异常而没有指出如何处理时，程序就会自动终止整个程序运行。

异常处理部分一般放在 PL/SQL 程序体的后半部，语法如下。

EXCEPTION

WHEN 表达式 1 THEN ＜异常处理语句 1＞

WHEN 表达式 2 THEN ＜异常处理语句 2＞

……

WHEN 表达式 n THEN ＜异常处理语句 n＞

WHEN OTHERS THEN ＜其他异常处理语句＞

END;

异常处理可以按任意次序排列，但 OTHERS 必须放在最后。

在应用中即使是写得最好的 PL/SQL 程序也会遇到错误或未预料到的事件。一个优秀的程序应该能够正确处理各种出错情况，并尽可能从错误中恢复。例如，任何 Oracle 错误(报告为 ORA - xxxx 形式的 Oracle 错误号)、PL/SQL 运行错误或用户定义条件(不一定是错误)等都可以从错误中恢复。但是 PL/SQL 编译错误不能通过 PL/SQL 异常处理来避免，因为这些错误发生在 PL/SQL 程序执行之前。

8.4.2 异常处理的分类

有 3 种类型的异常处理，具体如下。

1. 预定义异常处理

Oracle 预定义的异常情况大约有 24 个，见表 8 - 1。对这种异常情况的处理，无须在程序中定义，可由 Oracle 自动将其触发。

表 8 - 1 预定义说明的部分 Oracle 异常错误

错误号	异常错误信息名称	说明
ORA - 0001	Dup_val_on_index	违反了唯一性限制规定
ORA - 0051	Timeout - on - resource	在等待资源时发生超时
ORA - 0061	Transaction - backed - out	由于发生死锁事务被撤销
ORA - 1001	Invalid - CURSOR	试图使用一个无效的游标
ORA - 1012	Not - logged - on	没有连接到 Oracle
ORA - 1017	Login - denied	无效的用户名/口令

续表

错误号	异常错误信息名称	说明
ORA - 1403	No_data_found	SELECT INTO 没有找到数据
ORA - 1422	Too_many_rows	SELECT INTO 返回多行
ORA - 1476	Zero - divide	试图被零除
ORA - 1722	Invalid - NUMBER	转换一个数字失败
ORA - 6500	Storage - error	内存不够引发的内部错误
ORA - 6501	Program - error	内部错误
ORA - 6502	Value - error	转换或截断错误
ORA - 6504	Rowtype - mismatch	宿主游标变量与 PL/SQL 变量有不兼容行类型
ORA - 6511	CURSOR - already - OPEN	试图打开一个已处于打开状态的游标
ORA - 6530	Access - INTO - null	试图为 null 对象的属性赋值
ORA - 6531	Collection - is - null	试图将 Exists 以外的集合(collection)方法应用于一个 null pl/sql 表上或 varray 上
ORA - 6532	Subscript - outside - limit	对嵌套或 varray 索引的引用超出声明范围以外
ORA - 6533	Subscript - beyond - count	对嵌套或 varray 索引的引用大于集合中元素的个数

对这种异常情况的处理，只需在 PL/SQL 块的异常处理部分，直接引用相应的异常情况名，并对其完成相应的异常错误处理即可。

【例 8.14】 更新指定员工工资，若工资小于 1 500 美元，则加 100 美元。

```
SQL > DECLARE
    v_empno employees.employee_id%TYPE:= &empno;
    v_sal employees.salary%TYPE;
    BEGIN
    SELECT salary INTO v_sal FROM employees WHERE employee_id = v_
empno;
    IF v_sal<=1500 THEN
        UPDATE employees SET salary = salary + 100 WHERE employee_id=v_
empno;
        DBMS_OUTPUT.PUT_LINE('编码为' II v_empno || '员工工资已更新！');
    ELSE
        DBMS_OUTPUT.PUT_LINE('编码为' || v_empno || '员工工资已经超过
规定值！');
    END IF;
    EXCEPTION
        WHEN NO_DATA_FOUND THEN
```

```
        DBMS_OUTPUT.PUT_LINE('数据库中没有编码为' || v_empno || '的员
工');
        WHEN TOO_MANY_ROWS THEN
        DBMS_OUTPUT.PUT_LINE('程序运行错误！请使用游标');
        WHEN OTHERS THEN
        DBMS_OUTPUT.PUT_LINE(SQLCODE || '———' || SQLERRM);
    END;
```

2. 非预定义异常处理

非预定义异常即其他标准的 Oracle 错误。对这种异常情况的处理，需要用户在程序中定义，然后由 Oracle 自动将其触发。步骤如下。

(1)在 PL/SQL 块的定义部分定义异常情况。

<异常情况名> EXCEPTION;

(2)使用 EXCEPTION_INIT 语句将定义好的异常情况与标准的 Oracle 错误联系起来。

PRAGMA EXCEPTION_INIT(<异常情况名>,<错误代码>);

(3)在 PL/SQL 块的异常情况处理部分对异常情况做出相应的处理。

【例 8.15】 删除指定部门的记录信息，以确保该部门没有员工。

```
SQL > INSERT INTO departments VALUES (50, 'FINANCE', 'CHICAGO');
SQL > DECLARE
    v_deptno departments.department_id%TYPE := &deptno;
    deptno_remaining EXCEPTION;
    PRAGMA EXCEPTION_ INIT(deptno_remaining,-2292);
    /* -2292 是违反一致性约束的错误代码 */
    BEGIN
    DELETE FROM departments WHERE department_id = v_deptno;
    EXCEPTION
        WHEN deptno_remaining THEN
            DBMS_OUTPUT.PUT_LINE ('违反数据完整性约束！');
        WHEN OTHERS THEN
                DBMS_OUTPUT.PUT_LINE (SQLCODE || '———' ||
SQLERRM);
    END;
```

3. 用户自定义异常处理

程序执行过程中，出现编程人员认为的非正常情况。当与一个异常错误相关的错误出现时，就会隐含触发该异常错误。用户定义的异常错误是通过显式使用 RAISE 语句来触发。当触发一个异常错误时，控制就转向到 EXCEPTION 块异常错误部分，执行错误处理代码。对于这类异常情况的处理，步骤如下。

(1)在 PL/SQL 块的定义部分定义异常情况。

<异常情况名> EXCEPTION;

(2)RAISE <异常情况名>;

(3)在 PL/SQL 块的异常情况处理部分对异常情况做出相应的处理。

【例 8.16】 更新指定员工工资,增加 100 美元。

```
SQL > DECLARE
v_empno employees.employee_id%TYPE := &empno;
no_result EXCEPTION;
BEGIN
    UPDATE employees SET salary = salary + 100 WHERE employee_id = v_
empno;
    IF SQL%NOTFOUND THEN
        RAISE no_result;
    END IF;
    EXCEPTION
        WHEN no_result THEN
          DBMS_OUTPUT.PUT_LINE ('你的数据更新语句失败了! ');
        WHEN OTHERS THEN
          DBMS_OUTPUT.PUT_LINE (SQLCODE || '———' || SQLERRM);
        END;
```

4.在 PLSQL 中使用 SQLCODE 和 SQLERRM 异常处理函数

由于 Oracle 的错误提示信息最大长度是 512 字节,为了得到完整的错误提示信息,可用 SQLERRM 和 SUBSTR 函数一起执行,方便进行错误处理,特别是在 WHEN OTHERS 异常处理中,可以获得直观的错误提示信息,以方便进一步的错误处理。

SQLCODE 返回遇到的 Oracle 错误号;SQLERRM 返回遇到的 Oracle 错误信息。例如,SQLCODE=-10,SQLERRM='NO_ DATA_FOUND';SQLCODE=0,SQLERRM='NORMAL,SUCCE SSFUAL COMPLETION'。

8.5　游　　标

SQL 是面向集合的,其结果一般是集合量(多条记录),而 PL/SQL 的变量一般是标量。其一组变量一次只能存放一条记录。因此仅仅使用变量并不能完全满足 SQL 语句向应用程序输出数据的要求。因为查询结果的记录数是不确定的,事先也就不知道要声明几个变量。为此。在 PL/SQL 中引入了游标(Cursor)的概念,用游标来协调这两种不同的处理方式。

在 PL/SQL 块中执行 SELECT、INSERT、DELETE 和 UPDATE 语句时,Oracle 会在内存中为其分配上下文区,即缓冲区。游标是指向该区的一个指针,或是命名一个工作区,或是一种结构化数据类型。它提供了一种对具有多行数据查询结果集中的每一行数据分别进行单独处理的方法，是设计嵌入式 SQL 语句的应用程序的常用编程方式。游标分为显式游标和隐式游标。

在每个用户会话中，可以同时打开多个游标，其数量由数据库初始化参数文件中的 OPEN_CURSORS 参数定义。对于不同的 SQL 语句，游标的使用情况不同，具体如下。

SQL 语句	显式游标
非查询语句	隐式游标
结果是单行的查询语句	隐式或显式游标
结果是多行的查询语句	显式游标

8.5.1 显式游标

1. 显式游标的处理

显式游标处理需以下 4 个步骤。

(1)定义/声明游标，即定义一个游标名，以及与其相对应的 SELECT 语句。语法如下。

```
CURSOR 游标名[(游标参数[,游标参数]...)]
    [RETURN 数据类型]
IS
    SELECT 语句;
```

游标参数只能为输入参数，其格式如下。

游标参数名 [IN] 数据类型 [{:= | DEFAULT}值或表达式]

在指定数据类型时，不能使用长度约束。如 NUMBER(4)，CHAR(10)等都是错误的。

[RETURN 数据类型]是可选的，表示游标返回数据的类型。如果选择，那么应该严格与 SELECT 语句中的选择列表在次序和数据类型上匹配。一般是记录数据类型或带"%ROWTYPE"的数据。

(2)打开游标，即执行游标所对应的 SELECT 语句，将其查询结果放入工作区，并且指针指向工作区的首部，标识游标结果集合。如果游标查询语句中带有 FOR UPDATE 选项，OPEN 语句还将锁定数据库表中游标结果集合对应的数据行。语法如下。

OPEN 游标名 [([游标参数=>] 参数值[,[游标参数=>] 参数值]...)];

在向游标传递参数时，可以使用与函数参数相同的传值方法，即位置表示法和名称表示法。PL/SQL 程序不能用 OPEN 语句重复打开一个游标。

(3)提取游标数据，即是检索结果集合中的数据行，放入指定的输出变量中。语法如下。

FETCH 游标名 INTO { 变量列表 | 记录型变量 };

1)执行 FETCH 语句时，每次返回一个数据行，然后自动将游标移动指向下一个数据行。当检索到最后一行数据时，如果再次执行 FETCH 语句，将操作失败，并将游标属性%NOTFOUND 置为 TRUE。因此每次执行完 FETCH 语句后，检查游标属性%NOTFOUND 就可以判断 FETCH 语句是否执行成功并返回一个数据行，以便确定是否给对应的变量赋值。

2)对该记录进行处理。

3)继续处理，直到活动集合中没有记录。

(4)关闭游标。在提取和处理完游标结果集合数据后,应及时关闭游标,以释放该游标所占用的系统资源,并使该游标的工作区变成无效,不能再使用 FETCH 语句提取其中数据。关闭后的游标可以使用 OPEN 语句重新打开。语法如下。

CLOSE 游标名;

注意定义的游标不能有 INTO 子句。

【例 8.17】 查询前 10 名员工的信息。

```
SQL>DECLARE
    CURSOR c_cursor
    IS SELECT first_name || last_name, Salary FROM EMPLOYEES WHERE
rownum<11;
    v_ename EMPLOYEES.first_name%TYPE;
    v_sal EMPLOYEES.Salary%TYPE;
    BEGIN
    OPEN c_cursor;
    FETCH c_cursor INTO v_ename,v_sal;
    WHILE c_cursor%FOUND LOOP
        DBMS_OUTPUT.PUT_LINE(v_ename || '———' || to_char(v_sal));
        FETCH c_cursor INTO v_ename,v_sal;
    END LOOP;
    CLOSE c_ cursor;
    END;
```

2. 显式游标的属性

显式游标的属性见表 8-2。

表 8-2 显式游标属性

属性	类型	说明
Cursor_name%FOUND	布尔型	当最近一次提取游标操作 FETCH 成功,则为 TRUE,否则为 FALSE
Cursor_name%NOTFOUND	布尔型	当最近一次提取游标操作 FETCH 成功,则为 FALSE,否则为 TRUE
Cursor_name%ISOPEN	布尔型	当游标已打开时,返回 TRUE
Cursor_name%ROWCOUNT	数字型	返回已从游标中读取的记录数

【例 8.18】 给工资低于 1 500 美元的员工增加工资 100 美元。

```
SQL > DECLARE
    v_empno EMPLOYEES.EMPLOYEE_ID8TYPE;
```

```
    v_sal EMPLOYEES. Salary%TYPE;
    CURSOR c_cursor IS SELECT EMPLOYEE_ID,Salary FROM EMPLOYEES;
    BEGIN
    OPEN c_cursor;
    LOOP
        FETCH c_cursor INTO v_empno,v_sal;
        EXIT WHEN c_cursor8NOTFOUND;
        IF v_sal <= 1500 THEN
        UPDATE EMPLOYEES SET Salary=Salary+100 WHERE EMPLOYEE_
ID=v_empno;
        DBMS_OUTPUT. PUT_LINE('编码为' || v_empno || '工资已更新! ');
        END IF;
        DBMS_OUTPUT. PUT_LINE('记录数:' || c_cursor %ROWCOUNT);
    END LOOP;
    CLOSE c_cursor;
    END;
```

【例 8.19】 有参数且有返回值的游标:根据部门号和工作职务编号获取雇员的姓名和雇佣日期。

```
  SQL > DECLARE
    TYPE emp_record_type IS RECORD(
    f_name employees. first_name %TYPE,
    h_date employees. hire_date %TYPE);
    v_emp_record emp_record_type;
    CURSOR c(dept_id NUMBER,j_id VARCHAR2) --声明游标,有参数有返
回值
    RETURN emp_record_type
    IS
    SELECT first_name,hire_date FROM employees WHERE department_id =
dept_id AND job_id=j_id;
    BEGIN
    OPEN c(j_id => 'AD_VP',dept_id => 90); --打开游标,传递参数值
    LOOP
        FETCH c INTO v_emp_record; --提取游标
        IF c%FOUND THEN
            DBMS_OUTPUT. PUT_LINE
    (v_emp_record. f_name || '的雇佣日期是' || v_emp_ record. h_date);
        ELSE
            DBMS_OUTPUT. PUT_LINE('已经处理完结果集');
```

```
            EXIT;
        END IF;
    END LOOP;
    CLOSE c;--关闭游标
    END;
```

3. 游标的 FOR 循环

PL/SQL 语言提供了游标 FOR 循环语句,自动执行游标的 OPEN、FETCH、CLOSE 语句和循环语句的功能。当进入循环时,游标 FOR 循环语句自动打开游标,并提取第一行游标数据;当程序处理完当前所提取的数据而进入下一次循环时,游标 FOR 循环语句自动提取下一行数据供程序处理;当提取完结果集合中的所有数据行后结束循环,并自动关闭游标。语法如下。

```
FOR 索引变量 IN 游标名 [(值 1[,值 2]...)] LOOP
--游标数据处理语句
END LOOP;
```

其中,索引变量是为游标 FOR 循环语句隐含声明的,该变量为记录变量,其结构与游标查询语句返回的结构集合的结构相同。在程序中可以通过引用该索引记录变量元素来读取所提取的游标数据,索引变量中各元素的名称与游标查询语句选择列表中所制定的列名相同。若在游标查询语句的选择列表中存在计算列,则必须为这些计算列指定别名后才能通过游标 FOR 循环语句中的索引变量来访问这些列数据。

注意不要在程序中对游标进行人工操作;不要在程序中定义用于控制 FOR 循环的记录。

【例 8.20】 游标的 FOR 循环查询雇员的信息。

```
SQL > DECLARE
    CURSOR c_sal IS
    SELECT first_name || last_name ename,salary FROM employees;
    BEGIN
    --隐含打开游标
    FOR v_sal IN c_sal LOOP
        --隐含执行一个 FETCH 语句
        DBMS_OUTPUT.PUT_LINE(v_sal.ename || '---' || to_char(v_sal.
salary));
        --隐含监测 c_sal%NOTFOUND
    END LOOP;
    --隐含关闭游标
    END;
```

8.5.2　隐式游标

显式游标主要是用于对查询语句的处理,尤其是在查询结果为多条记录的情况下;而对于非查询语句，如修改、删除等操作，则由 Oracle 系统自动地为这些操作设置游标并创建其工作区，这些由系统隐含创建的游标称为隐式游标，隐式游标的名字为 SQL，这是由 Oracle 系统定义的。对于隐式游标的操作，如定义、打开、取值及关闭操作，都由 Oracle 系统自动地完成，无须用户进行处理。用户只能通过隐式游标的相关属性，来完成相应的操作。在隐式游标的工作区中，所存放的数据是与用户自定义的显示游标无关的、最新处理的一条 SQL 语句所包含的数据。语法如下。

SQL％

注意 INSERT、UPDATE、DELETE、SELECT 语句中不必明确定义游标。隐式游标的属性见表 8－3。

表 8－3　隐式游标属性

属性	值	SELECT	INSERT	UPDATE	DELETE
SQL％ISOPEN		FALSE	FALSE	FALSE	FALSE
SQL％FOUND	TRUE	有结果		成功	成功
SQL％FOUND	FALSE	没结果		失败	失败
SQL％NOTFUOND	TRUE	没结果		失败	失败
SQL％NOTFUOND	FALSE	有结果		成功	失败
SQL％ROWCOUNT		返回行数，只为 1	插入的行数	修改的行数	删除的行数

【例 8.21】 通过隐式游标 SQL 的％ROWCOUNT 属性了解修改了多少行记录。

```
SQL > DECLARE
    v_rows NUMBER;
    BEGIN
    ——更新数据
    UPDATE employees SET salary = 8000
    WHERE department_id = 90 AND job_id = ‘AD_VP’;
    ——获取默认游标的属性值
    v_rows := SQL％ROWCOUNT;
    DBMS_OUTPUT.PUT_LINE(‘更新了’ || v_rows ||‘个雇员的工资’);
    ——回退更新，以便使数据库的数据保持原样
    ROLLBACK;
END;
```

8.5.3　显式游标与隐式游标的比较

隐式游标是 Oracle 为所有操纵语句(包括只返回单行数据的查询语句)自动声明和操作的一种游标，显式游标是由用户声明和操作的一种游标。二者的主要区别见表 8－4。

表 8-4　显式游标与隐式游标的比较

显式游标	隐式游标
在程序中显式定义、打开、关闭，游标有一个名字	PL/SQL 维护，当执行查询时自动打开和关闭
游标属性的前缀是游标名	游标属性前缀是 SQL
%ISOPEN 根据游标的状态确定值	属性%ISOPEN 总是为 FALSE
可以处理多行数据，在程序中设置循环，取出每一行数据	SELECT 语句带有 INTO 子串，只有一行数据被处理

8.6　存储过程

前面所创建的 PL/SQL 程序都是匿名的，其缺点是在每次执行的时候都要被重新编译，并且没有存储在数据库中，因此不能被其他 PL/SQL 块使用。Oracle 允许在数据库的内部创建并存储编译过的 PL/SQL 程序，以便随时调出使用。该类程序包括存储过程、函数、触发器和包。本节主要介绍存储过程。

存储过程是 PL/SQL 语句和可选控制流语句的预编译集合，以一个名称存储并作为一个单元处理。存储过程存储在数据库内，可由应用程序通过一个调用执行，而且允许用户声明变量、有条件执行以及其他强大的编程功能。存储过程在数据库开发过程以及数据库维护和管理等任务中有非常重要的作用。

8.6.1　创建存储过程

在 Oracle Server 上建立存储过程，可以被多个应用程序调用，可以向存储过程传递参数，也可以通过存储过程传回参数。创建存储过程的语法如下。

```
CREATE [OR REPLACE] PROCEDURE [模式名.] 存储过程名
    [参数名 [IN | OUT | IN OUT] 数据类型,...]
    { IS | AS }
    [变量的声明部分]
    BEGIN
    <执行部分>
    EXCEPTION
    <可选的异常错误处理程序>
    END [存储过程名];
```

存储过程的参数有 3 种模式。IN 表示输入类型的参数，用于接收调用程序的值，是默认的参数模式；OUT 表示输出类型的参数，用于向调用程序返回值；IN OUT 用于接收调用程序的值，并向调用程序返回更新的值。

存储过程的输入类型的参数不管是什么类型，缺省情况下其值都为 NULL。输入类型的参数和输出类型的参数不能有长度，其中关键字 AS 可以替换成 IS。存储过程中变量声明在 AS 和 BEGIN 之间，同时，存储过程中可以再调用其他的存储过程，如果要保证存储过程之间的事务处理不受影响，那么可以定义为自治事务。

【例 8.22】 创建删除指定员工记录的存储过程。

```
SQL > CREATE OR REPLACE PROCEDURE proc_delemp(v_empno IN emp.empno%TYPE)AS
    no_result EXCEPTION;
    BEGIN
        DELETE FROM emp WHERE empno=v_ empno;
        IF SQL%NOTFOUND THEN
            RAISE no_result;
            END IF;
            DBMS_OUTPUT.PUT_LINE('编号为' || v_empno ||'的员工已被除名!');
    EXCEPTION
      WHEN no_result THEN
            DBMS_OUTPUT.PUT_LINE('你需要的数据不存在!');
          WHEN OTHERS THEN
            DBMS_OUTPUT.PUT_LINE(&apos;发生其他错误! &apos;);
    END proc_ delemp;
```

8.6.2 调用存储过程

存储过程建立完成后，只要通过授权，用户就可以在 SQL * Plus、Oracle 开发工具或第三方开发工具中来调用运行。Oracle 使用 EXECUTE 语句来实现对存储过程的调用。

EXEC [UTE] 存储过程名(参数 1，参数 2...)；

例如，执行【例 8.21】创建的存储过程的语句如下。

EXECUTE proc_delemp;

在 PL/SQL 程序中还可以在块内建立本地函数和过程，这些函数和过程不存储在数据库中，但可以在创建它们的 PL/SQL 程序中被重复调用。本地函数和过程在 PL/SQL 块的声明部分定义，它们的语法格式与存储函数和过程相同，但不能使用 CREATE OR REPLACE 关键字。

8.6.3 删除存储过程

当一个存储过程不再需要时，要将此存储过程从内存中删除，以释放相应的内存空间，可以使用下面的语句。

DROP PROCEDURE 存储过程名；

例如，删除【例 8.21】创建的存储过程的语句如下。

DROP PROCEDURE proc_delemp;

当一个存储过程已经过时，想重新定义时，不必先删除再创建，而只需在 CREATE 语句后面加上 ORREPLACE 关键字即可。

8.7　函　　数

函数一般用于计算和返回一个值，可以将需要经常进行的计算写成函数。函数的调用是表达式的一部分，而存储过程的调用是一条 PL/SQL 语句。

函数与存储过程在创建的形式上有些相似，也是编译后放在内存中供用户使用，只不过调用时函数要用表达式，而不像存储过程只需调用过程名。此外，函数必须有一个返回值，而存储过程则没有。

8.7.1　创建函数

创建函数的语法格式如下。

```
CREATE [OR REPLACE] FUNCTION [模式名.] 函数名
[参数名 [IN] 数据类型,...]
RETURN 数据类型
{ IS | AS }
[变量的声明部分]
BEGIN
＜执行部分＞
(RETURN 表达式)
EXCEPTION
＜可选的异常错误处理程序＞
END [函数名];
```

创建函数的语法与创建存储过程的语法基本一样，唯一的不同点是创建函数必须要有一个 RETURN 子句。RETURN 在声明部分需要定义一个返回参数的类型，而在函数体中必须有一个 RETURN 子句。而其中＜表达式＞就是函数要返回的值。当该语句执行时，如果表达式的类型与定义不符，那么该表达式将被转换为函数定义子句 RETURN 中指定的类型。同时，控制将立即返回到调用环境。但是，函数中可以有一个以上的返回语句。如果函数结束时还没有遇到返回语句，就会发生错误。通常，函数只有 IN 类型的参数。

【例 8.23】 使用函数统计指定部门]的职工数量。

```
SQL ＞ CREATE [OR REPLACE] FUNCTION fun_empcount (v_deptno IN emp.
deptno %TYPE)
RETURN NUMBER
AS
    emp_count NUMBER;
    BEGIN
    SELECT COUNT(*) INTO emp_count FROM emp WHERE deptno = v_
```

```
deptno;
        RETURN(emp_count);
        EXCEPTION
        WHEN NO_DATA_FOUND THEN
        DBMS_OUTPUT.PUT_LINE('你需要的数据不存在!');
        WHEN OTHERS THEN
        DBMS_OUTPUT.PUT_LINE('发生其他错误!');
    END fun_empcount;
```

此过程带有一个参数 v_deptno,它将要查询的部门号传给函数,其返回值把统计结果 emp_count 返回给调用者。

8.7.2 调用函数

调用函数时可以用全局变量接收其返回值,语句如下。

```
SQL > VARIABLE emp_num NUMBER;
SQL > EXECUTE emp_num := fun_empcount(10);
```

同样,人们可以在程序块中调用它。

```
DECLARE
    emp_num NUMBER;
    BEGIN
    emp_num := fun_empcount(10);
    END;
```

8.7.3 删除函数

当一个函数不再使用时,要从系统中删除它。可以使用下面的语句。

```
DROP FUNCTION 函数名;
```

例如,删除【例 8.22】创建的函数的语句如下。

```
DROP FUNCTION fun_empcount;
```

当某函数已经过时,想重新定义时,不必先删除再创建,只需在 CREATE 语句后面加上 OR REPLACE 关键字即可。

8.8 触发器

触发器是许多关系数据库系统都提供的一项技术。在 Oracle 系统里,触发器类似过程和函数,都有声明、执行和异常处理过程的 PL/SQL 块。触发器在数据库里以独立的对象存储,它与存储过程不同的是,存储过程通过其他程序来启动运行或直接启动运行,而触发器是由触发事件来启动运行。即触发器是当某个事件发生时自动地隐式运行,并且触发器不能接收参数,因此运行触发器就叫触发。下面简要说明与触发器相关的概念。

(1)触发事件。引起触发器被触发的事件。如 DML 语句(如 INSERT、UPDATE、

DELETE 语句对表或视图执行数据处理操作)、DDL 语句(如 CREATE、ALTER、DROP 语句在数据库中创建、修改、删除模式对象)、数据库系统事件(如系统启动或退出、异常错误)、用户事件(如登录或退出数据库)。

(2)触发条件。触发条件是由 WHEN 子句指定的一个逻辑表达式。只有当该表达式的值为 TRUE 时,遇到触发事件才会自动执行触发器,使其执行触发操作,否则即使遇到触发事件也不会执行触发器。

(3)触发对象。触发对象包括表、视图、模式、数据库。只有在这些对象上发生了符合触发条件的触发事件,才会执行触发操作。

(4)触发操作。触发器所要执行的 PL/SQL 程序,即执行部分。

(5)触发时机。触发时机指定触发器的触发时间。若指定为 BEFORE,则表示在执行 DML 操作之前触发,以防止某些错误操作发生或实现某些业务规则;若指定为 AFTER,则表示在 DML 操作之后触发,以便记录该操作或做某些事后处理。

(6)条件谓词。当在触发器中包含了多个触发事件(INSERT、UPDATE、DELETE)的组合时,为了分别针对不同的事件进行不同的处理,需要使用 Oracle 提供的以下条件谓词。

1)INSERTING。当触发事件是 INSERT 时,取值为 TRUE,否则为 FALSE。

2)UPDATING [(column_1,column_2,...,column_n)]。当触发事件是 UPDATE 时,若修改了 column_x 列,则取值为 TRUE,否则为 FALSE。其中 column_x 是可选的。

3)DELETING。当触发事件是 DELETE 时,取值为 TRUE,否则为 FALSE。

(7)触发子类型。触发子类型分别为语句级触发和行级触发,因此触发器也分为语句级触发器和行级触发器。语句级触发只对这种操作触发一次,而行级触发即对每一行操作时都要触发。一般进行 SQL 语句操作时都应是行级触发,只有对整个表做安全检查(即防止非法操作)时才用语句级触发。如果省略此项,默认为语句级触发。

语句级触发器是在表上或者某些情况下的视图上执行的特定语句或者语句组上的触发器。能够与 INSERT、UPDATE、DELETE 或者组合上进行关联。但是无论使用什么样的组合,各个语句触发器都只会针对指定语句激活一次。例如,无论 UPDATE 多少行,也只会调用一次 UPDATE 语句触发器。

行级触发器是指为受到影响的各个行激活的触发器,定义与语句级触发器类似,但有以下两个例外,定义语句中包含 FOR EACH ROW 子句;在 BEFORE...FOR EACH ROW 触发器中,用户可以引用受到影响的行值。

此外,触发器中还有两个相关值,分别对应被触发的行中的旧值和新值,用:OLD 和:NEW来表示。对于 INSERT 操作只有:NEW,表示当该语句完成时要插入的值。DELETE 操作只有:OLD,表示在删除行以前,该行的原始取值。UPDATE 操作两者都有,其中::OLD 表示在更新之前该行的原始取值;:NEW 表示当该语句完成时要更新的新值。但当在 WHEN 子句中使用时,OLD 和 NEW 标识符前不加冒号(:)。

8.8.1 创建触发器

创建触发器的语句是 CREATE TRIGGER,其语法格式如下。

CREATE OR REPLACE TRIGGER [模式名.] 触发器名

```
    [BEFORE | AFTER][INSERT | DELETE | UPDATE {0F}] ON [模式名.]
表名
    [FOR EACH ROW——包含该选项时为行级触发器,不包含时为语句级触发器
    [WHEN 字句]]—— 触发条件,仅在行级触发器中使用
    [DECLARE 声明变量、常量等]
    BEGIN
      <触发操作>
      END;
```

当 DML 语句执行时就会使触发器执行,触发顺序如下。

(1)执行 BEFORE 语句级触发器(如果有的话)。

(2)对于受语句影响的每一行,触发顺序如下。

1)执行 BEFORE 行级触发器(如果有的话)。

2)执行 DML 语句。

3)执行 AFTER 行级触发器(如果有的话)。

(3)执行 AFTER 语句级触发器(如果有的话)。

【例 8.24】 为表 Student 定义行级触发器,实现在删除某学生的信息时,先删除该学生的所有成绩。

```
SQL > CREATE TRIGGER trigger_delete_student
    BEFORE DELETE ON Student
    FOR EACH ROW/ * 行级触发器 * /
    BEGIN
        DELETE FROM SC WHERE stuno =:OLD. stuno;
    END;
    DELETE FROM student;
```

【例 8.25】 为表 emp 定义行级触发器,实现在插入或更新员工信息时,当部门号不等于 20 时,将该员工的奖金置为 0。

```
SQL > CREATE TRIGGER trigger_emp_comm
    BEFORE INSERT OR UPDATE OF deptno ON emp
    FOR EACH ROW ——行级触发器
    WHEN(NEW. deptno <>20) ——触发条件
    BEGIN
        :NEW. comm:=0;
        END;
```

当执行下面的语句时,将会触发 trigger_emp_comm 触发器。

```
SQL > INSERT INTO emp(empno,ename,job,mgr,hiredate, sal,comm,deptno)
VALUES(2000,'Tom','business',1234,SYSDATE, 2000,100,10);
SQL > SELECT comm FROM emp WHERE empno =2000;
```

由于触发器的存在,返回的结果将是 0,不是 100。触发器不会通知用户,便改变了用户

的输入值。

【例 8.26】 为表 emp 定义语句级触发器，并使用条件谓词判断 DML 类型，使得用户无法在非工作时间对 emp 表进行 DELETE、INSERT 和 UPDATE。

```
SQL > CREATE OR REPLACE TRIGGER trigger_emp_secure
    BEFORE DELETE OR INSERT OR UPDATE ON emp
    BEGIN
    IF(TO_CHAR(SYSDATE,'DY') IN ('SAT', 'SUN'))
        OR(TO_CHAR(SYSDATE, 'HH24') NOT BETWEEN 9 AND 17)
    THEN
        IF DELETING THEN
            RAISE_APPLICATION_ERROR(-30001,
              '只有上班时间才可以从 emp 表中删除数据');
        ELSIF INSERTING THEN
          RAISE_APPLICATION_ERROR(-30002,
              '只有上班时间才可以往 emp 表中插入数据');
        ELSIF UPDATING('sal')THEN
          RAISE_APPLICATION_ERROR(-30003,
            '只有上班时间才可以更新 emp 表中的数据');
        ELSE
          RAISE_APPLICATION_ERROR(-30004,
            '只有在上班时间才可以操作 emp 表中的数据');
        END IF;
    END IF;
```

另外一种 INSTEAD OF 触发器是只定义在视图上，用来替换实际的操作语句，本书不再介绍。

8.8.2 删除触发器

当一个触发器不再使用时，要从内存中删除它。语句如下。

```
DROP TRIGGER trigger_emp_secure;
```

当一个触发器已经过时，想重新定义时，不必先删除再创建，只需在 CREATE 语句后面加 OR REPLACE 关键字即可。

8.9 程　序　包

程序包(PACKAGE，简称包)是一组相关过程、函数、变量、常量和游标等 PL/SQL 程序设计元素的组合，作为一个完整的单元存储在数据库中，用名称来标识程序包。它具有面向对象程序设计语言的特点，是对这些 PL/SQL 程序设计元素的封装。程序包类似于 C# 和 Java 等面向对象语言中的类，其中变量相当于类中的成员变量，而存储过程和函数相当于类方法。把相关的模块归类成为程序包，可使开发人员利用面向对象的方法进行存储过程的开发，从而提高系统性能。

与高级语言中的类相同，程序包中的程序元素也分为公有元素和私有元素两种，这两种元素的区别是它们允许访问的程序范围不同，即它们的作用域不同。公有元素不仅可以被程序包中的函数、存储过程调用，也可以被程序包外的 PL/SQL 程序访问，而私有元素只能被程序包内的函数和存储过程访问。

当然，不包含在程序包中的存储过程和函数是独立存在的。一般是先编写独立的存储过程与函数，待其较为完善或经过充分验证无误后，再按逻辑相关性组织为程序包。

在 PL/SQL 程序设计中，使用程序包不仅可以使程序设计模块化，对外隐藏程序包内所使用的信息（通过使用私有变量），而且可以提高程序的执行效率。由于当程序首次调用程序包内函数或存储过程时，Oracle 是将整个程序包调入内存，因此当再次访问程序包内元素时，Oracle 直接从内存中读取，而不需要进行磁盘 I/O 操作，从而使程序执行效率得到提高。

8.9.1 创建程序包

一个程序包由两个独立的部分组成：包说明和包主体。包说明和包主体分开编译，并作为两部分独立地存储在数据字典中。可通过查看数据字典 USER_SOURCE、ALL_SOURCE 和 DBA_SOURCE，分别了解包说明与包主体的详细信息。

包说明部分是程序包与应用程序之间的接口，仅声明程序包内数据类型、变量、常量、游标、存储过程、函数和异常错误处理等元素，这些元素为包的公有元素。

包主体则是包说明部分的具体实现，它定义了包说明部分所声明的游标、存储过程、函数等的具体实现。在包主体中还可以声明程序包的私有元素。

1. 包说明部分

包说明部分相当于一个包的头，它对包的所有部件进行一个简单声明，这些部件可以被外界应用程序访问，其中的数据类型、变量、常量、游标、存储过程、函数都是公共的，可在应用程序执行过程中调用。为了实现信息的隐藏，建议不要将所有组件都放在包说明处声明，只把公共组件放在包声明部分即可。程序包的名称是唯一的，但对于两个程序包中的公有组件的名称可以相同，这种用“包名.公有组件名”加以区分。

包说明部分的创建语法如下。

```
CREATE [OR REPLACE] PACKAGE ＜包名＞
[AUTHID {CURRENT_USER | DEFINER}]
{IS | AS}
[公有数据类型定义[公有数据类型定义]...]
[公有游标声明[公有游标声明]...]
[公有变量、常量声明[公有变量、常量声明]...]
[公有函数声明[公有函数声明]…]
{公有过程声明{公有过程声明]…]
END [包名];
```

其中:AUTHID CURRENT_USER 和 AUTHID DEFINER 选项说明应用程序在调用函数时所使用的权限模式。

【例 8.27】 创建包 emp_pkg,读取 emp 表中的数据。

```
CREATE OR REPLACE PACKAGE emp_ pkg --创建包说明
IS
TYPE emp_ table_ type IS TABLE OF emp&ROWTYPE
INDEX BY BINARY_ INTEGER;
PROCEDURE read_ emp_ table(P_ emp_ table OUT emp_ table_ type);
END emp_ pkg;
```

2. 包主体部分

包主体部分是包说明部分中的游标、存储过程、函数的具体定义。其创建语法如下。

```
CREATE [OR REPLACE] PACKAGE BODY <包名>
{IS | AS}
[私有数据类型定义[私有数据类型定义]...]
[私有变量、常量声明[私有变量、常量声明]...]
[私有异常错误声明[私有异常错误声明]...]
[私有函数声明和定义[私有函数声明和定义]...]
[私有函过程声明和定义[私有函过程声明和定义]...]
[公有游标定义[公有游标定义]...].
[公有函数定义[公有函数定义]...]
[公有过程定义[公有过程定义]...]
BEGIN
执行部分(初始化部分)
END [包名];
```

其中:在包主体定义公有程序时,它们必须与包说明部分中所声明子程序的格式完全一致。

【例 8.28】 创建包 emp_pkg,读取 emp 表中的数据。

```
CREATE OR REPLACE PACKAGE BODY emp_pkg--创建包 主体
IS
PROCEDURE read_emp_table(p_emp_table OUT emp_ table_type) IS
    i BINARY_INTEGER := 0;
    BEGIN
    FOR emp_record IN(SELECT * FROM emp)LOOP
        P_emp_table(i) := emp_record;
        I := i+1;
    END LOOP;
END read_emp_table;
END emp_pkg;
```

8.9.2 调用程序包

程序包的调用语法如下。

包名.变量名(常量名)

包名.游标名

包名.函数名(过程名)

一旦程序包创建之后,便可以随时调用其中的内容。

【例 8.29】 调用程序包 emp_pkg,读取 emp 表中的数据。

```
SQL > DECLARE e_table emp_pkg.emp_table_type;
BEGIN
emp_pkg.read_emp_table(e_table);
FOR i IN e_table.FIRST .. e_table.LAST LOOP
    DBMS_OUTPUT.PUT_LINE(e_table(i).empno || '' || 'e_table(i).ename);
END LOOP;
END;
```

8.9.3 删除程序包

与函数和存储过程一样,当一个程序包不再使用时,要从内存中删除它。语法如下。

```
DROP PACKAGE emp_pkg;
```

当一个包已经过时,想重新定义时,不必先删除再创建。只需在 CREATE 语句后面加上 OR REPLACE 关键字即可。

本章小结

PL/SQL 是一种程序语言,称为过程化 SQL。PL/SQL 是 Oracle 数据库对 SQL 语句的扩展。在普通 SQL 语句的使用上增加了编程语言的特点,因此 PL/SQL 就是把数据操作和查询语句组织在 PL/SQL 代码块中,通过逻辑判断、循环等操作实现复杂的功能或者计算的程序语言。

PL/SQL 是一种块结构的语言,组成 PL/SQL 程序的单元是逻辑块,一个 PL/SQL 程序包含了一个或多个逻辑块,每个 PL/SQL 块都由 3 个基本部分组成:声明部分、执行部分、异常处理部分。声明部分由关键字 DECLARE 开始,主要用来声明变量、常量和游标,并且初始化变量。执行部分由关键字 BEGIN 开始,所有的可执行语句都放在这一部分,其他的 PL/SQL 块也可以放在这一部分。在执行部分可以为变量赋新值,或者在表达式中引用变量的值。异常处理部分是用来处理正常执行过程中未预料的事件、程序块的异常处理是处理预定义的错误和自定义错误,当 PL/SQL 程序块一旦产生异常而没有指出如何处理时,程序就会自动终止整个程序运行。在异常处理部分同样可以按执行部分的方法使用变量。另外,在 PL/SQL 程序使用时可以通过参数变量把值传递到 PL/SQL 块中,也可以通过输出变量或者参数变量将值传出 PL/SQL 块。

PL/SQL 程序段中有 3 种控制结构：条件结构（IF... THEN... ENDIF、IF... THEN... ELSE... ENDIF、IF... THEN... ELSE、IF... ELSE... ENDIF、CASE 语句）、循环结构（基本 LOOP 循环、FOR... LOOP 循环和 WHILE... LOOP 循环）和顺序结构。

游标是指向该区的一个指针，或是命名一个工作区，或是一种结构化数据类型。它为应用等提供了一种对具有多行数据查询结果集中的每一行数据分别进行单独处理的方法，是设计嵌入式 SQL 语句的应用程序的常用编程方式。游标分为显式游标和隐式游标。

存储过程是一个 PL/SQL 程序块，接受零个或多个参数作为输入（IN）或输出（OUT），或既作为输入又作为输出（IN OUT），与函数不同，存储过程没有返回值，存储过程不能由 SQL 语句直接使用，只能通过 EXECUT 命令或 PL/SQL 程序块内部调用。

函数一般用于计算和返回一个值，可以将经常需要进行的计算写成函数。函数的调用是表达式的一部分，而存储过程的调用是一条 PL/SQL 语句。

触发器是许多关系数据库系统都提供的一项技术。在 Oracle 系统里，触发器类似存储过程和函数，都有声明、执行和异常处理过程的 PL/SQL 块。触发器在数据库里以独立的对象存储，它与存储过程不同的是，存储过程通过其他程序来启动运行或直接启动运行，而触发器是由一个事件来启动运行。即触发器是当某个事件发生时自动地隐式运行，并且触发器不能接收参数。

程序包其实就是被组合在一起的相关对象的集合，当程序包中任何函数或存储过程被调用，包就被加载入内存中，包中的任何函数或存储过程的子程序访问速度将极大地加快。程序包由两部分组成，即包说明和包主体，包说明描述变量、常量、游标、存储过程和函数，包主体完全定义游标、存储过程和函数等。

习　　题

一、选择题

1. 以下哪种 PL/SQL 块用于返回数据？（　　）

A. 匿名块　　B. 命名块

C. 过程　　D. 函数

E. 触发器

2. 以下哪几种定义变量和常量的方法是正确的？（　　）

A. v_ename VARCHAR2(10)；

B. v_sal,v_comm NUMBER(6,2)；

C. v_sal NUMBER(6,2) NOT NULL；

D. c_tax CONSTANT NUMBER(6,2) DEFAULT 0.17；

E. %SAL NUMBER(6,2)；

F. v_comm emp.comm%TYPE；

3. 在 PL/SQL 块中不能直接嵌入以下哪些语句？（　　）

A. SELECT　　B. INSERT

C. CREATE TABLE　　D. GRANTE

E. COMMMIT

4. 当 SELECT INTO 语句没有返回行时，会触发以下哪种异常？（　　）

A. TOO_MANY_ROWS　　B. VALUE_ERROR

C. NO_DATA_FOUND

5. 当执行 UPDATE 语句时，没有更新任何行，会触发以下哪种异常？（　　）

A. VALUE_ERROR　　B. NO_DATA_FOUND

C. 不会触发任何例外

6. 当使用显式游标时，在执行了哪条语句后应该检查游标是否包含行？（　　）

A. OPEN　　B. FETCH

C. CLOSE　　D. CURSOR

7. 在 SQL * Plus 中可以使用哪几种方式运行存储过程？（　　）

A. EXECUTE　　B. CALL

C. EXEC　　D. 以上都不行

二、简答题

1. 下列 PL/SQL 块，有多少行被加入 numbers 中？

```
BEGIN
FOR IX IN 5..10 LOOP
    IF IX=6 THEN
        INSERT INTO numbers VALUES(IX);
    ELSE
        IF IX=7 THEN
            DELETE FROM numbers;
        END IF,
END IF;
ND LOOP;
COMMIT;
END;
```

2. 下列 PL/SQL 执行后将显示什么结果？

```
DECLARE
X VARCHAR2(10):= 'TITLE';
Y VARCHAR2(10):= 'TITLE';
BEGIN
    IF X>=Y THEN
        DBMS_OUTPUT.PUT_LINE('X is greater');
    END IF;
    IF Y>=X THEN
        DBMS_OUTPUT.PUT_LINE('Y is greater');
    END IF;
END;
```

3. 以你自己熟悉的数据库为例，练习游标、存储过程、函数和触发器的使用。

第 9 章　事务与并发控制

本章主要介绍事务与并发控制的相关知识，事务是一系列的数据库操作，是数据库应用程序的基本逻辑单元。事务处理技术主要包括数据库恢复技术和并发控制技术。数据库恢复机制和并发控制机制是数据库管理系统的重要组成部分，本章重点讨论其中的并发控制技术，它是数据库新系统提高系统效率的有效方法。

9.1　事　　务

为了充分利用数据库资源，发挥数据库共享资源的特点，应该允许多个用户并行地存取数据库。但这样会产生多个用户程序并发存取同一数据的情况，若对并发存取不加控制的话，会出现数据库数据不一致的现象，因此数据库系统必须提供并发控制机制，以保证数据的一致性与正确性。数据库的并发控制和恢复技术都与事务密切相关，事务是并发控制和恢复的基本单位。本节先介绍事务的基本概念，然后再介绍并发控制。

9.1.1　事务的概念

在很多数据库系统中，对数据库的多数操作都是一个整体，也就是一个独立的工作单元，不能分割。如银行转账操作，从 A 账号转入 1 000 元资金到 B 账号，对客户而言，电子银行转账是一个操作，而对于数据库系统而言，这个操作包括两部分，从 A 账号取出 1 000 元和将 1 000 元存入 B 账号，如果从 A 账号取出 1 000 元成功而存入 1 000 元到 B 账号失败，或者从 A 账号取出 1 000 元失败而存入 B 账号 1 000 元成功，即只要其中一个操作失败，转账操作即失败。对于数据库系统而言，转账就是一次数据库操作，但对于用户而言，这些操作只有全部执行，才能保证账户资金的正确性。如：绝不允许发生下面的事情，在账号 A 透支情况下继续转账；或者从账号 A 转出 1 000 元，而由于系统故障未能转入账号 B 中。因此，在数据库系统中，必须保证每次操作的不可分割性，进而实现数据的一致性。

事务（Transaction）是用户定义的一个数据库操作序列，这些操作要么全部执行，要么一个操作都不执行，是一个不可分割的工作单位。一个事务由应用程序中的一组操作序列组成，在关系型数据库中，它可以是一条 SQL 语句、一组 SQL 语句或一个程序段。在事务机制中，能够确保多个 SQL 语句被当作单个工作单元来处理。

9.1.2 事务的性质

事务具有 4 个特性:原子性(Atomicity)、一致性(Consistency)、隔离性(Isolation)和持续性(Durability),简称为 ACID 特性。

(1)原子性(Atomicity):事务是数据库的逻辑工作单位,是不可分割的工作单元,表示事务的执行,要么全部执行,要么什么也不做。

(2)一致性(Consistency):事务执行的结果必须是使数据库从一个一致状态变到另一个一致状态。因此当数据库只包含成功事务提交的结果时,就说数据库处于一致状态。如果数据库系统运行中发生故障,有些任务尚未完成就被迫中断,系统将事务中对数据库所有已完成的操作全部撤销,回滚到事务开始时的一致状态。表示无论数据库系统中的事务成功与否,无论系统处于何种状态,都能保证数据库中的数据始终处于一致状态。

(3)隔离性(Isolation):一个事务的执行不能被其他事务干扰。即一个事务内部的操作及使用的数据对其他并发事务是隔离的,并发执行的各个事务之间不能互相干扰。这样,如同在单用户环境下执行一样。

(4)持续性(Durability):一个事务一旦完成全部操作后,提交结果,它对数据库的所有改变应永久地反映在数据库中。即使以后系统发生故障,也应保留这个事务执行的结果。

保证事务 ACID 特性是事务处理的重要任务。事务 ACID 特性可能遭到破坏的因素包括:多个事务并行运行时,事务的操作交替执行;事务在运行过程中被强行停止。

9.1.3 事务的提交与回退

在 SQL 中,事务控制的语句有 BEGIN TRANSACTION、COMMIT、ROLLBACK。用户以 BEGIN TRANSACTION 开始事务,以 COMMIT 或 ROLLBACK 结束事务。COMMIT 表示提交事务,用于正常结束事务。ROLLBACK 表示回滚,在事务执行过程中发生故障,事务不能继续时,撤销事务中所有已完成的操作,回到事务开始的状态。如果用户没有指明事务的开始和结束,那么 DBMS 将按缺省规定自动划分事务。

(1)显式方式。显示用 BEGIN TRANSACTION 语句表示一个事务的开始,也即一个新事务的起始点。COMMIT TRANSACTION 语句表示提交一个正常完成的事务。事务一旦提交,在此之前对数据库中数据的改变就会永久性地保存而不再可能被撤销。

ROLLBACK TRANSACTION 语句表示撤销一个没有正常完成的事务,从而使数据库的状态回退到执行该事务前的状态。

【例 9.1】 用 T-SQL 语言描述银行把 10 000 元资金从李明的帐户转帐给李丽的帐户的事务。用于说明以显式方式"用 COMMIT TRANSACTION 命令使成功执行的事务提交,用 ROLLBACK TRANSACTION 命令使执行不成功的事务回退到该事务执行前的状态"的应用。

```
--开始事务
BEGIN TRANSACTION tran_bank;
declare @tran_error int;
set @tran_error = 0;
```

```
BEGIN try
update bank set totalMoney = totalMoney - 10000
where userName = '李明';
set @tran_error = @tran_error + @@error;
update bank set totalMoney = totalMoney + 10000
where userName = '李丽';
set @tran_error = @tran_error + @@error;
END try
BEGIN catch
print '出现异常,错误编号:' + convert(varchar, error_number()) + ',错误消息:' +
error_message();set @tran_error = @tran_error + 1;
END catch
if(@tran_error > 0)
BEGIN
--执行出错,回滚事务
ROLLBACK TRANSACTION;
print '转账失败,取消交易';
END
else
BEGIN
--没有异常,提交事务
COMMIT TRANSACTION;
print '转账成功';
END
GO
```

(2)隐式方式。隐式事务指在前一个事务完成时新事务隐式启动,但每个事务仍以 COMMIT 或 ROLLBACK 语句显式结束。

【例 9.2】　隐式事务举例

```
USE JXGL
GO
PRINT N'设置隐式事务';
SET IMPLICIT_TRANSACTIONS ON;
PRINT N'使用隐式事务';
------此处不需要 BEGIN TRANSACTION
```

(3)自动提交方式。在执行某些语句时,一条语句就是一个事务。这种方式为自动提交方式。

系统提供的事务语句如下:ALTER TABLE,CREATE,DELETE,DROP,FETCH,GRANT,INSERT,OPEN,REVOKE,SELECT,UPDATE,TRUNCATE TABLE。当遇

到运行错误时，自动回滚发生错误的语句；当遇到编译错误时，回滚所有语句。

【例 9.3】 自动提交事务举例如下：

```
USE JXGL
GO
SELECT * FROM S;
GO
```

9.2 并发控制

数据库是一个可以供多个用户共同使用的共享资源。在串行情况下，每个时刻只能有一个用户应用程序对数据库进行存取，其他用户程序必须等待。这种工作方式是制约数据库访问效率的瓶颈，不利于数据库资源的利用。解决这一问题的重要途径是通过并发控制机制允许多个用户并发地访问数据库。当多个用户并发地访问数据库时就会产生多个事务同时存取同一数据的情况，若对并发操作不加以控制就会造成错误地存取数据，破坏数据库的一致性，而数据库的并发控制机制可以解决多个用户并发性的访问数据库的问题，它是衡量数据库管理系统性能的重要技术标志。

9.2.1 并发操作带来的问题

事务是并发控制的基本单位，保证事务的 ACID 特性是事务处理的重要任务，而多个事务的并发操作会破坏 ACID 的特性，进而破坏事务的隔离性和一致性。

下面用一个例子说明并发操作带来的数据不一致性问题。

【例 9.4】 考虑被装申领系统中的一个活动序列：

(1)甲需要申领一套夏季常服(事务 T_1)，读出库存数 A，设 A=286。

(2)乙也需要申领一套夏季常服(事务 T_2)，读出同一仓库库存数 A，也为 286。

(3)甲申领一套夏季常服，修改库存数 A=A−1，A 为 285，把 A 写回数据库。

(4)乙也申领了一套夏季常服，修改库存数 A=A−1，A 为 285，把 A 写回数据库。

同一仓库明明申领了两套夏季常服，但数据库中夏季常服库存数只减少了 1。

这种情况就破坏了数据库的一致性，这种情况就是由于多个事务对数据库执行了并发操作造成的。并发操作时，对 T_1、T_2 的操作序列调度是随机的。按上面的调度序列执行，T_1 对数据库的修改就被丢失了。这是由于 T_2 读取了 T_1 没有修改的数据，并把修改的数据写回数据库并覆盖了 T_1 修改的库存值。

下面用这个例子来说明并发操作带来的三个数据不一致问题：丢失修改、不可重复读、读“脏”数据。下面把事务读数据 x 记为 R(x)，写数据 x 记为 W(x)。

1. *丢失修改*(Lost Update)

两个事务 T_1 和 T_2 读入同一数据并修改，T_2 提交的结果破坏了 T_1 提交的结果，导致 T_1 的修改被丢失。上面的例子就属此类。

2. *不可重复读*(Non-repeatable Read)

不可重复读是指事务 T_1 读取数据后，事务 T_2 执行更新操作，使 T_1 无法再现前一次读取结果。具体地讲，不可重复读包括三种情况：

（1）事务 T_1 读取某一数据后，事务 T_2 对其进行了修改，当事务 T_1 再次读该数据时，得到与前一次不同的值。

（2）事务 T_1 按一定条件从数据库中读取了某些数据记录后，事务 T_2 删除了其中部分记录，当 T_1 再次按相同条件读取数据时，发现某些记录神秘地消失了。

（3）事务 T_1 按一定条件从数据库中读取某些数据记录后，事务 T_2 插入了一些记录，当 T_1 再次按相同条件读取数据时，发现多了一些记录。

后两种不可重复读有时也称为幻影（Phantom Row）现象。

3. 读“脏”数据（Dirty Read）

读“脏”数据是指事务 T_1 修改某一数据并将其写回磁盘，事务 T_2 读取同一数据后，T_1 由于某种原因被撤销，这时被 T_1 修改过的数据恢复原值，T_2 读到的数据就与数据库中的数据不一致，则 T_2 读到的数据就为“脏”数据，即不正确的数据。

以上三类不一致的主要原因都是由于并发操作破坏了事务的隔离性。并发控制机制就是要用正确的方式调度并发操作，使一个用户事务的执行不受其他事务的干扰，从而避免造成数据的不一致性。

9.2.2　封锁

为了避免事务并发操作带来的不一致性，需要引进封锁机制，来为正在运行的事务提供保障，封锁是实现并发控制的一个非常重要的技术。

1. 封锁

封锁是指事务 T 在对某个数据对象（例如表、记录等）操作之前，先向系统发出请求，对其加锁。加锁后事务 T 就对该数据对象有了一定的控制，在事务 T 释放它的锁之前，其他的事务不能更新此数据对象。DBMS 通常提供了多种类型的封锁，一个事务对某个数据对象加锁后究竟拥有什么样的控制是由封锁的类型决定的。按照锁的权限来分，基本的封锁类型有 2 种：排他锁（Exclusive Locks，简记为 X 锁）和共享锁（Share Locks，简记为 S 锁）。

2. 排他锁

排他锁又称为写锁。如果事务 T 对某个数据 D（可以是数据项、记录、数据集乃至整个数据库）加上 X 锁，那么只允许 T 读取和修改 D，其他任何事务都不能再对 D 加任何类型的锁，直到 T 释放 D 上的锁为止。这就保证了其他事务在 T 释放 D 上的锁之前不能再读取和修改 D。

3. 共享锁

共享锁又称为读锁。若事务 T 对某个数据 D 加上 S 锁，则事务 T 可以读 D，但不能修改 D，其他事务只能再对 D 加 S 锁，而不能加 X 锁，直到 T 释放 D 上的 S 锁。这就保证了其他事务可以读 D，但在 T 释放 D 上的 S 锁之前其他事务不能对 D 做任何修改。

4. 锁的兼容性

在一个事务已经对某个对象锁定的情况下，另一个事务请求对同一个对象的锁定，如果两种锁定方式兼容,可以同意对该对象的第二个锁定请求。如果不兼容,就不能同意第二个锁定请求,而要等到第一个事务释放其锁定,并且释放所有其他现有的不兼容锁定为止。

排他锁与共享锁的控制方式可以用表 9-1 所示的相容矩阵来表示,其中 Y 表示相容的请求,N 表示不相容的请求,X、S、一分别表示 X 锁、S 锁和无锁。若两个封锁是不相容的,则后提出封锁的事务要等待。

表 9-1　封锁类型的相容矩阵

T1	X	S	—
X	N	N	Y
S	N	Y	Y
—	Y	Y	Y

5. 封锁协议

在运用 X 锁和 S 锁这两种基本封锁对数据对象加锁时,还需要约定一些规则。例如,何时申请 X 锁或 S 锁、持锁时间、何时释放等。人们称这些规则为封锁协议(Locking Protocol)。对封锁方式制定不同的规则,就形成了各种不同的封锁协议。下面介绍三级封锁协议。对并发事务的不正确调度可能会带来丢失修改、读"脏"数据和不可重复读等不一致性问题,三级封锁协议分别在不同程度上解决了这些问题,为并发事务的正确调度提供一定的保证。

(1)一级封锁协议。事务 T 在修改数据 R 之前必须先对数据 R 所在的项申请加 X 锁,在获得了 X 加锁后,直到该事务 T 结束时才释放所加的 X 锁。若未获准加 X 锁,则该事务 T 进入等待状态,直到获准 X 加锁后该事务才继续执行,这即是所谓的一级锁协议,如图 9-1所示。一级封锁协议可以解决丢失修改问题,因为不能同时有两个事务对同一个数据进行修改,那么事务的修改就不会被覆盖。

(2)二级锁协议。二级锁协议除包括一级锁协议的内容外,还包括如下规则:

事务 T 在读数据 R 之前必须先对数据 R 所在的项申请加 S 锁,在获得了 S 加锁后,读完数据 R 后即可释放所加的 S 锁。若未获准加 S 锁,则该事务 T 进入等待状态,直到获准 S 加锁后该事务才继续执行,这即是二级锁协议,如图 9-2 所示。

事务 T 要修改数据 R

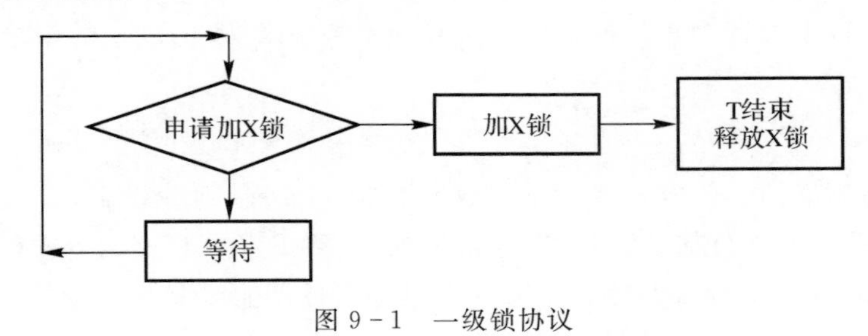

图 9-1　一级锁协议

事务 T 要读

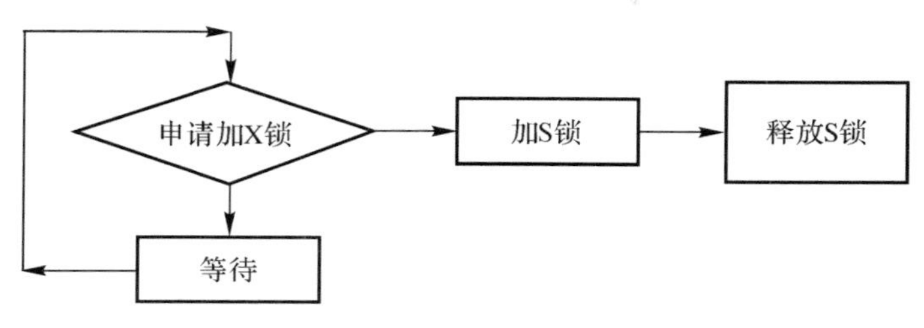

图 9－2　二级锁协议

(3)三级锁协议。三级锁协议除包括一级锁协议的内容外，还包括以下规则：事务 T 在读数据 R 之前必须先对数据 R 所在的项申请加 S 锁，在获得了 S 加锁后，直到该事务 T 结束时才释放所加的 S 锁。若未获准加 S 锁，则该事务 T 进入等待状态，直到获准 S 加锁后该事务才继续执行，这就是三级锁协议，如图 9－3 所示。

事务 T

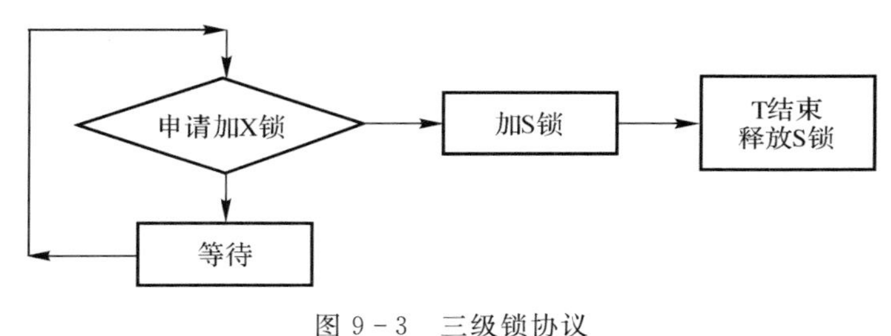

图 9－3　三级锁协议

9.2.3　封锁带来的问题一活锁和死锁

虽然我们采用封锁机制能够让各个事务正常运行，但同时也可能引起活锁和死锁等问题。

1. 活锁

如果事务 T1 封锁了数据 R，事务 T2 又请求封锁 R，于是 T2 等待，T3 也请求封锁 R，在 T1 释放了 R 上的封锁之后，系统首先批准了 T3 的请求，T2 仍然等待，然后 T4 又请求封锁 R，在 T3 释放了 R 上的封锁之后，系统又批准了 T4 的请求，T2 继续等待，……，如此下去，T2 有可能永远等待。这种可能存在某个事务永远处于等待状态、得不到封锁的机会的现象，称为活锁。

解决活锁问题的一种简单的方法是采用“先来先服务”的策略，也就是简单的排队方式。如果运行时事务有优先级，那么很可能使优先级低的事务，即使排队也很难轮上封锁的机会。此时应采用“升级”方法来解决，也就是当一个事务等待若干时间(如 3 min)还轮不上封锁时，可以提高其优先级别，这样总能轮上封锁。

2. 死锁

如果事务 T1 封锁了数据 R2，T2 封锁了数据 R2，然后 T1 又请求封锁 R2，因 T2 已封锁了 R2，于是 T1 等待 T2 释放 R2 上的锁；接着 T2 又申请封锁 R1，因 T1 已封锁了 R1，T2

也只能等待 T1 释放 R1 上的锁。这样就出现了 T1 在等待 T2,而 T2 又在等待 T1 的局面,T1 和 T2 两个事务永远不能结束,形成死锁。

(1)死锁的预防。在事务运行中,产生死锁的根本原因是两个或两个以上事务都封锁了一些数据对象,然后又都在请求对已被其他事务封锁的数据对象加锁,从而出现无限等待的死锁现象。因此,想要预防死锁发生就要破坏死锁产生的条件,一般来说,防止死锁发生的方法有两种。

1)一次封锁法。一次封锁法要求每个事务在执行之前,必须把后面需要用到的所有数据对象全部加锁,这样可以有效避免等待数据对象而造成的死锁。但这种方法也存在一些问题,每个事务在执行之前,封锁了可能要用到的数据对象,尤其是一些数据变化性比较大的事务,不能确定事务在执行时,需要用到的数据对象,势必会进一步扩大封锁的数据对象,这就大大降低了系统的并发度,使事务执行速度变慢。

2)顺序封锁法。顺序封锁法是预先对数据对象规定一个封锁顺序,所有事务都按这个顺序实施封锁。顺序封锁法虽然可以预防死锁,但也存在一些问题,即数据库中数据对象极多,并且随数据的插入、删除等操作而不断地变化,要维护这样的资源的封锁顺序非常困难,成本很高,此外,事务的封锁请求可以随着事务的执行而动态地决定,很难事先确定每一个事务要封锁哪些对象,因此也就很难按规定的顺序去施加封锁。

可见,在操作系统中广为采用的预防死锁的策略并不太适合数据库的特点,因此数据库管理系统在解决死锁的问题上普遍采用的是诊断并解除死锁的方法。

(2)死锁的诊断与解除。数据库系统中诊断死锁的方法与操作系统类似,一般使用超时法或事务等待图法。

1)超时法。如果一个事务的等待时间超过了规定的时限,就认为发生了死锁。超时法实现简单,但其不足也很明显:一是有可能误判死锁,如事务因为其他原因而使等待时间超过时限,系统会误认为发生了死锁:二是时限若设置得太长,死锁发生后不能及时发现

2)是等待图法。事务等待图是一个有向图 G=(T,U)。T 为结点的集合,每个结点表示正运行的事务;U 为边的集合,每条边表示事务等待的情况。若 T1 等待 T2,则 T1、T2 之间划一条有向边,从 T1 指向 T2。事务等待图动态地反映了所有事务的等待情况。并发控制子系统周期性地(如每隔 1 分钟)检测事务等待图,若发现图中存在回路,则表示系统中出现了死锁。

DBMS 的并发控制子系统一旦检测到系统中存在死锁,就要设法解除。通常采用的方法是选择一个处理死锁代价最小的事务,将其撤销,释放此事务持有的所有的锁,使其他事务得以继续运行下去。当然,对撤销的事务所执行的数据修改操作必须加以恢复。

9.2.4 Oracle 系统的并发控制技术

Oracle 是基于 C/S 结构的大型数据库管理系统,Oracle 服务器负责处理来自多个客户端的并发请求,客户端以 PL/SQL 语句的方式向服务器并发地发送请求,Oracle 服务器返回结果集到客户端 Oracle 服务器以事务的方式响应客户端提交的请求。由于并发操作破坏了事务的隔离性,导致了数据的不一致性。而并发控制就是要用正确的方式调度并发操作,使一个用户事务的执行不受其他事务的干扰,从而避免造成数据的不一致性。Oracle

采用封锁机制对事务进行调度实现 Oracle 的并发控制需要依赖于封锁机制。按照锁所分配的资源来划分，Oracle 中的锁共有 3 种：DML 锁（数据锁）；DDL 锁（数据字典锁）；Internal locks and latches。

(1)DML 锁用于保护修改的数据不被其他事务并发修改，从而实现数据的完整性和一致性。DML 锁又分为 TM(表锁)和 TX(行锁)。TX 锁用于锁住修改的记录，防止其他事务同时修改，TM 锁用于锁住被修改的表，防止其他事务对此表执行 DDL 语句修改表的结构。在用户发出 DML 命令时，Oracle 会自动对其影响的记录和表加上 TX 锁及 TM 锁。

(2)DDL 锁用于保护数据对象的结构不被其他事务修改。

(3)Internal locks and latches 用于保护数据库内部结构不被修改。

下面介绍加锁的方法。

1. 行共享锁 RS

对数据表定义行共享锁后，如果被事务 A 获得，那么其他事务可以进行并发查询、插入、删除及加锁，但不能以排他方式存取该数据表。执行下面的程序可以实现向数据表增加行共享锁。

2. 行排他锁 RX

对数据表定义行排他锁后，如果被事务 A 获得，那么 A 事务对数据表中的行数据 U 有排他权利。其他事务可以对同一数据表中的其他数据行进行并发查询、插入、修改、删除及加锁，但不能使用以下 3 种方式加锁：行共享锁，共享行排他锁，行排他锁。

3. 共享锁 S

对数据表定义共享锁后，如果被事务 A 获得，其他事务以执行并发查询和加共享锁但不能修改表，也不能使用以下 3 种方式加锁：排他锁，共享行排他锁，行排他锁。

4. 共享行排他锁 SRX

对数据表定义共享行排他锁后，如果被事务 A 获得，其他事务以执行查询和对他数据行加锁，但不能修改表，也不能使用以下 4 种方式加锁，即共享锁，共享行排他锁，行排他锁，排他锁。

5. 排他锁 X

排他锁是最严格的锁如果被事务 A 获得，A 则以执行对数据表的读写操作，其他事务以执行查询，但不能执行插入、修改和删除。

本章小结

数据库的并发控制以事务为单位，通常使用封锁技术实现并发控制。本章介绍了最常用的封锁方法和三级封锁协议。不同的封锁和不同级别的封锁协议所提供的系统一致性保证是不同的。对数据对象施加封锁会带来活锁和死锁问题，数据库一般采用先来先服务、死锁诊断和解除等技术来预防活锁和死锁的发生。并发控制机制调度并发事务操作是否正确的判别准则是可串行性，两段锁协议是可串行化调度的充分条件，但不是必要条件。因此，两段锁协议可以保证并发事务调度的正确性。

不同的数据库管理系统提供的封锁类型、封锁协议、达到的系统一致性级别不尽相同，但是其依据的基本原理和技术是共同的。

习　题

一、选择题

1. 为了防止一个用户的工作不适当地影响另一个用户，应该采取(　　)。

A. 完整性控制　　B. 访问控制　　C. 安全性控制　　D. 并发控制

2. 解决并发操作带来的数据不一致问题普遍采用(　　)技术。

A. 封锁　　B. 存取控制　　C. 恢复　　D. 协商

3. 下列不属于并发操作带来的问题是(　　)。

A. 丢失修改　　B. 不可重复读　　C. 死锁　　D. 脏读

4. DBMS 普遍采用(　　)方法来保证调度的正确性。

A. 索引　　B. 授权　　C. 封锁　　D. 日志

5. 若事务 T 获得了数据项 Q 上的排他锁，则 T 对 Q(　　)。

A. 只能读不能写　　B. 只能写不能读

C. 既可读又可写　　D. 不能读也不能写

6. 设事务 T1 和 T2，对数据库中的数据 A 进行操作，可能有如下几种情况，请问哪一种不会发生冲突操作(　　)。

A. T1 正在写 A，T2 要读 A　　B. T1 正在写 A，T2 也要写 A

C. T1 正在读 A，T2 要写 A　　D. T1 正在读 A，T2 也要读 A

7. 如果有两个事务，同时对数据库中同一数据进行操作，不会引起冲突的操作是(　　)。

A. 一个是 DELETE，一个是 SELECT　　B. 一个是 SELECT，一个是 DELETE

C. 两个都是 UPDATE　　D. 两个都是 SELECT

8. 在数据库系统中，死锁属于(　　)。

A. 系统故障　　B. 事务故障　　C. 介质故障　　D. 程序故障

9. 数据库中的封锁机制是 (　　)的主要方法。

A. 完整性　　B. 安全性　　C. 并发控制　　D. 恢复

二、填空题

1. 基本的封锁类型有两种：________和________。

2. 并发操作可能会导致：丢失修改、____________、读脏数据。

三、简答题

1. 什么是封锁？

2. 基本的封锁类型有几种？试述它们的含义。

3.在数据库中为什么要并发控制?

4.试述两段锁协议的概念。

5.什么是数据库镜像? 它有什么用途?

6.具有检查点的恢复技术有什么优点? 试举一个具体的例子加以说明。

7.并发操作可能会产生哪几类数据不一致? 用什么方法能避免各种不一致的情况?

8.简述死锁的预防、诊断与解除。

9.并发操作可能会产生哪几类数据不一致,用封锁技术进行并发操作的控制又会带来什么问题? 如何解决?

第 10 章　数据库的安全保护

数据库里存储的数据一般来说都是非常重要的行业数据，而且具有一定的机密性，而数据的泄露势必会对机构造成不可估量的影响，因此，数据库的安全性就显得尤为重要。数据库管理系统为数据库提供了统一的数据保护功能来保证数据的安全可靠和正确有效。数据库的数据保护主要包括数据的安全性和完整性，以及数据库的备份与恢复技术。

10.1　用户权限

权限是 Oracle 中控制用户操作的主要策略。刚建立的用户没有任何权限，这就意味着该用户不能执行任何操作。因此，用户要是对数据库有所操作，必须使用到权限，而不同的权限在数据库中所能执行的操作也是不一样的。按照权限所针对的控制对象，可以将权限分为系统权限和对象权限。系统权限是系统级对数据库进行存取和使用的机制；对象权限是指某一个用户对其他用户的表、视图、序列、存储过程等的操作权限。不同类型的对象具有不同的对象权限。

10.1.1　系统权限

系统权限一般是 Oracle 内置的、与具体对象无关的权限类型。系统权限是指执行特定类型 sql 命令的权利，它用于控制用户可以执行的一个或一组数据库操作。系统建立数据库对象时，要求用户必须具有执行相应 DDL 命令(如 CREATE TABLE、CREATE VIEW，CREATE PROCEDURE 等)的系统权限。但要注意，在 Oracle 数据库中没有 CREATE INDEX、修改数据库对象(如 ALTER TABLE、ALTER VIEW、ALTER PROCEDURE 等)、删除数据库对象(如 DROP TABLE、DROP VIEW、DROP PROCEDURE 等)等的系统权限。如果用户具有 CREATE TABLE 系统权限，就可以在相应表上建立索引；如果用户可以建立数据库对象，就自动可以修改和删除相应的数据库对象。

1. 授予系统权限

一般情况下，授予系统权限是由 DBA 完成的，而用户 sys 和 system 都是数据库管理员，具有 DBA 所有的系统权限包括 SELECT ANY DICTIONARY 权限。若要以其他用户身份授予系统权限，则要求该用户必须拥有 GRANT ANY PRIVILEGE 的系统权限。在授予系统权限时，可以带有 WITH ADMIN OPTION 选项，这样，被授予权限的用户或角色还可以将该系统权限授予其他用户或角色。其语法格式如下：

GRANT 系统权限[,系统权限,…]

TO {用户 | 角色 IPUBLIC} [,{用户 | 角色 | PUBLIC |]…

[WITH ADMIN OPTION];

如果指定多个系统权限,那么系统权限之间用逗号隔开;如果要指定多个用户或角色,它们之间也用逗号隔开,但要注意,系统权限不仅可以被授予用户和角色,也可以被授予用户组 PUBLIC,将系统权限授予 PUBLIC 后,所有用户都具有该系统权限。此外,在授予系统权限时可以带有 WITH ADMIN OPTION 选项,带有该选项后,被授权的用户、角色还可以将相应的系统权限授予其他用户、角色,但要注意,系统权限 UNLLMITEDTABLESPACE 不能被授予角色。

【例 10.1】 授予用户 S 以下权限:CREATE USER,ALTER USER,DROP USER。

SQL > GRANT CREATE USER, ALTER USER, DROP USER TO S WITH ADMIN OPTION;

因为具有 WITH ADMIN OPTION 选项,所以用户 S 可以将这 3 个权限授予其他用户。

2. 撤销系统权限

权限的撤销是指取消用户拥有的系统权限或对象权限。使用 REVOKE 语句来撤销已经授权用户(或角色)的系统权限、对象权限与角色,执行撤销权限操作的用户同时必须具有授予相同权限的能力。

用户的系统权限被收回后,经过传递获得权限的用户不受影响。例如:如果用户 S 将系统权限 T 授予了用户 X,用户 X 又将系统权限 T 授予了用户 Y,那么删除用户 X 后或从用户 X 回收系统权限 T 后,用户 Y 依然保留着系统权限 T。

具体语法如下:

REVOKE 系统权限[,系统权限,…]

FROM{用户 | 角色 | PUBLIC} [,{用户 | 角色 | PUBLIC}]…

【例 10.2】 撤销已经授予用户 S 的 DROP USER 系统权限

SQL > REVOKE DROP USER FROM S;

3. 显示系统权限

(1)显示所有系统权限通过查询数据字典视图 SYSTEM_PRIV | LEGE+MAP,可以显示 Oracle 11g 的所有系统权限(包括 SYSDBA 和 SYSOPER)。

(2)显示用户或角色所具有的系统权限:当为用户或角色授予系统权限时,Oracle 会将它们所具有的系统权限存放到数据字典中,查询数据字典视图 DBA_SYS_PRIVS,可以了解所有用户或角色所具有的系统权限;查询数据字典视图 USER_SYS_PR1VS. 可以了解以前用户所有的系统权限;如果想了解当前会话所使用的系统权限,那么可以查询 SESSION PRIVS 数据字典视图。

10.1.2　对象权限

对象权限是指访问其他方案对象(表、视图、序列、过程、函数和包)的权利。它同时指用户对数据库中对象的操作权限，如对某一个表的插入、修改等权限。也就是说，用户可以直接访问自己的模式对象，但若要访问其他模式对象，则必须拥有相应的对象权限。

1. 授予对象权限

与授予用户系统权限基本相同，授予对象权限于用户或角色也使用 GRANT 命令，其语法格式如下：

GRANT ALL [PRIVILEGES] | 对象权限[，对象权限，…]ON [模式名称.]对象名称
TO {用户 | 角色 | PUBLIC }[，{用户 | 角色 | PUBLIC}]－
[WITH GRANT OPTION] [WITH HIERARCHY OPTION]；

在 GRANT 关键字之后指定对象权限的名称，在 ON 关键字后指定对象名称，在 TO 关键字之后指定接受权限的用户名，即将指定对象的对象权限授予指定的用户。

在授予对象权限时，可以使用一次关键字 ALL 或 ALL PRIVILEGES 将某个对象的所有对象权限全部授予指定的用户。使用一条 GRANT 语句可以同时授予用户多个对象权限，各个权限名称之间用逗号分隔。有 3 类对象权限可以授予表或视图中的字段，它们分别是 INSERT、UPDATE 和 REFERENCES 对象权限。如果要指定多个用户或角色，那么它们之间用逗号隔开。此外，在授予对象权限时可以带有 WITH GRANT OPTION 选项，带有该选项后，被授权的用户还可以将相应对象权限授予其他用户，但不能够授予角色。

【例 10.3】 将 S. emp 表的 SELECT 和 INSERT 以及 UPDATE 对象权限授予用户 T。

SQL > GRANT SELECT，INSERT(EMPNO，ENAME)，UPDATE(DEPTNO) ON S. emp TO T WITH GRANT OPTION；

2. 撤销对象权限

撤销对象权限的语法如下。

REVOKE ALL [PRIVILEGES] | 对象权限[，对象权限，…] ON [模式名称.]对象名称
FROM {用户 | 角色 | PUBLIC | [，{用户 | 角色 | PUBLIC}]...
[CASCADE CONSTRAINTS]；

在撤销对象权限时，可以使用关键字 ALL 或 ALL PRIVILEGES 将某个对象的所有对象权限全部回收。撤销对象权限时需要注意，授权者只能从自己授权的用户那里撤销对象权限撤销全体用户对象权限时，要求必须使用 PUBLIC 关键字为全体用户授权，否则不得使用 PUBLIC 关键字。CASCADE CONSTRAINTS 子句指定权限是否被级联撤销。

【例 10.4】 撤销已经授予用户 T 对表 S. emp 的 SELECT 和 UPDATE 对象权限。

SQL > REVOKE SELECT，UPDATE ON S. emp FROM T；

【例 10.5】 撤销已经授予用户 T 对表 S. emp 的所有对象权限。

SQL > REVOKE ALL ON S. emp FROM T；

3. 显示对象权限

如果想查看用户拥有的对象权限，那么可以查询 dba_tab_privs 数据字典视图。该数据字典视图的结构如下：GRANTEE(拥有权限的用户或角色名)、OWNER(对象的拥有者)、

TABLE_NAME（对象名）、GRANTOR（对象权限的授予者）、PRIVILEGE（对象权限）、GRANTABLE（对象权限是否可以被授予其他用户）、HIERARCHY（对象权限是否被授予了层次性）。

10.2　数据库安全性

数据库的安全性是指保护数据库以防止不合法的使用所造成的数据泄漏、更改或破坏。安全性问题不是数据库系统所独有的，所有计算机系统都有这个问题。只是在数据库系统中大量数据集中存放，而且为许多最终用户直接共享，从而使安全性问题更为突出。而实现数据库的安全性是数据库管理系统的重要指标之一。

10.2.1　安全性概述

数据库管理系统提供对数据安全存取的服务器，在向授权用户提供可靠的数据服务的同时，又要拒绝非授权的对数据的存取访问请求，保证数据库管理下的数据的可用性、完整性和一致性，进而保护数据库所有者和使用者的合法权益。对数据库安全性产生威胁的因素主要有以下几个方面。

1. 数据损坏

数据损坏包括因存储设备全部或部分损坏引起的数据损坏，因敌意攻击或恶意破坏造成的整个数据库或部分数据库表被删除、移走或破坏。

（1）自然的天灾或意外的事故导致数据存储设备损坏，进而导致数据库中数据的损坏和丢失。

（2）硬件或软件故障导致存储设备损坏，系统软件或数据库系统安全机制失效，导致数据库中的数据损坏和丢失，或无法恢复。

（3）“黑客”和敌意的攻击使系统瘫痪而无法恢复原数据信息，或篡改和删除数据等造成的信息丢失。

（4）数据库管理员或系统用户的误操作，导致应用系统的不正确使用而引起的信息丢失。

2. 数据篡改

数据篡改即对数据库中数据未经授权进行修改，使数据失去原来的真实性。

（1）授权用户滥用权限而引起的信息窃取，或通过滥用权限而蓄意修改、添加、删除系统或别的用户的数据信息。

（2）“黑客”攻击、病毒感染、敌意破坏而导致数据库数据的篡改和被删除。

（3）非法授权用户绕过 DBMS 等，直接对数据进行的篡改。

3. 数据窃取

数据窃取包括对敏感数据的非授权读取、非法拷贝、非法打印等。数据窃取手段包括授权用户滥用权限、利用天窗和隐通道（藏在合法程序内部的一段程序代码）实现对数据库数据窃取、黑客攻击、社会工程学方法等。

10.2.2 安全性控制

数据库安全控制的核心是向授权用户提供可靠的信息和数据服务、拒绝非授权用户对数据的存取访问请求、保证数据库数据的可用性、完整性和安全性，进而保证所有合法数据库用户的合法权益。数据库的安全模型如图 10－1 所示。

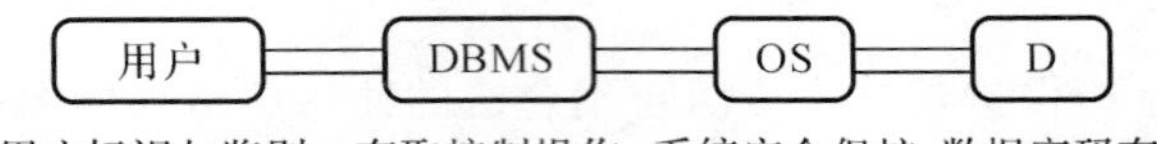

用户标识与鉴别　存取控制操作　系统安全保护　数据密码存储

图 10－1　数据库的安全模型

由图 10－1 的安全模型可知，当用户访问计算机系统时，系统先根据输入的用户标识，如用户名和密码进行身份的鉴别，通过鉴别的合法用户才允许进入系统。对已进入系统的用户，DBMS 还要进行存取控制，即使是合法用户，也只能执行合法操作；DBMS 是建立在操作系统之上的，因此，操作系统的安全性是数据库安全的前提：操作系统应能保证数据库中的数据必须由 DBMS 访问，不允许用户越过 DBMS，直接通过操作系统或其他方式访问。数据最后可以通过密码的形式存储到数据库中，非法访问者即使得到了加密数据，也无法识别它，以此达到更好的安全效果。下面讨论与数据库有关的安全性，包括用户身份鉴别、存取控制、审计、数据加密等安全技术。

1. 用户标识和鉴别

用户标识（Identification）和鉴别（Authentication）是 DBMS 提供的最外层的安全保护措施。其方法是由系统提供一定的方式让用户标识自己的身份，如用户名、密码或者生物特征鉴别等。每次用户要求进入时，系统通过鉴别后才提供系统使用权。

用户标识的鉴别方法有多种途径，为了更加安全，通常采用多种方法结合鉴别的方式。常用的鉴别方法有以下几种。

(1)公开的用户标识(用户名)与保密的静态口令相结合的用户标识与鉴别方法。系统内部记录着所有合法用户的标识，当用户进入系统，输入用户标识时，系统鉴别此用户是否合法，若是，则进入口令的核实，若口令正确，则进入系统；若不是，则不能使用系统。

(2)动态口令鉴别。动态口令作为最安全的身份认证技术之一，通过用户名和口令来鉴定用户的方法简单易行，但用户名与口令容易被人窃取，因此还可以用更复杂的方法。例如每个用户都预先约定好一个计算过程或者函数，鉴别用户身份时，系统提供一个随机数，用户根据自己预先约定的计算过程或者函数进行计算，系统根据用户计算结果是否正确进一步鉴定用户身份。用户可以约定比较简单的计算过程或函数，以便计算起来方便，例如，让用户记住函数 $2x+3y$，当鉴别用户身份时，系统随机告诉用户 $x=3$，$y=5$，如果用户回答 21，那就证实了用户身份。也可以约定比较复杂的计算过程或函数，以便安全性更好。

此外，还可以使用磁卡或 1C 卡，但系统必须有阅读磁卡或 1C 卡的装置，还可以使用签名、指纹、声波纹等用户特征来鉴别用户身份。

2. 存取控制

数据库的存取控制包括用户认证、用户的表空间设置和配额、用户资源限制和配置文件

3个部分。

(1)用户认证。为了防止非授权的数据库用户的使用,Oracle提供3种认证方法:操作系统认证、Oracle数据库认证、网络服务认证。

操作系统认证用户的优点是用户能更快、更方便地联入数据库;通过操作系统对用户身份确认进行集中控制,如果操作系统与数据库用户信息一致,那么Oracle无须存储和管理用户名以及口令;用户进入数据库和操作系统审计信息一致。

数据库认证是指使用数据库来检查用户口令以及用户身份的方式,该方式是最常用的用户认证方式,本书主要介绍数据库认证。采用数据库认证具有以下优点:用户账户及其身份验证全部由数据库控制,不需要借助数据库外的任何控制;当使用数据库认证时,Oracle提供了严格的口令管理特征以加强口令的安全性,例如账户锁定、口令有效期以及口令验证等;如果要使用数据库认证,建立用户时必须提供口令,口令必须用单字节字符。

(2)用户的表空间设置和配额。关于表空间的使用有几种设置选择:用户的缺省表空间、用户的临时表空间、数据库表空间的空间使用配额。

(3)用户资源限制和配置文件。用户使用的各种系统资源总量的限制是用户安全域的部分。利用显式的方式设置资源限制,管理员可防止用户无控制地消耗昂贵的系统资源。资源限制由用户配置文件管理。用户配置文件是指定资源限制的命名集,可赋给Oracle数据库的有效用户。利用用户配置文件可容易地管理资源限制。

3.数据加密

在数据库系统中,为了保护数据本身的安全性,使得数据不被非法用户窃取,一般采用密码技术对信息进行加密,实现信息隐蔽,从而起到对高度敏感数据进行保护的作用。它的基本思想是通过加密算法和加密密钥将明文转变为密文,而解密则是通过解密算法和解密密钥将密文恢复为明文。按照作用的不同,数据加密技术可以分为数据传输加密技术、数据存储加密技术、数据完整性的鉴别技术和密钥管理技术。

数据加密与解密是比较费时的,需要耗费较多的系统资源,因此DBMS往往都将其作为可选特征,允许DBA根据应用安全性的要求来自由选择,只对高度机密的数据,如财务数据、军事数据、国家机密等数据进行加密。

4.审计管理

虽然前面已经采取了很多安全措施来保护数据库的数据安全,但是数据库的数据仍旧面临着严峻的挑战,尤其是新信息安全时代的到来,原来的基本功能越来越体现其不足,比如越来越多的控制是关注返回而不是请求,弱口令等管理风险如何控制,还有如何进行用户访问控制细粒度策略的定制和实施,以及万一数据被篡改或删除后,能否尽快实施定位式恢复。

通过应用层访问和数据库操作请求进行多层业务关联审计功能,可以实现访问者信息的完全追溯,使管理人员对用户的行为一目了然,真正做到数据库操作行为可监控,违规操作可追溯。

审计通常是很费时间和空间的,因此DBMS往往都将其作为可选特征,允许DBA根据应用对安全性的要求,灵活地打开或关闭审计功能,并且一般主要用于安全性要求较高的部门。

10.3 数据库完整性

在 Oracle llg 系统中，提供了多种机制来实现数据库的完整性，主要有以下 3 种。

(1)域完整性。域完整性是对数据表中字段属性的约束，包括字段的值域、字段的类型及字段的有效规则等约束，是由确定关系结构时所定义的字段的属性决定的。

(2)实体完整性。实体完整性即指关系中的主属性值不能为 NULLR 不能有相同值实体完整性是对关系中的记录唯一性，也就是主键的约束。

(3)参照完整性。参照完整性指关系中的外键必须是另一个关系的主键有效值，或是 NULL，参照完整性是对关系数据库中建立关联关系的数据表间数据参照引用的约束，也就是对外键的约束。

10.3.1 域完整性

域完整性指列的值域的完整性，保证表中数据列取值的合理性，如数据类型、格式、值域范围、是否允许空值等。域完整性限制了某些属性中出现的值，把属性限制在一个有限的集合中。如果属性类型是整数，那么它就不能是 0.5 或任何非整数。

在 Oracle 中，域完整性主要通过如 T3 种约束来实现：NOTNULL（非空）约束；UNIQUE(唯一性)约束；CHECK 约束。

1. NOTNULL(非空)约束

NOTNULL 约束应用在单一的数据列上，保护该列必须要有数据值。缺省状况下，Oracle 允许任何列都可以有 NULL 值。主键必须有 NOT NULL 约束。设置 NOT NULL 约束可以使用 CREATE TABLE 语句在创建表时定义约束示例如下。

```
CREATE TABLE student(
id NUMBER(8) NOT NULL,
name VARCHAR2(64) NOT NUL
age NUMBER(3),
sex CHAR(4));
```

如果创建列时没有 NOT NULL 约束，那么可以使用 ALTER TABLE 语句在修改表时添加约束。在修改时，如果原有数据中有 NULL 值，将拒绝执行，需先对数据进行处理。如增加 student 表中 sex 列的 NOT NULL 约束。

```
ALTER TABLE student MODIFY sex NOT NULL;
```

同理，可以使用 ALTER TABLE MODIFY 语句删除 NOT NULL 约束。如删除已经创建的 student 表中 sex 列的 NOT NULL 约束。

```
ALTER TABLE student MODIFY sex NULL;
```

2. UNIQUE(唯一性)约束

使用 UNIQUE 约束确保在非主键列中不输入重复值。对于 UNIQUE 约束中的列，表中不允许有两行包含相同的非空值:唯一性约束与主键不同的是,唯一约束可以为NULL(是指没有NOTNULL约束的情况下),一个表可以有多个唯一性约束,而主键只能有1个可以使用,CREATETABLE语句在创建表时定义UNIQUE约束。示例如下。

```
CREATE TABLE student(
id NUMBER(8) NOT NULL,
name VARCHAR2(64) UNIQUE, age NUMBER(3),
sex CHAR(4));
```

若创建表时没有定义UNIQUE约束,则可以使用ALTERTABLE语句为已经创建的表重新定义UNIQUE约束,例如,下面的语句为已经创建的student表添加UNIQUE约束。

```
ALTERTABLE student
ADD CONSTRAINT stu_uk
UNIQUE(name);
```

同理,可以使用ALTERTABLE语句删除UNIQUE约束,例如,下面的语句删除已经创建的student表上的UNIQUE约束。

```
ALTERTABLE student
DROP CONSTRAINT stu_uk;
```

3. CHECK约束

CHECK约束设置一个特殊的布尔条件,只有使布尔条件为TRUE的数据才接受CHECK约束用于增强表中数据的简单业务规则。用户使用CHECK约束保证数据规则的一致性,如果用户的业务规则需要复杂的数据检查,那么可以使用触发器。单一数据列可以有多个CHECK约束保护,一个CHECK约束时可以保护多个数据列。当CHECK约束保护多个数据列时,必须使用约束语法,使用CREATETABLE语句在定义表时设置CHECK约束,示例如下。

```
CREATE TABLE student(
id NUMBER(8)NOT NULL,
name VARCHAR2(64) NOT NULL,age NUMBER(3),
sex CHAR(4)
CONSTRAINT age ck CHECK(age >18));
```

如果CHECK只对一列进行约束,可以作为列约束直接写在列后面。

```
age NUMBER(3)CHECK(age>18),
```

ALTERTABLE语句可以增加或修改CHECK约束。如在student表中增加性别sex约束。

```
ALTER TABLE student
ADD CONSTRAINT sex ck
CHECK(sex in('男','女'));
```

10.3.2 实体完整性

实体完整性约束就是定义主键，并设置主键不为空(NOT NULL)。

定义主键可以使用 CREATE TABLE 语句，在建立表时定义。如果创建表时没有设置主键，可以使用 ALTER TABLE 语句增加主键，在增加主键时，如果原有数据中设置主键的列不符合主键约束条件(NOT NULL 和唯一性)，拒绝执行，要先对数据进行处理。创建表时定义主键如下。

```
CREATE TABLE student(
id NUMBER(8)NOT NULL,
name VARCHAR2(64)NOT NULL,
sex CHAR(4),
age NUMBER(3),
address VARCHAR2(256) NULL,
CONSTRAINT [PK student] PRIMARY KEY(id);
```

先定义 id 不为空 NOT NULL，使用关键字 PRIMARY KEY 定义 id 为主键，其约束名为 PK_student，Oracle 根据主键建立索引，索引名为 PK student，当主键由一个字段组成时，可以直接在字段后面定义主键，称为列约束。

10.3.3 参照完整性

参照完整性定义了外键与主键之间的引用规则，引用完整性规则的内容是，若属性(或属性组)F 是关系 S 的外键，它与关系 S 主键相对应，则对于关系中每个元组在属性(或属性组)F 上的值必须取空值，或等于 S 中某个元组的主键的值，参照完整性就是定义好被参照关系及其主键后，在参照关系中定义外键。使用 FOREIGN KEY 定义参照完整性的语法如下：

```
CONSTRAINT 约束名 FOREIGN KEY(column [,...])
REFERENCES ref_table(ref_column [,...])
[ON DELETE {CASCADE | NO ACTION }]
[ON UPDATE {CASCADE | NO ACTION }]
```

其中：FOREIGN KEY(column [,...])为外键，若是单个字段，则作为列约束，省略限制名；REFERENCES ref _ table (ref column [..]) 为被参照关系及字段；ON DELETE {CASCADE | NO ACTION}定义删除行为，CASCADE 为级联删除。

10.3.4 使用存储过程检查数据完整性

存储过程是由流控制和 SQL 语句书写的过程，这个过程经编译和优化后存储在数据库服务器中，应用程序使用时只要调用即可。存储过程具有很强的灵活性，可以完成复杂的判断和较复杂的运算，因此可以通过建立存储过程来实现数据的完整性。

10.3.5 使用触发器检查数据完整性

使用存储过程来检查数据的完整性,需要调用存储过程才可以实施完整性检查。如果在应用程序中有多个地方要对表中的数据进行操作,那么在每次对表中的数据进行操作后都要调用存储过程来判断,代码的重复量很大。而触发器则不同,它可以在特定的事件触发下发动执行,如当有新的数据插入时或数据被修改时。

触发器是一种特殊的存储过程,该过程在插入、修改和删除等操作事前或事后由数据库系统自动执行。触发器是使用PL/SQL、Java或者C语言编写的过程,能够在表或视图修改的时候触发执行。触发器能够用于维护数据的完整性,例如:通过数据库中相关的表层叠;禁止或回滚违反引用完整性的更改,从而取消所尝试的数据修改事务;实现比CHECK约束定义的限制更为复杂的限制;找到数据修改前后表状态的差异,并基于此差异采取行动。

10.4 数据库的备份与恢复技术

数据库运行的支撑环境是计算机,计算机的软件和硬件故障、电源故障、应用程序设计中隐藏的错误、计算机病毒、操作人员的误操作或人为破坏等,都可能使数据库的安全性和完整性遭到破坏。由于这些故障是不可预测和难以避免的,所以必须要有一套相应的措施,使得数据库一旦遭到破坏或处于不可靠的状态时,能够使数据库恢复到一个正确或已知的状态上来。数据库的恢复技术研究当数据库中数据遭到破坏时,进行数据库恢复的策略和实现技术。

10.4.1 恢复与备份概述

尽管DBMS采取了很多措施来保护数据库数据的安全,但是重要数据仍然会受到自然灾害以及人为的破坏,尤其在一些对数据可靠性要求很高的行业,如银行、证券、电信等,如果发生意外停机或数据丢失,其损失会十分惨重。为此DBA应针对具体的业务要求制定详细的数据库备份与灾难恢复策略,并通过模拟故障对每种可能的情况进行严格测试,只有这样才能保证数据的高可用性。

数据库的恢复是由恢复子系统来完成的,恢复子系统是DBMS的一个重要组成部分,相当庞大,占整个系统代码的10%以上。数据库系统所采用的恢复技术是否行之有效,不仅对系统的可靠程度起着决定性作用,而且对系统的运行效率也有很大影响,是衡量系统性能优劣的重要指标。

数据备份是容灾的基础,是指为防止系统出现操作失误或系统故障导致数据丢失,而将全部或部分数据集合从应用主机的硬盘或阵列复制到其他的存储介质的过程。传统的数据备份主要是采用内置或外置的磁带机进行冷备份。但是这种方式只能防止操作失误等人为故障,而且其恢复时间也很长。随着技术的不断发展,数据的海量增加,出现了网络备份技术。网络备份一般通过专业的数据存储管理软件结合相应的硬件和存储设备来实现。

数据库的备份是一个长期的过程,而恢复只在发生事故后进行,恢复可以看作备份的逆过程，恢复的程度的好坏很大程度上依赖于备份的情况。

10.4.2 恢复实现技术

数据库恢复实现技术的基本原理就是“数据冗余”，即数据的重复存储，利用冗余地存储在“别处”的信息，部分地或全部地重建数据库。因此，关键问题就是如何提前建立冗余数据，如何利用这些冗余数据实施数据库恢复。建立冗余数据常用的技术有两种，分别是数据库转储和日志文件。

1. 数据库转储

数据库转储就是 DBA 定期把整个数据库或数据库中的数据拷贝到其他磁盘上保存起来的过程。转储中用于备份数据库或数据库中数据的数据文件称为后援副本。

当数据库遭到破坏时，利用后援副本就可以把数据库恢复到转储时的状态，要想把数据库恢复到故障发生时的状态，则必须重新运行自转储以后的所有更新事务。数据库转储恢复过程如图 10－2 所示。

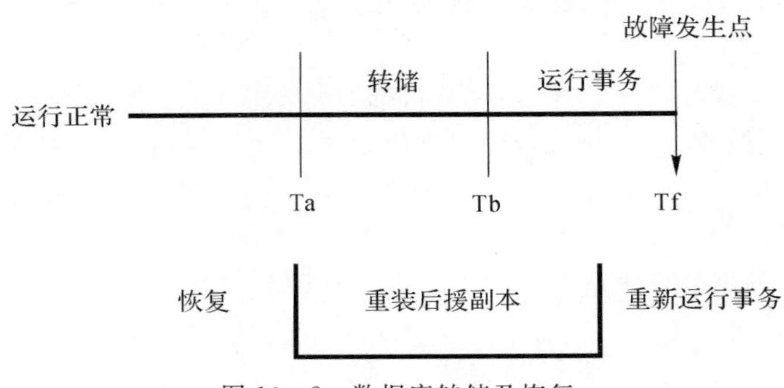

图 10－2　数据库转储及恢复

系统在 Ta 时刻停止运行事务并进行数据库转储，在 Tb 时刻转储完毕后，就在 Tb 时刻得到具有一致性的数据库后援副本。当系统运行到 Tf 时发生故障，为了恢复数据库，首先就要重装数据库后援副本，将数据库恢复到 Tb 时刻的状态，然后重新运行自 Tb 时刻至 Tf 时刻的所有更新事务，这样就可以把数据库恢复到故障发生前的一致性状态。转储可以分为静态转储和动态转储。

静态转储指在系统中无运行事务时进行的转储操作。即转储操作开始的时刻数据库处于一致性状态，而转储期间不允许（或不存在）对数据库的任何存取、修改活动。显然，静态转储得到的一定是一个数据一致性的副本。静态转储虽然实现起来比较简单，但必须等待正运行的用户事务结束才能进行。同样，新的事务必须等待转储结束才能执行。显然，这会降低数据库的可用性，影响用户的正常使用。

动态转储是指在转储期间允许用户对数据库进行更新操作的转储操作，由于在转储期间数据库数据不断在更新，因此会造成后援副本的数据不能保证正确有效的问题。解决方法是把转储期间的更新活动登记到日志文件中，通过后援副本和日志文件中转储期间的日志信息，把数据库恢复到正确的状态。

转储还可以分为海量转储和增量转储两种方式。海量转储指每次转储全部数据库，恢复时方便，但数据量大。增量转储指每次只转储上一次转储后更新过的数据。

数据转储有两种方式，分别可以在两种状态下进行，因此数据转储方法可以分为4类：动态海量转储、动态增量转储、静态海量转储和静态增量转储。

2. 日志文件

DBMS把所有事务对数据库的更新（插入、删除、修改）信息都记录在一个文件上，该文件就称为日志文件。日志文件是用来记录事务对数据库的更新操作的文件。不同数据库系统采用的日志文件格式不完全一样。概括起来日志文件主要有两种格式：以记录为单位的日志文件和以数据块为单位的日志文件。下面将介绍它的登记原则和基本恢复方法。

（1）登记原则。

1）以记录为单位的日志文件。日志文件中登记的关于每一次数据库更新的情况信息称为一个运行记录。一个运行记录通常包括如下一些内容：更新事务的标识（标明是哪个事务）；操作的类型（插入、删除或修改）；操作对象；更新前的旧数据值（对于插入操作此项为空）；更新后的新数据值；事务处理中的其他信息，如事务开始时间、事务结束时间、真正回写到数据库的时间等。

2）以数据块为单位的日志文件。只要某个数据块中有数据被更新，就将整个更新前和更新后的内容放入日志文件中。

（2）恢复方法。恢复方法分为静态转储和动态转储。

1）静态转储。在数据库毁坏后，重新装入后援副本把数据库恢复到转储结束时刻的正确状态；利用日志文件，对已完成的事务进行重做（Redo）处理；对故障发生时尚未完成的事务进行撤销（Undo）处理，如图10－3所示。

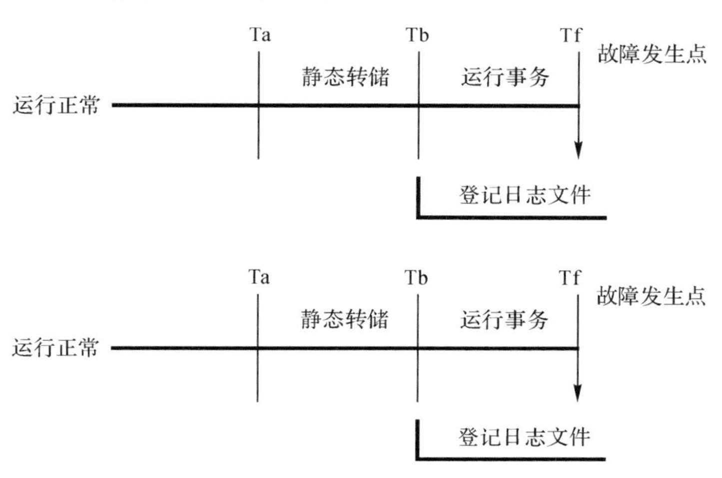

图10－3　利用日志文件恢复数据库

2）动态转储。在动态转储方式中必须建立日志文件；将后援副本和日志文件综合起来才能有效恢复数据库。

严格按并发事务执行的时间次序进行登记，必须先写日志文件，后写回数据库。若先把对数据库的更新写回数据库，而在日志文件的运行记录中没有登记该事务的更新情况，则当故障发生后就无法恢复这个更新了。先写日志，但没有更新数据库时，当发生故障，只需多执行一次不必要的撤销操作，但不会影响数据库的正确性。

10.4.3 恢复策略

数据库的恢复策略要根据事务或系统等故障类型的不同来确定。

1. 事务故障的恢复

事务故障是指数据库在运行过程中，出现非预期的情况，引起事务执行失败的一类故障。出现这类故障的结果只会影响该事务所在的应用程序，事务没有达到预期的终点，但可能修改了数据库。这类故障的恢复策略是 Undo（撤销操作）。下面是具体的恢复步骤，如图 10－4 所示。

（1）反向扫描日志文件，即从日志文件的最后开始向前扫描日志文件，查找该事务的日志信息；

（2）若找到的是该事务的开始标记，则转第（5）步；

（3）若找到的是该事务已做的某更新操作的日志信息，则对数据库执行该更新事务的逆操作；

（4）转第（2）步，继续反向扫描日志文件；

（5）结束反向扫描，事务故障恢复完成。

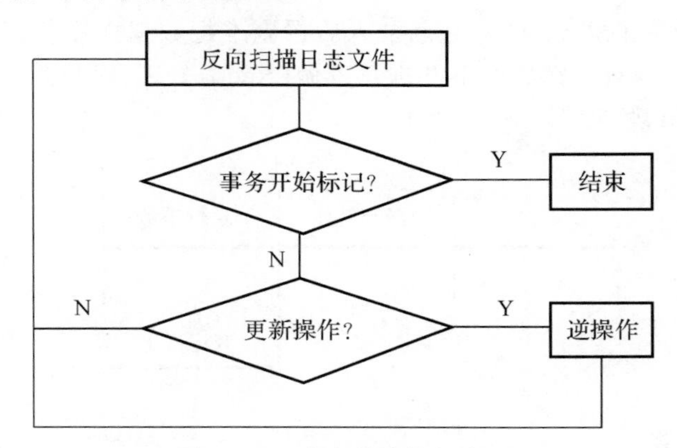

图 10－4　事务故障恢复步骤

2. 系统故障恢复

系统故障是指数据库在运行时，正在运行的所有事务以非正常方式终止的故障，造成系统停止运转，使得系统要重新启动的任何事件。结果会影响正在运行的所有事务，使之非正常终止，引起内存信息丢失，使数据库产生不一致的状态，未完成的事务对数据库的更新可能已写入了数据库；已提交的事务对数据库的更新可能还留在缓冲区没来得及写入数据库，但不破坏外存中数据。恢复策略是需要先装入故障前的最新后援副本，把数据库恢复到最近的转储结束时刻的正确状态，然后将未完成的事务撤销，已提交的事务重做。下面是系统故障的恢复步骤，如图 10－5 所示。

（1）正向扫描日志文件，将已提交的事务记入重做队列中，将未提交的事务记入撤销队列；

(2)将撤销队列中的事务撤销；

(3)将重做队列中的事务重做。

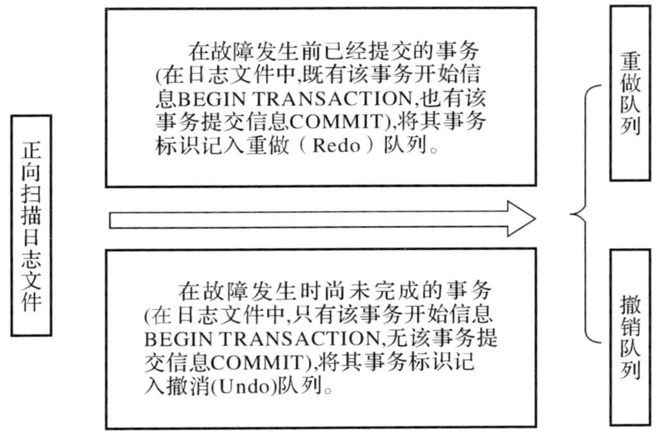

图 10-5　系统故障恢复步骤

3. 介质故障恢复

介质故障指数据库在运行过程中,由于磁盘损坏引起磁盘内容读不出来的一类故障。故障结果会破坏数据库或部分数据库,并影响正在存取这部分数据的所有事务。这类故障的恢复策略是重装数据库,重做已完成事务。下面是系统故障的恢复步骤,如图 10-6 所示。

(1)装入故障发生时刻最近一次的数据库转储后援副本,使数据库恢复到最近一次转储时的一致性状态。对于动态转储的数据库后援副本,还须同时装入转储开始时刻的日志文件副本,利用恢复系统故障的方法(即 Redo＋Undo),才能将数据库恢复到一致性状态。

(2)装入故障发生时刻最近一次的数据库日志文件副本,重做已完成的事务。即先扫描日志文件,找出故障发生时已提交的事务的标识,将其记入重做队列,然后正向扫描日志文件,对重做队列中的所有事务进行重做处理。这样就可以将数据库恢复至故障前某一时刻的一致状态了。

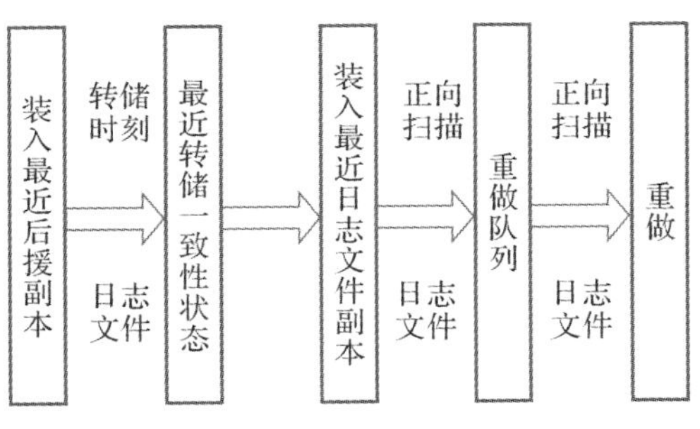

图 10-6　介质故障恢复步骤

10.4.4 具有检查点的恢复技术

1. 检查点

表示数据库是否正常运行的一个时间标志。它的作用是根据检查点来判断哪些事务是正常结束,从而确定恢复哪些数据和如何进行恢复。建立方法一般有两种,按照预定的时间间隔建立检查点,比如 20 min,或者按照某种规则建立检查点,比如写满一半时。检查点记录的内容包括该时刻所有正在执行的事务的标识以及该时刻所有正在执行的事务的最近一个运行记录在日志中的地址。

2. 重新开始文件

记录各个检查点记录在日志文件中的地址。

3. 检查点时刻执行的操作

(1)将当前日志缓冲区中的所有日志记录写入磁盘的日志文件中;

(2)在日志文件中写入一个检查点记录;

(3)将当前数据缓冲区的所有数据记录写入磁盘的数据库中;

(4)把检查点记录在日志文件中的地址写入“重新开始文件”。

4. 恢复步骤

(1)从重新开始文件中找到最后一个检查点记录在日志文件中的地址,由该地址在日志文件中找到最后一个检查点记录。

(2)由该检查点记录得到检查点建立时刻所有正在执行的事务,并设这些事务构成一个事务队列,并将事务队列暂时放入撤销队列,重做队列暂时为空。

(3)从检查点开始正向扫描日志文件,如有新开始的事务 Ti,把 Ti 暂时放入撤销队列;如有提交的事务 Tj,把 Tj 从撤销队列移到重做队列,直到日志文件结束。

(4)对撤销队列中的每个事务执行 UNDO 操作,对重做队列中的每个事务执行 REDO 操作。

10.4.5 数据库镜像

介质故障是数据库系统中最为严重的一种故障。数据库系统一旦出现介质故障后,就可能使用户对数据库的应用处理全部中断,并造成较大的数据信息损失。这类故障恢复起来也比较费时。随着磁记录技术的不断发展,磁盘容量越来越大,磁盘价格越来越便宜。同时随着信息技术的不断发展和应用的不断普及,信息已经成为日常事务处理和进行决策的宝贵资源。为了确保在磁盘介质出现故障后不会造成信息丢失和不影响数据库的可用性,在数据库系统中采用了数据库镜像(Mirror)技术,也称为镜像磁盘技术。通过数据库设备的动态“复制”来实现故障恢复。

镜像磁盘技术是指数据库以双复本的形式存于两个独立的磁盘系统中,两个磁盘系统有各自的磁盘控制器,一个磁盘称为主磁盘或主设备,另一个磁盘称为次磁盘或镜像设备,它们之间可以互相切换。

在读数据时,可以选读其中任一磁盘;在写磁盘时,两个磁盘都写入相同的内容,一般先把数据发送到主磁盘,然后再发送到次磁盘。这种把所有写入主设备的数据也同时写入镜像设备的方式也称为数据库设备的动态“复制”。

采用数据库镜像技术后,当其中一个磁盘因为介质故障而丢失数据时,就可由另一个磁盘保证系统的继续运行,并自动利用另一个磁盘数据进行数据库的恢复,不需要关闭系统和重装数据库后援副本。通过动态“复制”,磁盘镜像的两次数据存储操作会降低系统运行效率。实际应用中只选择镜像关键数据和日志文件。

本章小结

保证数据一致性是对数据库的最基本的要求。事务是数据库的逻辑工作单位,只要数据库管理系统能够保证系统中一切事务的 ACID 特性,即事务的原子性、一致性、隔离性和持续性,也就保证了数据库处于一致状态。为了保证事务的原子性、一致性与持续性,数据库管理系统必须对事务故障、系统故障和介质故障进行恢复。数据转储和登记日志文件是恢复中最经常使用的技术。恢复的基本原理就是利用存储在后备副本、日志文件和数据库镜像中的冗余数据来重建数据库。

习　　题

一、选择题

1. (　　)不属于实现数据库系统安全性的主要技术和方法。

A. 存取控制技术　　B. 视图技术　　C. 审计技术　　D. 出入机房登记和加锁

2. SQL 中的视图提高了数据库系统的(　　)。

A. 完整性　　B. 并发控制　　C. 隔离性　　D. 安全性

3. SQL 的 GRANT 和 REVOKE 语句主要是用来维护数据库的(　　)。

A. 完整性　　B. 可靠性　　C. 安全性　　D. 一致性

4. 在数据库的安全性控制中,授权的数据对象的(　　),授权子系统就越灵活。

A. 范围越小　　B. 约束越细致　　C. 范围越大　　D. 约束范围大

二、简答题

1. 什么是数据库的安全性?
2. 数据库安全性和计算机系统的安全性有什么关系?
3. 试述实现数据库安全性控制的常用方法和技术。

参考文献

［1］ 王珊,萨师煊.数据库系统概论［M］.5版.北京:高等教育出版社,2020.

［2］ 马忠贵,宁淑荣,曾广平,等.数据库原理与应用:Oracle版［M］.北京:人民邮电出版社,2013.

［3］ 马建红,李占波.数据库原理及应用:SQL Server 2008［M］.北京:清华大学出版社,2011.

［4］ 谭新良,蔡代纯,曾敏.数据库原理及应用实践教程［M］.北京:清华大学出版社,2018.

［5］ 尹为民,李石君,金银秋,等.数据库原理与技术:Oracle版［M］.3版.北京:清华大学出版社,2014.

［6］ 何茜.Oracle数据库应用教程［M］.北京:清华大学出版社,2011.